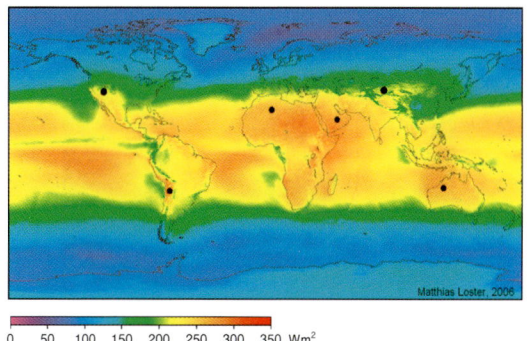

口絵 1 世界の日照分布【本文・図 3-23 も参照】

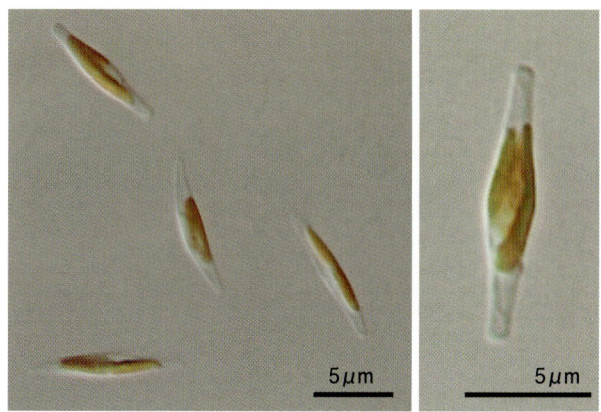

口絵 2 *Phaeodactylum tricornutum*の光学顕微鏡写真【本文・図4-3も参照】
ケイ酸質の被殻で覆われた細胞の中央に褐色の葉緑体を1つもっている.

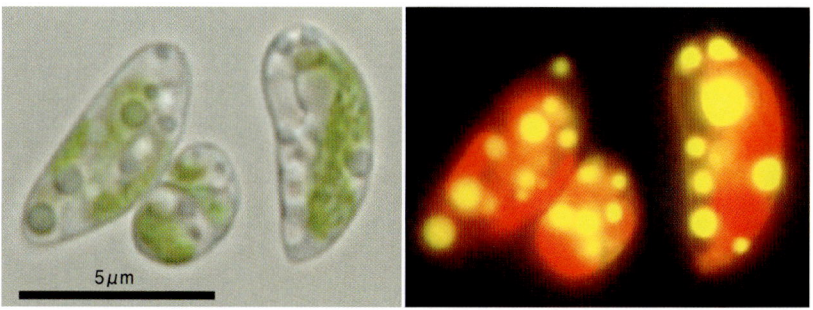

口絵 3 窒素制限下で培養された *Pseudochoricystis ellipsoidea*【本文・図4-11も参照】
（藏野憲秀氏提供）
右は蛍光顕微鏡像で，黄色の蛍光はナイルレッドで染色されたオイル顆粒，赤色の蛍光は葉緑体内のクロロフィルの蛍光.

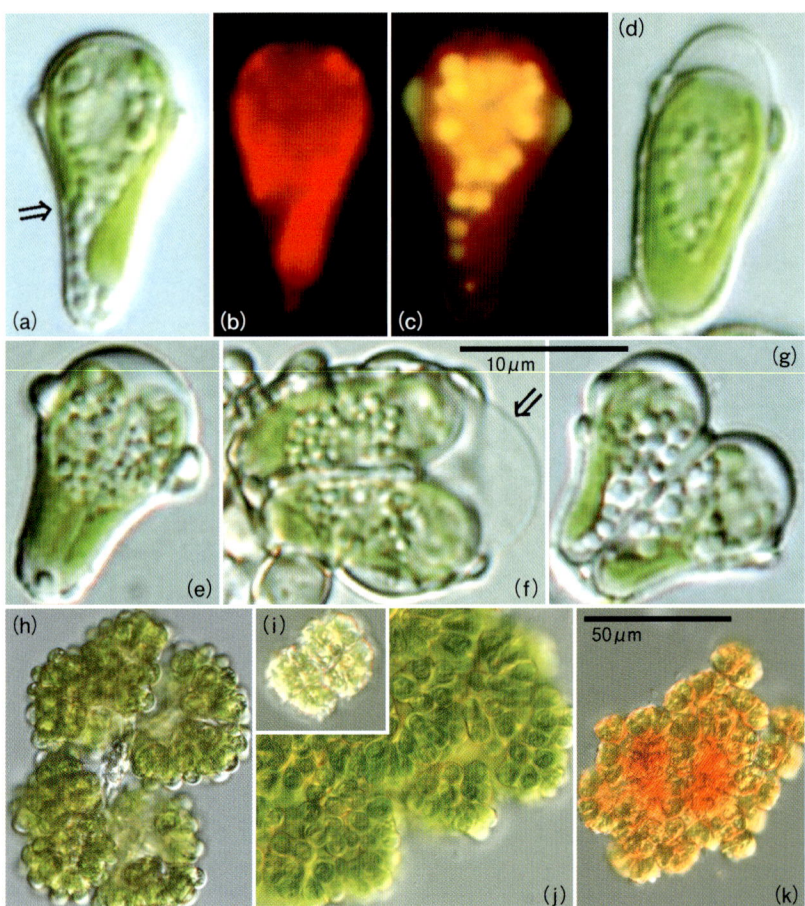

口絵4 *Botryococcus* の細胞およびコロニーの光学顕微鏡像【本文・図4-1も参照】
(a) くさび状の細胞．矢印は細胞のくびれ部分でコロニー内に埋没する部分．(b) (a) の蛍光像．赤色の蛍光は葉緑体内のクロロフィル *a* の蛍光．(c) オイルを特異的に染色するナイルレッドで染色した後の (a) の蛍光像．黄色の蛍光はオイル顆粒．(d) 楕円形の細胞．(e) 分裂中の細胞．(f) 分裂後の細胞．矢印は残存する母細胞壁の一部．(g) 分裂後の細胞，半球状の母細胞壁はすでに剥離．(h)〜(k) さまざまな形状のコロニー．コロニーの形状や色調は比較的安定した形質．(h) 緑色で中型のサイズのコロニーを形成する株，(i) コロニーおよび細胞サイズが小型の株，(j) 大型のコロニーを形成する株，(k) カロテノイド系の色素をコロニー内の細胞間隙に蓄積する株．スケールは (a)〜(g) 10μm，(h)〜(k) 50μm．

口絵 5 Botryococcus の「水の華」【本文・図 5-15 も参照】
(a) つくば市の（独）国立環境研究所（左：水面の状態，右：増殖後期）（河地正伸氏提供），(b) イスラエルの Kinneret 湖（表 4-3 参照）など，世界で 2 ～ 3 か所，自然状態で Botryococcus のブルームが発生する湖などがある．(a) 左下の顕微鏡写真はブルーム状態の Botryococcus のコロニー．

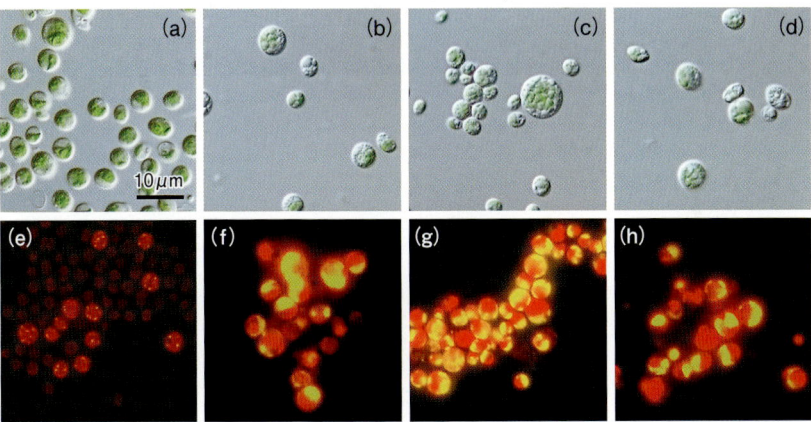

口絵 6 異なる生育環境下での Chlorella sorokiniana NIES-2169 株のオイル蓄積【本文・図 4-10 も参照】（中沢 敦氏撮影）
(a,e) MG 培地での液体培養，(b,f) N-free MG 培地での液体培養，(c,g) MG 培地 with 1%（w/v）グルコースでの液体培養，(d,h) N-free MG 培地 with 1%（w/v）グルコースでの液体培養．(a)～(d) は通常の光学顕微鏡像，(e)～(h) は蛍光顕微鏡像で，白色光源下（約 100 $\mu E/m^2/s$），明暗周期 12 時間 -12 時間，25℃で振盪培養 1 週間後の細胞を，ナイルレッドで染色して観察したもの．黄色く蛍光染色されたものがオイルであり，赤は葉緑体の自家蛍光．一般的な培地組成（ここでは MG 培地）で生育させたときにはほとんどオイルを産生しないが (e)，窒素欠乏，1% グルコース付加時のいずれにおいても細胞内貯留物が増加し，オイル蓄積率の著しい上昇がみられる（f～h）．スケールはすべて 10 μm．

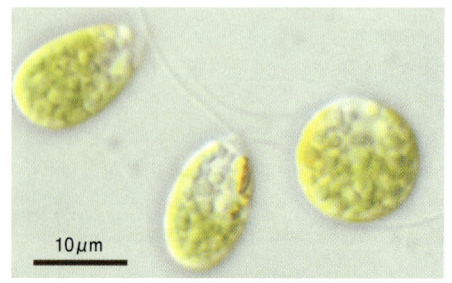

口絵7 *Dunaliella tertiolecta* NIES-2258 株の光学顕微鏡写真【本文・図4-5 も参照】（河地正伸氏提供）
本種を特徴づける細胞内顆粒が顕著にみられる．

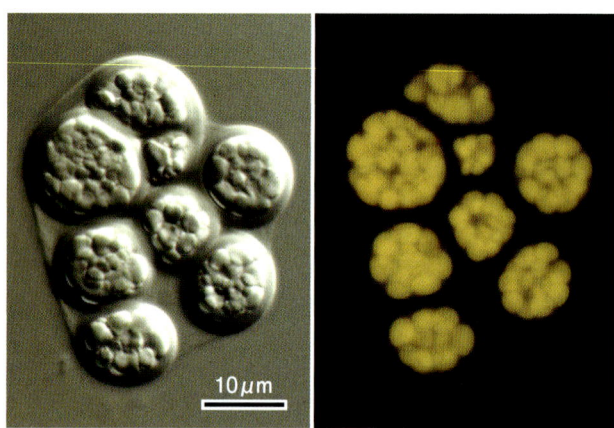

口絵8 ナイルレッドにより蛍光染色した *Aurantiochytrium limacinum* IFO 32693 株（= SR 21 株）の栄養細胞【本文・図4-6 も参照】
透過光による微分干渉像(左)と同じ細胞の落射蛍光像(右)．橙黄色の蛍光を発する多数の油滴が細胞内を埋め尽くしている様子が観察できる．この写真の8つの細胞は，全体が薄い細胞壁で覆われており，もともとは1つの栄養細胞が二分裂を繰り返すことで形成されたことを示している．

口絵9 *Chlorella* sp. NIES-2171 株の光学顕微鏡像【本文・図4-8 も参照】（河地正伸氏提供）

新しいエネルギー
藻類バイオマス

渡邉 信
編集

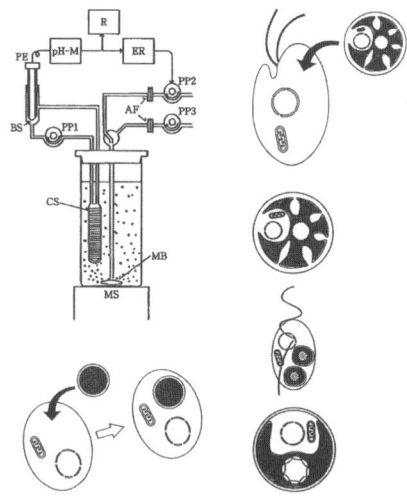

みみずく舎

はじめに

　本書は，2008年度に開始された（独）科学技術振興機構の戦略的創造研究推進事業（CREST）で研究領域「二酸化炭素排出抑制に資する革新的技術の創出」の中の一研究課題「オイル産生緑藻類 *Botryococcus*（ボトリオコッカス）高アルカリ株の高度利用技術」（代表は編者）の推進メンバーが主となって執筆したものである．まずは，私たちが本書を刊行するに当たり，私たちを取り巻く状況と背景がどのようなものであったのかを述べてみたい．

　第一次石油ショックや地球温暖化問題の勃発に伴い，藻類による二酸化炭素吸収とエネルギー生産の研究プロジェクトが，1987年から2000年にかけて世界中で活発に展開された．しかしながら，1990年から2001年まで続いた石油安値安定（12〜20ドル/バレル）により，多くの藻類研究プロジェクトは中止を余儀なくされた．日本でも1990年度から1999年度までニューサンシャイン計画の一環として藻類プロジェクトが実施されたが，2000年3月に中断し，研究者・技術者は分散した．私たちの研究グループが藻類燃料開発研究を行おうと決断したのは，まさにその分野の厳冬季のまっただ中であった．それまでは有毒アオコの研究など，環境汚染に関わる藻類を対象としていた私たちが，なぜ，だめだと評価された分野に取り組んだのか．それは，藻類がもつエネルギー資源としての大きな潜在能力を発揮させることなく，単に社会情勢だけで中止するという状況に，科学者として我慢がならなかったことによる．はたして，研究予算をいただいていたある省からは，研究を進める過程でくそみそに誹謗中傷され，2006年度末で研究費が突然カットされた．しかしながら，捨てる神もいれば拾う神もありで，2007年度に科学研究費補助金を得てなんとか研究を継続することはできた．そこに突然の藻類ブームである．2007年の

Nature（447(31)，520-521）掲載の"Algae bloom again"という記事で，少数のパイオニアが藻類燃料を瀕死の状態から復活させようとしていることが紹介されたことが契機となったといえる．藻類は食糧と競合せず，オイル生産効率が非常に高いことが再び注目され，世界中で藻類燃料開発プロジェクトが推進されている．中には，藻類燃料開発は終了したかのように思わせるような海外からの発信もある．日本では産業界の関心は高いにもかかわらず，一度藻類利用研究を中断してしまったことから，政府の取り組みは大きく立ち後れてしまった．総合科学技術会議が策定した環境エネルギー研究開発計画に，藻類バイオマスの重要性を記した提案をしたが，取り入れられることはなかった．

　2009年から，ポスト京都議定書を見据えて，国際的に大きなうねりが起こっている．2009年9月22日にニューヨークで開かれた国連気候変動首脳会合で日本政府の首相が演説し，温室効果ガス削減の中期目標としてすべての主要国が高度に意欲的な協定に参加することを条件に，日本は2020年までに1990年比で25%削減を目指すと表明した．これは，国際的に大きな支持を受け，これまで京都議定書に参加していなかった主要な温室効果ガス排出国に大きな影響を与えた．中国政府は2009年11月26日に，国内総生産（GDP）あたりの二酸化炭素排出量を，2020年までに2005年比で40～45%削減するとの目標を発表し，さらにインドではジャイラム・ラメシュ環境・森林担当国務相が2009年12月3日の国会（下院）で国内総生産（GDP）単位あたりの温室効果ガス排出量を2005年比で20～25%削減する計画案を発表し，また，アメリカのオバマ政権は2009年12月にコペンハーゲンで開かれた気候変動枠組み条約第15回締約国会議（COP 15）で，温室効果ガスを2005年比で2020年までに17%，2025年までに30%，2030年までに42%，2050年までに83%削減するという目標を提示した．ブラジル政府は自発的な削減計画を実施し，何も対策をとらなかった場合の2020年の推定排出量から36～39%削減するとの目標を定めており，主に，アマゾン熱帯雨林における伐採の抑制により排出量削減に取り組むとしている．インドネシアのスシロ・バンバン・ユドヨノ大統領は2009年9月29日の演説で，主に熱帯雨林における伐採の抑制により2020年までに推定されている排出量から26%削減することを目標とすることを謳

い，国際支援が得られれば，目標値を41%に引き上げることも可能だとした．ロシアではドミトリー・メドベージェフ大統領が，2009年12月18日に行われた欧州連合（EU）とロシアの首脳会議において，2020年までに排出量を1990年比で20〜25%削減することに合意した．京都議定書参加国であるEUは一段と積極的な削減を求めており，1990年比20%の削減を確約し，また，他の先進工業国が続くなら，30%に引き上げるとしている．オーストラリアでは排出量を2020年までに2000年比で5〜25%削減するとの法案が議会に提出され，カナダ連邦議会は1990年比で25%削減するという動議を採択した．このような世界のうねりは，先述の国連気候変動首脳会合での日本政府首相の演説が引き金となったものであり，日本が主導的役割を果たしたといえよう．

一方で，石油資源をはじめとする化石燃料が枯渇に向かうという判断が，世界の経済と政治に深刻な影響を及ぼしている．エネルギー資源の価格は，需要と供給のバランスが危うくなると非常に不安定になり，イラン革命，イラン・イラク戦争などに端を発した1970年代〜1980年代の第一次・第二次石油ショックは大きな社会・経済の混乱をもたらしたが，2004年から2008年にかけての石油価格の異常な上昇は，アジア諸国を中心に世界のエネルギー需要が急増したことにより中長期的に石油需給の逼迫をもたらすと考えられたことによる．これまで世界経済を支えてきた石油の枯渇が本格的なものになってきたといえる．このように人類は地球温暖化とエネルギー資源枯渇という深刻な問題に対面しており，最近では，市民の間にも，エネルギー政策と地球規模の気候変動対策は表裏一体であるとの認識が高まっている．

私たちの研究グループの科研費での基礎研究は2009年度で終了したが，2008年10月から科学技術振興調整費戦略的創造研究事業でオイル生産効率を1桁上げることを目的として，藻類バイオマスプロジェクトを展開している．日本の藻類の基礎研究レベルは世界一である．私たちが藻類の基礎研究で蓄積してきた知識と技術を，藻類バイオマス燃料開発に動員している．私たちは，藻類バイオマスが地球温暖化とエネルギー資源枯渇という重大問題解決に大きな貢献をするものであることを確信している．その確信はどこからくるのかを

伝えたいというのが，本書刊行を決断した理由である．

　本書は，第1章で地球温暖化や新エネルギー資源，第2章でバイオマスエネルギーの現状を示した上で，第3章で藻類バイオマス資源について，基礎的なものから応用に至る状況について説明した．これらから，私たちが直面する地球温暖化とエネルギー枯渇という重大問題に対して，藻類に期待されるところが何なのかが理解できよう．第4章ではオイルを産生する代表的な藻類を示し，第5章～第8章で応用開発分野の紹介に入る．第5章で藻類の大量培養と収穫・回収，第6章で藻類オイルに関わる科学と技術，第7章で経済性評価，第8章で燃料以外の利用について，まとめている．最後の第9章で私たちの夢を語らせていただいた．

　本書が，これから藻類バイオマス研究開発や科学技術政策に取り組もうとする研究者，技術者および行政官の方々や，藻類に関心を示す国民の皆様のお役に立てれば幸いである．

　最後に，本書を刊行するに当たり，みみずく舎編集部のご努力に深く感謝する．

　2010年8月

2011年7月の増刷に当たり，新たに発見されたオイル生産効率の高い藻類について，最終章の末尾に項目を設け，加筆を行った．

編者　渡邉　信

編者・執筆者一覧

編　者
　　渡　邉　　　信　　筑波大学大学院生命環境科学研究科

執筆者（執筆順）
　　志　甫　　　諒　　（株）新産業創造研究所／
　　　　　　　　　　　筑波大学大学院生命環境科学研究科
　　大　橋　一　彦　　（株）日鉄技術情報センター
　　堀　岡　一　彦　　東京工業大学大学院総合理工学研究科
　　井　上　　　勲　　筑波大学大学院生命環境科学研究科
　　中　山　　　剛　　筑波大学大学院生命環境科学研究科
　　石　田　健一郎　　筑波大学大学院生命環境科学研究科
　　彼　谷　邦　光　　筑波大学大学院生命環境科学研究科
　　白　岩　善　博　　筑波大学大学院生命環境科学研究科
　　古　川　　　純　　筑波大学大学院生命環境科学研究科
　　渡　邉　　　信　　筑波大学大学院生命環境科学研究科
　　河　地　正　伸　　（独）国立環境研究所
　　田野井　孝　子　　前（独）国立環境研究所
　　平　川　泰　久　　ブリティッシュコロンビア大学植物学部
　　田　辺　雄　彦　　筑波大学大学院生命環境科学研究科
　　本　多　大　輔　　甲南大学理工学部
　　中　沢　　　敦　　筑波大学大学院生命環境科学研究科
　　松　浦　裕　志　　筑波大学大学院生命環境科学研究科
　　鈴　木　石　根　　筑波大学大学院生命環境科学研究科
　　中　嶋　信　美　　（独）国立環境研究所
　　五百城　幹　英　　（独）国立環境研究所
　　西　田　陽　介　　（株）日本政策投資銀行

（2010年8月現在）

目　　次

1. 地球温暖化対策と新エネルギー資源 ……………………………… 1

1-1　二酸化炭素削減対策の動向　（志甫　諒）　*1*

1-2　各国のエネルギー動向　（大橋一彦）　*7*
  a. 日本と世界の一次エネルギー需給状況　*7*
  b. 天然ガスの利用　*8*
  c. 北東アジアの再生可能エネルギー資源と水素パイプライン　*11*

1-3　日本のエネルギー動向　（堀岡一彦）　*14*
  a. 世界の状況と日本の政策　*14*
  b. エネルギー密度と液体燃料の役割　*18*
  c. 石油代替エネルギー源　*19*

2. バイオマスエネルギーの現状 …（志甫　諒）……………………… 23

2-1　バイオマスエネルギー資源とその利用形態　*23*
  a. 陸上植物バイオマス資源　*23*
  b. エネルギー資源としての微細藻類　*33*

2-2　バイオマスエネルギーの現況と問題点　*35*
  a. 背　景　*35*
  b. バイオマスエネルギーの現況　*40*
  c. 微細藻類によるバイオ燃料開発　*44*

3. 藻類バイオマス資源 ……………………………………… 52

   3-1 藻類バイオマスの世界　*52*
     a. 藻類とは　（井上　勲）　*52*
     b. 藻類の系統　（中山　剛）　*59*
     c. 藻類の細胞構造　（石田健一郎）　*67*
     d. 藻類の構成成分　（彼谷邦光）　*76*
     e. 光合成　（白岩善博）　*80*
     f. 代謝産物　（古川　純）　*96*
     g. 藻類の増殖特性　（白岩善博）　*101*
   3-2 エネルギー資源としての微細藻類の潜在能力　（渡邉　信）　*106*
   3-3 藻類バイオマス利用の国内外の研究開発—過去と現在—　（渡邉　信）　*110*
     a. 石油ショック以前の研究開発状況　*110*
     b. 1970年代〜2000年—石油ショック時代〜地球温暖化への対応—　*112*
     c. 現在—藻類ブルームアゲイン—　*120*

4. オイル産生藻類 ……………………………………………… 126

   4-1 総論—微細藻類のオイル含有量—　（渡邉　信）　*126*
   4-2 各　論　*128*
     a. *Botryococcus braunii*　（河地正伸・田野井孝子）　*128*
     b. *Nannochloropsis*　（中山　剛）　*136*
     c. *Neochloris oleoabundans*　（石田健一郎）　*139*
     d. *Phaeodactylum*　（平川泰久）　*140*
     e. *Dunaliella*　（田辺雄彦）　*143*
     f. *Aurantiochytrium limacinum*　（本多大輔）　*145*
     g. *Chlorella*　（中沢　敦）　*150*
     h. *Pseudochoricystis ellipsoidea*　（河地正伸）　*153*

5. 藻類の大量培養と収穫・回収 ……163

5-1 藻類集団の増殖の数理 （志甫　諒）　*163*
   a. 藻類が1種類の場合　*163*
   b. 藻類が2種類の場合　*169*
   c. 藻類が3種類以上の場合　*174*

5-2 フォトバイオリアクター （志甫　諒）　*174*

5-3 開放系システム （志甫　諒）　*178*

5-4 収穫・回収 （渡邉　信）　*184*
   a. 凝　集　*184*
   b. 遠心分離法　*185*
   c. ろ過法　*186*

6. 藻類オイル ……189

6-1 オイルの抽出 （松浦裕志）　*189*
   a. 植物由来のオイルの抽出　*189*
   b. 魚類由来のオイルの抽出　*190*
   c. 緑藻 *Botryococcus* 由来のオイルの抽出　*190*

6-2 オイルの種類 （彼谷邦光）　*192*
   a. 脂肪酸を構成成分とする脂質　*193*
   b. 脂肪酸組成の変動要因　*196*
   c. *Botryococcus braunii* の炭化水素　*197*
   d. アルジナン　*200*

6-3 各種オイルの代謝機構　*202*
   a. トリグリセリド （鈴木石根）　*202*
   b. トリテルペノイド （鈴木石根）　*208*
   c. 直鎖脂肪酸 （古川　純）　*212*
   d. 緑藻のオイル代謝に関わる遺伝子 （中嶋信美・平川泰久・五百城幹英）　*216*

e. その他　（彼谷邦光）　*225*

7. 藻類オイル生産のライフサイクルアセスメント………………*232*

7-1 事業性を評価するライフサイクルアセスメントの精緻化　（西田陽介）
　　232
　　a. 事業ステージとリスク・リターン　*232*
　　b. 収益と企業価値　*235*
　　c. 金融機関の視点　*237*
7-2 藻類バイオマスのライフサイクルアセスメント　（志甫　諒）　*238*
7-3 *Botryococcus* のライフサイクルアセスメント　（渡邉　信）　*243*
　　a. システム評価法の概要　*244*
　　b. プロセスの境界　*245*
　　c. モデルの概要　*246*
　　d. ライフサイクルアセスメント　*247*

8. 藻類オイルおよびその他の成分の利用…（彼谷邦光）……………*250*

8-1 カロテノイド　*250*
8-2 ボトリオコッセン　*250*
8-3 その他の成分　*252*

9. おわりに──将来展望と夢──…（渡邉　信）……………………*253*

9-1 藻類オイルを実用化するための技術開発目標　*253*
9-2 オイル生産効率1桁増産のもたらす効果　*254*
9-3 藻類エネルギー技術開発をめぐる国際競争の中で日本がリーダーシップをとるには　*256*
9-4 オイル生産効率1桁増産を可能にする炭化水素産生藻類 *Aurantiochytrium* の発見　*257*

索　引………………………………………………………………………*259*

1. 地球温暖化対策と新エネルギー資源

1-1 二酸化炭素削減対策の動向

　2007年2月に，気候変動に関する政府間パネル（IPCC）の第四次報告書の第一部会報告書が公表された．2002年の第三次報告書では気候システムの温暖化について「人為的である可能性が高い」と表現されていたのが，第四次報告書では「人為起源の温室効果ガスの増加が温暖化の原因」とほぼ断定しているところが，大きく異なる点であった．

　地球の長期にわたる温暖化に関しては，高名な科学者の間でも必ずしも完全なコンセンサスが得られてはいないようではあるが[1,5,6]，少なくとも，大気中の二酸化炭素が年々増加していることは間違いない[8]．このまま二酸化炭素の上昇が続く場合，長期的に何が起こるかについての最悪な予測が，温暖化予測あるいは気候変動の予測である．少なくともそのようなことが起きないように，すなわち，次世代にこのまま二酸化炭素の増加し続ける社会を残さないようにしようという国際的なコンセンサスが醸成されてきている．以下，筆者はこのような立場で本稿を進める．

　二酸化炭素の削減の必要性は，現在，多くの方々が認めていることである．しかし，その実行性，タイムスケール，規模，方法などに関しては，必ずしも世界的に見解が合意されているわけではない．大まかな見方としては，二酸化炭素の濃度レベルを現時点程度に安定させるには，21世紀の中葉までに，現在の二酸化炭素排出量の50%程度の削減を目指す必要があるという見解を中心に，国際的な議論が活発に行われている[9]．

　わが国では，（独）国立環境研究所などを中心としたグループが，これまでにいくつかの社会のあり方と，その社会が排出するであろう二酸化炭素量との

関係を研究した結果として，2050年にわが国でも現在の二酸化炭素排出量を70%削減できるという「低炭素社会に向けた12の方策」と題された研究成果を発表している[4]．この研究では，今後わが国で経済成長を優先的に考える場合（シナリオA）と，低経済成長をその国づくりの方針として選んだ場合（シナリオB）について研究しているが，どちらもほぼ70%の二酸化炭素の削減が可能であろうとの結論を出している．

2つのシナリオを表1-1にまとめておく．

この研究にある，二酸化炭素削減のスキームの例を図1-1に示すが，これによると，エネルギー需要部門で40%削減，エネルギー転換部門で30%の二酸化炭素の削減が可能としている．このスキームでは，2050年にはわが国の総人口は2009年現在の7割となり，また，国全体のGDPは約1.9倍となっていることを想定し，国民1人あたりのGDPは毎年2%の割合で伸びるという想

表1-1 想定する2つの社会経済像

図1-1で想定している2つの代表的な社会のあり方．どちらを選ぶかはわれわれの選択にかかっている．

［シナリオA］活力成長志向	［シナリオB］ゆとり，足るを知る
都市型：個人重視	分散型：コミュニティー重視
集中技術・リサイクル技術によるブレークスルー	・地産地消，必要な分の生産消費 ・「もったいない」
より便利で快適な社会を目指す	社会，文化的価値を尊ぶ
GDP 1人あたり2%成長	GDP 1人あたり1%成長

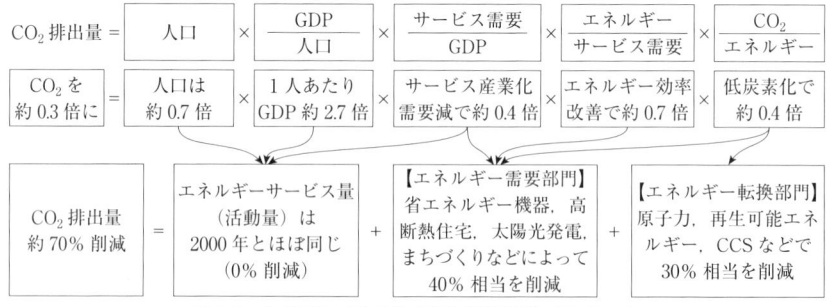

図1-1 わが国の二酸化炭素排出削減70%のスキーム

環境省などが中心となってまとめた，わが国の代表的な二酸化炭素削減のスキームで，2050年までに70%の二酸化炭素削減を提言している．CCS：二酸化炭素の回収・貯留．

定をしている．

　二酸化炭素削減効果の大きい2つの社会活動部門を表1-2に抜き出し，表中の各々の要素について，簡単にコメントしておく．

　エネルギー需要部門と漠然といってもわかりにくいかもしれないが，これは，今，さかんにいわれている省エネルギー家電，断熱住宅などを今後約40年にわたり積極的に導入し，社会のあらゆる分野での省エネルギーを行おうということである．省エネルギー車などの導入もこの範疇に入るであろう．今後，あらゆる場面での省エネルギー活動が求められるであろう．

　次に，エネルギー転換部門であるが，これは，簡単には発電，生産プロセスの熱利用法など，産業側でのエネルギー利用法と考えればわかりやすい．後ほど述べるが，バイオマスのエネルギー利用はこの部門に入る．

　産業での主なエネルギー利用法は，まずエネルギー源を燃焼させるなどして，それにより高温を得，次に，その高温により化学反応を起こさせ，あるいは水蒸気をつくり，それによってタービンを回し，発電を行う．

　原子力の利用促進についてであるが，原子力をプロセス利用する技術は世界的にも研究段階で，わが国では茨城県大洗町にある（独）日本原子力研究開発機構で，多目的高温ガス炉研究として研究開発が行われてはいる．しかし，社会全体の産業プロセスが原子力から供給されるようになるには，まだ相当の年月が必要であり，ここでは発電だけを考えればよいと思う．

　わが国の電力消費は，2002年度統計では最終エネルギー消費の22％，そのうち原子力は35％程度を占める[7]．すなわち，原子力からのエネルギー供給は，最終エネルギー消費の8％弱ほどとなっている．2009年度では，もう少し原子力の比率が上がっている．現在稼働中の原子力発電所は50基である．

表1-2　二酸化炭素削減の主な部門

図1-1で示したスキームでは，エネルギーの需要部門（使用する側）で40％，転換部門（電力生産および産業側）で30％の削減を提言している．

部門	方法	削減量
エネルギー需要部門	省エネルギー，高断熱住宅，太陽光発電，まちづくりなど	40％
エネルギー転換部門	原子力，再生可能エネルギー，二酸化炭素隔離（CCS）など	30％

CCS：二酸化炭素の回収・貯留．

仮に，発電所をすべて原子力にするとすれば，稼働率，発電量を現在の平均として，総計136基，つまり新規に86基ほどの原子力発電所が必要となる計算となる．もちろん，原子力の稼働率の向上などもあるが，今後どれだけの原子力発電所の新設が必要かは，大いに議論の必要なところであろう．

　次に，再生可能エネルギーについてであるが，再生可能エネルギーという範疇は，もともとは，地上に降り注ぐ太陽エネルギーがもととなって，一部は風，波，雨に姿を変え，それらを利用して電力を得ようとするものである．発電中の二酸化炭素の発生は0であると考えられている．具体的には，太陽電池，風力発電，波力発電，水力発電などがあげられる．また，厳密にいえば再生可能ではないが，地熱発電などもこの範疇に入れられているようである．再生可能エネルギー，特に，太陽光発電，風力発電などの特徴は，もとになる地上への太陽のエネルギーが希薄なため（地上で〜100 W/m^2），単位面積あたりのエネルギー密度が低く，また，そのエネルギーを有効利用できる場所が地球上でも限られているということである[10]．つまり，その利用のためには広い場所が必要であること，あるいは特殊な地域に限られることなどの要件があるため，産業利用などに必要な，大規模発電にはあまり向かず，むしろ，家庭用の電力需要に対応していると考えられる．ヨーロッパ，アメリカなどでは，地域により風力，日照の強い場所があり，そこでは，太陽発電，また，風力発電などのための大きな施設が検討されている．わが国では，太陽光発電パネルの家庭への導入が推奨されている．

　次に，CCSであるが，これは，二酸化炭素の回収・貯留（carbon dioxide capture and storage）の略で，ここ2年ほど関心が高まってきた技術である．筆者は2002年に，前 芝浦工業大学学長の平田 賢東京大学名誉教授の二酸化炭素隔離調査団の一員として，ヨーロッパ，アメリカなどの二酸化炭素隔離技術の調査に同行させていただく機会を得たが[3]，そのときすでに欧米ではCCSは本気で考えられており，カナダ，北海油田などで各種実験が行われていた．この技術は，発電所など，集中的に二酸化炭素を発生する施設からの二酸化炭素を回収し，それを地中に戻すというもので，戻す場所は，欧米の場合，石油，天然ガスなどの廃油井田などである．わが国には油田というものがほとんどないため，イメージが湧かない方が多いかもしれない．原油は，上に帽岩と

呼ばれる緻密な岩盤で覆われた地中の場所に存在している．その中には，二酸化炭素，メタン，ヘリウムなどが含まれているが，何千万年もの間，これらのガスを密閉してきた帽岩で覆われた井戸に，再度，二酸化炭素を戻そうという考えである．この場合，二酸化炭素は外に漏れないと考えられている．この技術には，副産的な利点がある．油田は通常，4〜6割ほどの原油を採掘すると圧力が下がり，操業率が下がるため，廃田とする．仮に，CCSが可能になると，二酸化炭素注入により，油田の内部圧が高まり，再度，その油田から原油が取り出せるというわけである．技術的観点では，これは二酸化炭素隔離のためのコストを保障するという利点がある．そのころあまり注目されていなかった，二酸化炭素の地中隔離の潜在能力の大きさは，欧米ではすでに当然のことと認識されていたのが印象的であった．

　この技術の適用性であるが，発電所などの集中的な二酸化炭素排出源からの二酸化炭素回収の技術はわが国でもかなり確立された技術となっているが[2]，わが国のように廃油井田などが近くにない国では，他の隔離候補場所として，仮に炭鉱跡地などで地中に空洞が見つかったとしても，その空洞の緻密性などに関したデータの確立のためには相当の時間がかかるものと思われる．自動車などの分散した二酸化炭素の発生源には，まだどのようにこの技術を直接適用できるかは不明である．いずれにしても，世界的にみればここ20年ほど，油田開発などの必要性から，地下探査技術は飛躍的な進展をみせている．これらの分野との緊密な協力が，この技術にはどうしても必要となるであろう[12]．

　先ほど述べた調査の際，British Petroleum 社，Royal Dutch Shell 社，Stat Oil 社などの技術者たちから，CCSにどのくらい二酸化炭素削減能力があるかをインタビューしてまとめたものが，図1-2である．

　このとき，CCSとしては，地中埋設を考えていただけであるが，それでも，削減潜在能力は非常に大きいものと想定されている．確かに，コストは別として，図中，再生可能エネルギーとCCSを合わせると，二酸化炭素の削減潜在能力は非常に高い．図の縦軸はtあたりの二酸化炭素削減コスト，横軸はその貢献の割合である．地中埋設は，コストが2002年当時のドル換算でtあたり50ドルと見積もられていたが，技術者たちは，このコストの値が原油のバレルあたりの価格と大体等しくなると，急激に技術が採用されるであろうと

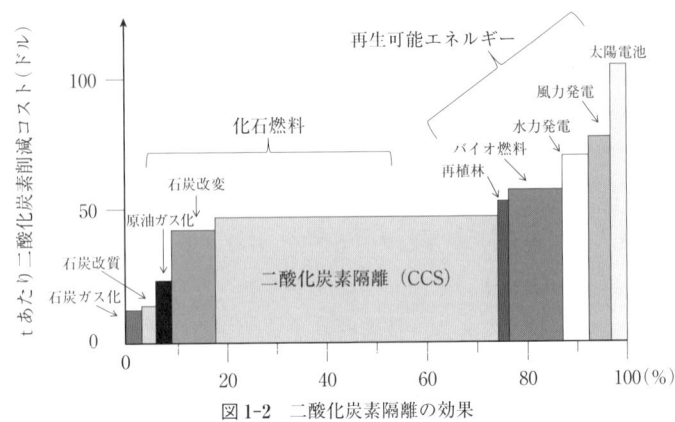

図1-2 二酸化炭素隔離の効果
二酸化炭素隔離（二酸化炭素の回収・貯留：CCS）は欧米では非常に大きいと考えられている．British Petroleum社，Royal Dutch Shell社，Stat Oil社資料による．

いっていた．ちなみに，調査を行った2002年当時，原油は1バレル（約160 L）あたり24ドル程度であったと記憶しているが，この価格では，まだCCSは使えないだろうとのことであった．図中にあるバイオ燃料とは，アルコール類，菜種油，パームオイルなどを指す．いずれも，ガソリン，ディーゼル車などに使われる想定であり，その原料は，陸上の穀物由来のものであった．

ここ2年ほどは，原油価格がバレルあたり80〜100ドル程度に上昇し，この図にあるCCS，バイオエネルギーなどに注目が集まっているのは十分なずけることである．どのような油井などに地中注入するか，どの穀物からのアルコール類，ディーゼル燃料が費用対効果がよいかなど，今後の検討課題も多いが，図中の二酸化炭素隔離の部分とバイオ燃料エネルギーの部分が二酸化炭素削減の大きな柱になってくることは間違いないであろう．

バイオマスエネルギーについてであるが，先ほど再生可能エネルギーについ述べた箇所で，今，さかんにいわれているエタノールなどの陸上植物由来のエネルギー源について触れないことを不思議に思われた方おられたかもしれない．筆者は，生物のバイオマス利用も，大まかには二酸化炭素削減の中のCCSに分類してよいと考えている．完全な地中隔離をするか，光合成による二酸化炭素の固定を選ぶかの違いである．生物は，光合成などにより多量のバイオマスを生じているが，これは，大気中の二酸化炭素のある意味の隔離であ

る．先ほどの，二酸化炭素の地中あるいは海中へのCCS手法では，化石燃料の燃焼由来の二酸化炭素は，永久に地中などに埋設される．一方，生物により固定される二酸化炭素は，生物体内に埋設され，再度利用される．これがバイオマスとして再度エネルギー生産などに利用されるとき，化石燃料の場合と同じく，二酸化炭素は放出するが，放出された二酸化炭素は，どこかでまた生物体に取り込まれる．二酸化炭素－バイオマス－エネルギー生産－二酸化炭素という循環の規模が大きくなれば，社会は，いわば循環型社会に近づく．これまで，バイオマスエネルギーがCCSとは考えられてこなかった理由は，まだ規模が大きくなっていないという理由があったように思える．

特にここ数年，一次ブームが去ったと思われていた微細藻類のバイオマス利用の研究開発が再び脚光を浴びてきた．これは，微細藻類からのバイオマス量，あるいはオイル成分の収穫量が，理論的には陸上穀物の数十倍～100倍に及ぶであろうと理論的に予想されるためである．この技術が完成されれば，図1-2のバイオ燃料エネルギーの部分の領域が，二酸化炭素隔離と書かれた部分に広がり，二酸化炭素も半永久的に地中に埋設せず，再利用，資源化ができることになる．この辺りの事情について，微細藻類によるバイオマス利用のさまざまな技術的面からの議論は，他章を参照されたい．なお，二酸化炭素削減対策として，排出権取引が話題になっているが，詳しくは他の成書[11]に譲り，本書では取り上げないことにする．

(志甫　諒)

1-2　各国のエネルギー動向

a．日本と世界の一次エネルギー需給状況

わが国が天然資源に乏しく，さらに加えて食料自給率も先進国中で最低レベルである（図1-3）ことはよく知られている．また，わが国と世界の一次エネルギー需給状況を示したのが図1-4，1-5である．これをみても，北東アジアでは，隣国中国の石炭と日本の石油依存度がずば抜けて高いことがわかる．せめて世界平均に近いエネルギーバランスになることが望まれる．

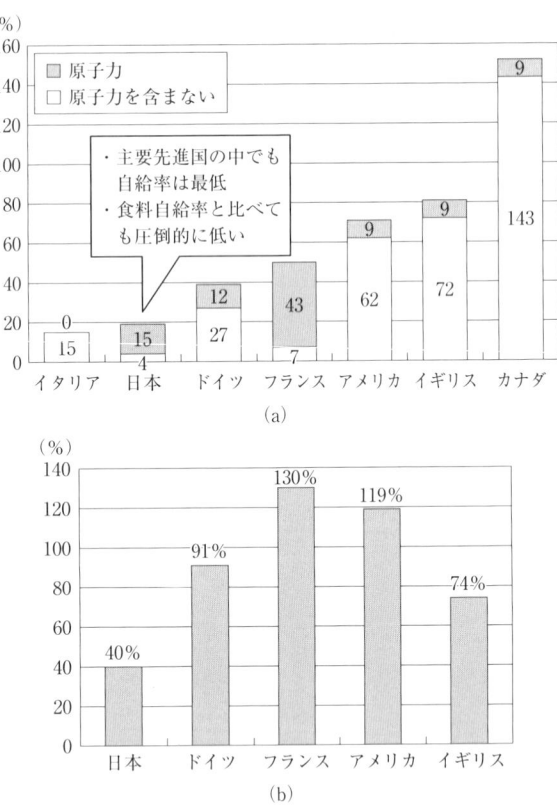

図 1-3 主要国の (a) エネルギーと (b) 食料の自給率
(a) OECD/IEA : Energy Balances of OECD Countries, 2008 Edition.
(b) 平成 15 年度食料自給率レポート (農林水産省) による.

b. 天然ガスの利用

化石燃料中で最もクリーンなのは天然ガスである (図 1-6). 東シベリアやサハリン地区に大量に存在する化石燃料で最もクリーンな天然ガスを大量にパイプラインでも輸入し，来るべき再生可能エネルギーで製造される水素利用による持続可能社会への過渡的対応をとる必要がある．2020 年ごろからしだいに水素エネルギーが多用されるようになると考えられるが，それまでの過渡的機関は，石油と異なり比較的世界に満遍なく埋蔵されている天然ガスを有効 (高度) 利用することが重要なことは，上述のとおりである (図 1-7).

1-2 各国のエネルギー動向

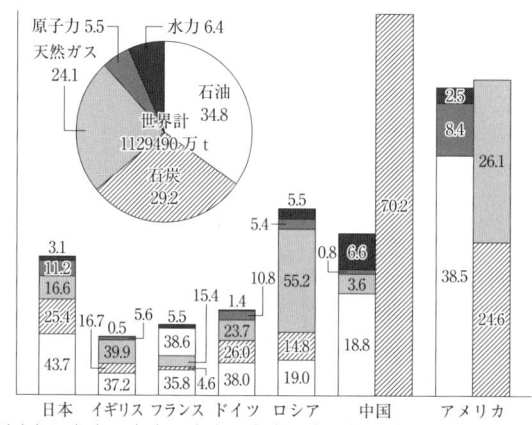

図1-4 主要国の一次エネルギー需給の推移（単位：原油換算100万 t, %）
METI, 2008 による.

特に，わが国の近隣地域をクローズアップしたのが図1-8である．筆者らが1988年ごろから主張しているように（文献13-16, 25）など），わざわざ遠い中近東などから，高価な液化天然ガス（liquefied natural gas：LNG）専用船で危険なチョークポイントを通過して中国や日本まで輸入することなく，東シベリアやサハリンから北東アジアの国々に天然ガスパイプラインで直接輸入することを考えなくてはならない．産油地域である東シベリアなどと陸続きの中国や韓国は，パイプライン輸入に熱心で，国内パイプラインの拡充整備を進めている．

日本は島国であるからLNGの方が合理的であるという意見をしばしば聞くが，世界の天然ガス貿易実態をみると，必ずしも正確ではないことがわかる（図1-9）．たとえば，ヨーロッパ諸国は，アフリカから海底パイプラインで大量の天然ガスを輸入し，さらに新設計画を進めている．わが国と同じ島国のイギリスは，北海やロシアの天然ガスを海底パイプラインで輸入している．現在，世界最深の海底パイプラインは，水面下2150 mのロシア～トルコ間の黒海横断である．

パイプライン先進国であるアメリカ国内の天然ガス幹線パイプラインは，総延長130万km，ヨーロッパでは85万kmといわれている．一方，わが国の天然ガスパイプラインは，各地方都市ガス企業が保有しており，いわゆる滲み

1. 地球温暖化対策と新エネルギー資源

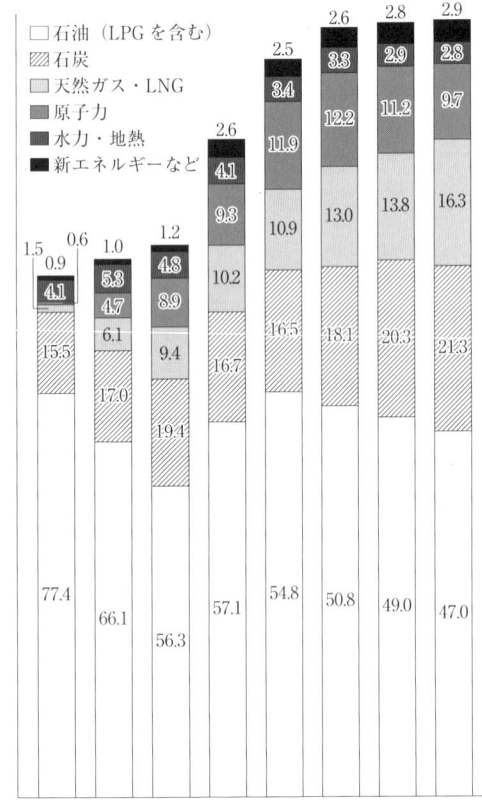

図 1-5　主要国の一次エネルギー供給実態（単位：原油換算 100 万 kg, ％）
経済産業省は，製造部門の重油補正に関わる見直しを 1990 年に遡及して修正を行ったため，1990 年以降のデータは前年までの資料から変更されている．四捨五入の関係により，100％にならない場合がある．METI, 2008 による．

出し方式で毎年少しずつ延長されてきたもので，輸送・配送ラインを入れて合計 3400 km といわれているが，相互連携はとれていない．ヨーロッパの天然ガスパイプラインネットワークは，1970 年代から 1990 年代にかけて，イタリア炭化水素公社（ENI）のルイジ・ミヤンティー総裁（当時）が石油ショックの真っ最中に，ヨーロッパの天然ガス資源を確保するために，北海，西シベリア，アフリカからのパイプライン輸入を決断したことから始まったものである．現在でも，なおいくつかのアフリカからヨーロッパへの天然ガスパイプラ

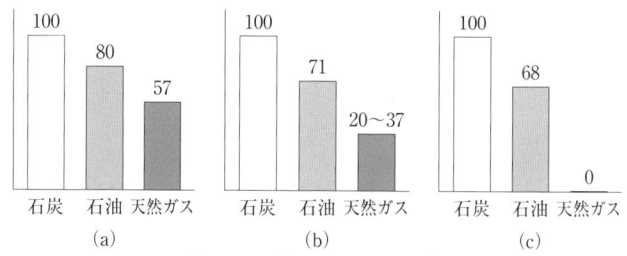

図 1-6 天然ガスのクリーン性
燃焼時の (a) 二酸化炭素（地球温暖化の原因），(b) 窒素酸化物（光化学スモッグなどの原因），(c) 硫黄酸化物（大気汚染・酸性雨の原因）の発生量比較（石炭を100とした場合）．エネルギー総合工学研究所，1990 による．

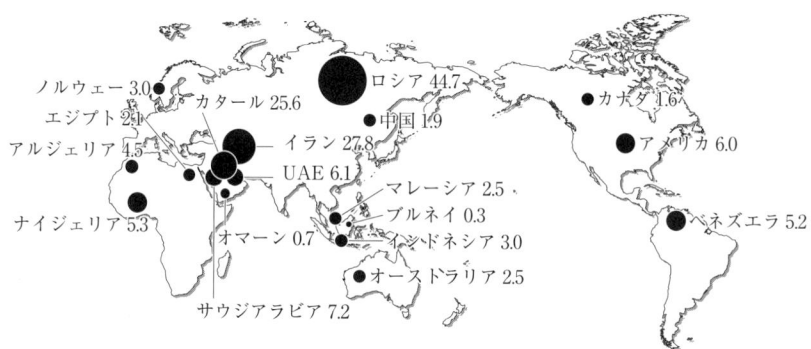

図 1-7 世界の天然ガス埋蔵国とその確認埋蔵量（兆 m^3）
世界計：177 兆 m^3．UAE：アラブ首長国連邦．British Petroleum 社統計，2008 による．

イン建設が計画されている．

c. 北東アジアの再生可能エネルギー資源と水素パイプライン

　図 1-10 は，経済産業省資源エネルギー庁が発表している日本の再生可能エネルギーの導入計画である．

　資源エネルギー庁による長期エネルギー需給見通し（2009 年 8 月再計算）の最大導入ケースにおいては，一次エネルギー供給に占める再生可能エネルギーの比率を，2020 年に 9.0%，2030 年に 11.6% としている．

　北東アジア太平洋地域の再生可能エネルギー資源は膨大なものがある．ロシアからアラスカへ至る地域の風力資源は，世界最高規模であり，その他，地熱

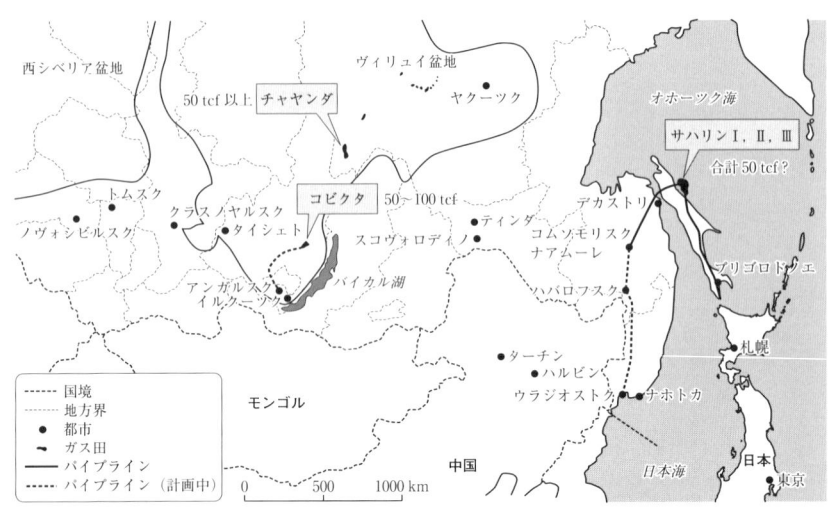

図 1-8　極東ロシアの膨大な未利用天然ガス資源

tcf：trillion cubic feet. 1 tcf（1 兆 cf³）= 2800 億 m³ = 260 万 t（原油）= 210 万 t（LNG）=1800 万バレル（原油換算）．JOGMEC, 2009 年 4 月による．

や太陽光エネルギー資源も膨大である．また，中国をみても，太陽光や風力・水力資源は膨大である．さらに，アジア太平洋地域には，膨大な地熱エネルギーやメタンハイドレートが埋蔵されていることも忘れてはならない．日本国内をみても，風力や太陽光エネルギー資源もさらに開発する余地があるのは論を待たない．2020 ～ 2030 年までに，これらの再生可能エネルギー資源を利用して，水素を製造し，天然ガスパイプラインネットワークにより，域内の隅々まで輸送・配送し，分散型電源にあるいは燃料電池車に供給し，地球環境を改善し，域内の持続可能社会を構築する必要がある．そのためにも，2020 ～ 2030 年までに，北東アジア地域に天然ガスパイプラインネットワークを完成させることが求められる．

　平田 賢東京大学名誉教授が「アジア太平洋エネルギー共同体構想」と「トランス・アジア・パイプライン構想」を発表したのが 1992 年であった[13-16]．最近では，2009 年 9 月の鳩山首相の「東アジア共同体構想」やオーストラリアのラッド首相の「アジア太平洋共同体構想」が注目されている．これらの共同体構想実現の一環として，まずは北東アジア天然ガスパイプラインネット

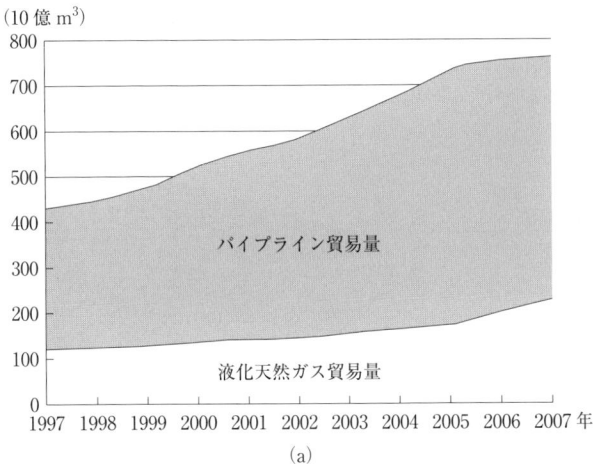

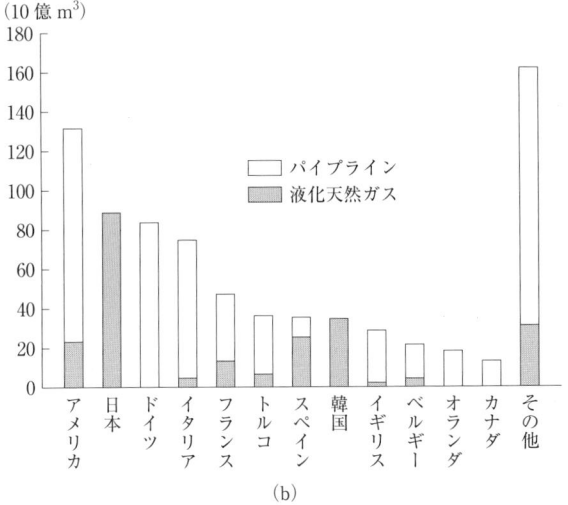

図 1-9 世界の (a) 天然ガス貿易量と (b) 2007 年の国別輸入量
British Petroleum 社, 2008 による.

ワークの構築[17-21]と引き続く域内の風力, 太陽光, 地熱などの再生可能エネルギーによる水素製造と, このパイプラインネットワークによる輸送システムの確立を目指したい. やがては微細藻類などからのバイオ燃料の大量製造も実現し, これらのパイプラインネットワークで域内の隅々まで輸送・配送される

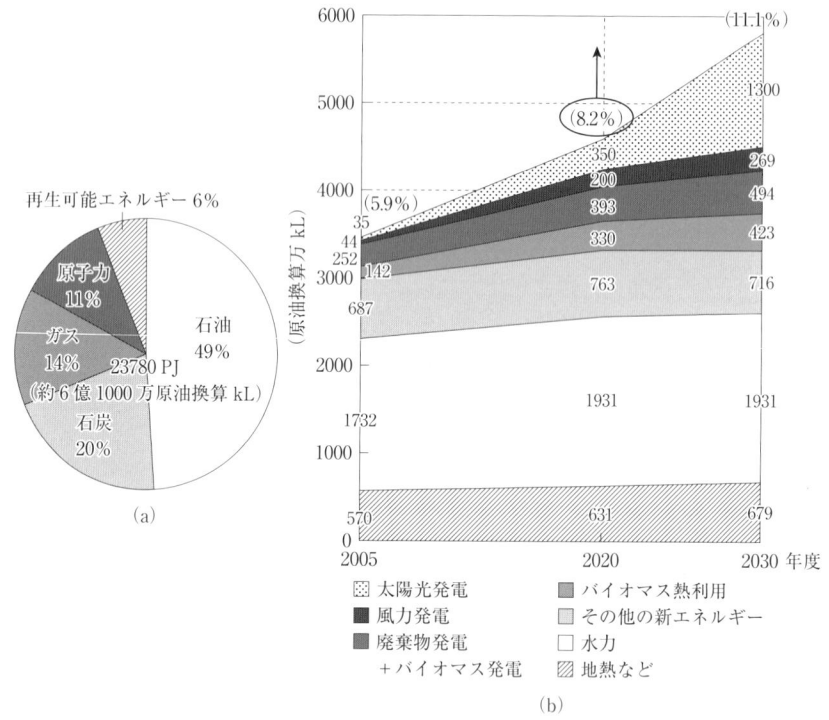

図 1-10 再生可能エネルギーの導入見通し
(a) 日本の一次エネルギー供給 (2005 年度), (b) 長期エネルギー需給見通しにおける再生可能エネルギーの最大導入ケース. ( ) 内は一次エネルギー供給に占める再生可能エネルギーの割合. 1 PJ (ペタジュール) = 10^{15} J = 原油換算 2.6 万 kL. 東京大学, 2009 年 5 月による.

ことを期待している[22-25].

(大橋一彦)

1-3 日本のエネルギー動向

a. 世界の状況と日本の政策

エネルギー安全保障の確立は, エネルギー資源の 9 割以上を海外からの供給に依存しているわが国にとって, 生活や産業基盤を支えるための重要な課題である. 2006 年に経済産業省がまとめた資料「新・国家エネルギー戦略」(http://www.meti.go.jp/press/20060531004/senryaku-houkokusho-set.pdf) によると,

表1-3　日本と世界のエネルギー戦略と政策「新・国家エネルギー戦略」

国・地域	基本戦略	政策
日本	・エネルギー安全保障の確立 ・エネルギーと環境問題の一体的解決と持続可能な成長基盤の確立 ・アジアと世界への積極的貢献	・エネルギー需給構造の最適化 ・新エネルギーイノベーション計画 ・アジア省エネルギープログラム
アメリカ	・対外依存度の低減 ・先端エネルギーイニシアチブ ・新たな原子力政策	・エネルギー源，自動車動力源の多様化 ・原子力の拡大と核不拡散の両立
EU	・省エネルギー政策 ・共通エネルギー政策	・エネルギー消費の削減 ・原子力の再評価
中国	・省エネルギー ・原子力・石炭のクリーン利用 ・海外の資源権益の確保	・GDPあたりのエネルギー消費効率を20%改善 ・原子力発電容量を2020年までに4倍に引き上げ ・海外への積極的な投資
ロシア	・エネルギー産業の強化	・石油・天然ガスの供給力拡大と輸出 ・地下資源法の改正と政府によるエネルギー産業への関与の強化

　世界の状況と日本のエネルギー動向と基本戦略の概要は表1-3のようになっている．表に示した基本戦略を眺めてみると，各国が省エネルギーや資源戦略を重要な政策に掲げていること，新しい原子力の役割に期待する一方，規模の拡大と核不拡散の両立に頭を悩ませていることなどがわかる．そのような中で，エネルギーと気候変動の問題の一体的な解決を強調していることが，わが国の基本戦略の大きな特徴である．

　一方，資料の中では「太陽光発電，風力発電などをはじめとする新エネルギーについては，当面はわが国の一次エネルギー供給の数%にとどまるが，50年あるいは100年の時間スケールの長期的な展望をもって研究開発に取り組む必要がある」と控えめに表現している．また，現在ほぼ100%を石油に依存する運輸部門の燃料の多様化を実現することが重要であると指摘している．

　しかしながら，地球規模の環境やエネルギーを議論する際の論点は，経済情勢しだいで大きな影響を受ける．リーマンショックを契機とした世界規模の経済危機に対してアメリカの新政権が経済立て直しの切り札としているのがグリーンニューディール政策（新アポロ計画とも呼ばれている）である．表1-4

表 1-4 「グリーンニューディール」の取り組み

国・地域	取り組みの指針
日本	・必要とされる環境対策を実施することによって経済危機を克服 ・環境保全と経済発展の両立 ・環境ビジネスの拡大 ・太陽光，太陽熱，風力，第 2 世代バイオ燃料，小水力発電などの再生可能エネルギーの大量導入
アメリカ	・太陽光発電，風力発電などをはじめとする自然エネルギーを 3 年間で倍増 ・プラグイン・ハイブリッド車を 2015 年までに 100 万台普及 ・スマートグリッド（革新的な送配電網化）システムと高性能蓄電池の開発 ・500 万人の雇用
EU	・環境配慮した「グリーン経済」に 1050 億ユーロを投資 ・ヨーロッパがグリーン技術の分野で世界的なリーダーとなることを目指す
イギリス	・再生可能エネルギーを中心とする低炭素社会への移行 ・洋上風力発電に積極投資 ・16 万人の新規雇用を目指す
ドイツ	・EU 排ガス基準を満たす車に環境奨励金 ・環境・エネルギー分野の研究開発支援 ・革新的自動車技術の開発
フランス	・持続可能な開発・研究への投資 ・自動車産業への支援 ・二酸化炭素排出の少ない車への買い替えに補助金
韓国	・「緑色ニューディール事業」による低炭素成長と雇用の創出
中国	・環境・省エネルギーへの投資

は各国の「グリーンニューディール」の取り組みを要約したものである．金融危機に対する経済対策，気候変動への対処の要請，急騰する原油価格といった差し迫った状況を背景にして，経済と環境・エネルギーの 3 つの難題を戦略的に解決するための提言であり，「ニューディール政策」というネーミングからも明らかなように，経済対策が主目的ではあるが，表 1-3 に示した基本戦略と比較するとずいぶんと具体的で短期的な政策に言及していることがわかる．

アメリカは太陽光発電，風力発電を中心とした再生可能エネルギー分野に集中的に投資し，雇用の創出と景気回復を図りながら産業構造そのものを変革しようとする野心的な目標を掲げている．一方，環境省が発表した日本版グリーンニューディール政策「緑の経済と社会の変革」（http://www.env.go.jp/guide/info/gnd/）では，「緑の」を枕詞にして，社会資本，地域コミュニティー，消

費,投資の変革とそのための施策が謳われている.環境と経済の統合的向上を目指すとし,バイオ燃料に関する規制の適正化や供給設備の設置などについての具体的な提言を行うとともに,環境ビジネスの市場を現在の70兆円から120兆円に拡大し,雇用を倍増させるとしている.記述は概して総花的で,環境技術やリサイクル,さらには地域活性化の施策まで踏み込んだ記述がある一方,環境税の実施,公共交通利用の優遇,バイオマス利用を含めた積極的な農業政策などについては及び腰で,産業構造の根本的な変革を動機づけるような基本戦略がみえにくくなっている.

バイオマスの利用に関しては,農林水産省が「バイオマス・ニッポン総合戦略」と題した資料(http://www.maff.go.jp/j/biomass/index.html)を公表している.資料の中では,エネルギーや製品としてバイオマスを総合的に最大限活用し持続可能な社会を実現することが「バイオマス・ニッポン」の姿であり,カーボンニュートラルで持続的に再生可能なバイオマスを,競争力のある産業として戦略的に育成しながら,農林漁業,農山漁村の活性化を図ることを目指すべきであると提言している.具体的な施策としては,2004年から輸送用燃料としてバイオマスの利用を促進するため,関係省庁連携による実証実験が実施されている.また,2010年までに原油換算で308万kL(輸送用燃料50万kLを含む)のバイオマス熱利用を導入するとともに,バイオマス発電の増加やバイオタウンの構築を図るとされていたが,当初の計画どおりには進展せず,戦略の見直しが行われている.

バイオマス活用のための個々の要素技術は進展しているものの,基本的には家畜排泄物,食品廃棄物,下水汚泥,木質系廃材・未利用材などの「廃棄物系バイオマス」や「未利用バイオマス」の利用が中心である.未利用地にエネ

表1-5 日本のバイオマスのエネルギー利活用の現状

バイオマス	利用形態
食用油(菜種油など)	エステル化,バイオディーゼル製造
家畜排泄物,下水汚泥	メタン発酵,ガス化,液化
木質系廃材・未利用材	糖化,エタノール発酵
サトウキビ,デンプンなど	エタノール発酵,液体燃料製造
木屑,廃材	木屑焚きボイラーやペレットストーブによる直接燃焼

ギー源や製品の原料とすることを目的として栽培する作物を「資源作物」と定義しているが，資源作物の積極的な利活用は現状ではほとんど見受けられない．わが国のバイオマスエネルギー利活用の現状を表1-5に示す．バイオマスを持続的に大規模に利用していくためには，生産，収集，変換，利用の各段階を有機的につなぎ，全体として効率的で経済性があるシステムを構築することが重要であり，各工程を一貫して定量的に評価するライフサイクルアセスメント（LCA：第7章参照）を確立することが重要である．今後は，海洋性植物や遺伝子組み換え植物をはじめとする新「資源作物」による効率的なバイオマス生産が模索される．

b. エネルギー密度と液体燃料の役割

藻類バイオマスからは容易に液体燃料が抽出できる．液体燃料はエネルギー密度が高く，自動車や航空機などの輸送機器には不可欠なエネルギー源である．

表1-6に代表的な蓄積手段のエネルギー密度を示す．原子・分子レベルの基本的な結合エネルギーと媒体の数密度との積が単体積あたりのエネルギー密度の目安を与える．ガソリンやエタノールなどの液体燃料は化学結合（～eV/原子）が開放される反応に基づいている．基本的な反応エネルギー密度に液体の典型的な数密度（～$10^{23}/cm^3$）を掛けることによって，表に示した液体燃料のエネルギー密度の値が得られる．核反応（～MeV/原子）がベースになる原子

表1-6 エネルギー密度比較

方式	エネルギー密度 (Wh/L)	(J/m^3)	(eV/cm^3)
キャパシター	1	～10^7	～10^{20}
圧縮空気*	28	～10^8	～10^{21}
リチウム電池	300	～10^9	～10^{22}
液体水素	2600	9.4×10^9	5.9×10^{22}
エタノール	6100	2.2×10^{10}	1.4×10^{23}
ガソリン	9700	3.5×10^{10}	2.2×10^{23}
マグネシウム	11900	4.3×10^{10}	2.7×10^{23}
核エネルギー	～10^{10}	～10^{16}	～10^{29}

*100気圧に相当するエネルギー密度．

力は，化学燃料に比べるとエネルギー密度が100万倍高いが，精巧な制御系や重厚な遮蔽装置が必要であるため，コンパクトな動力源にはなりえない．一方，固体化学燃料は補給方法や制御性に問題がある．自動車や航空機をはじめとする輸送機器には，特にコンパクトで密度の高いエネルギー源が必要であり，液体燃料が用いられる理由である．

リチウム電池をはじめとする技術が進歩したといっても，液体化石燃料のエネルギー密度とはまだ1桁程度の差がある．電池の基本は化学エネルギーの解放であり，今後技術開発が進められたとしても，電極や容器などを考慮すると，重量あたりのエネルギー密度が石油をはじめとする炭化水素系の液体燃料を超えることはありえない．ちなみに前述した資料「新・国家エネルギー戦略」によると，運輸部門の石油依存度の数値目標は2030年でも80%程度となっており，自動車をはじめとする輸送機器がいかに石油系の燃料に依存しているかがわかる．

国土交通省が発表している資料（http://www.mlit.go.jp/k-toukei/06/annual/index.pdf）によると，わが国の自動車燃料の使用量を電力換算した総エネルギー使用量は10^{15} Wh（ワット時）に達する．この値は日本全体の年間発電電力量（約1兆kWh）とほぼ等しく，わが国では総電力量に匹敵するエネルギーを自動車用に消費していることになる．ほぼ100%を石油に依存している運輸部門は，エネルギー需給構造の中で最も脆弱性が高い．航空機メーカーが燃費を改善すべく軽量化に懸命に取り組んでいることに象徴されるように，今後相当な技術開発が進められたとしても，単位重量あたりのエネルギー密度が低い電池を積んだ航空機が就航することは想像しがたい．ハイブリッド自動車，電気・燃料電池自動車などの技術推進を集中的に進めることが計画されているが，運輸部門におけるエネルギー需給構造の改善のためには，バイオマス由来の液体燃料の開発が不可欠であると考えられる．

c. 石油代替エネルギー源

石油資源をはじめとする化石燃料が枯渇に向かうという判断が，世界の経済と政治に深刻な影響を及ぼしている．原油の異常な価格高騰，大規模な国家間の富の移動，世界の大油田への接近をめぐる政治的な緊張，これらはすべて資

源が枯渇するという思惑に端を発しているのであり，枯渇そのものを問題にしているのではない．

　食料やエネルギーをはじめとするわれわれの生活にとって不可欠な資源の価格は，需要と供給のバランスが危うくなると非常に不安定になると推定される．絶対量が不足していたわけではないにもかかわらず，1970年代の第一次石油ショックの際にはガソリン価格が高騰し，トイレットペーパーの在庫が瞬時にしてなくなったことが象徴的である．当初は国民生活が混乱し経済も大きな打撃を受けたが，このときは官民一体となって燃費のよい自動車の開発やエネルギー利用効率の高い生産プロセスを積極的に導入することによって，わが国はむしろ国際的な比較優位を確保することができた．

　しかしながら現在のわが国を取り巻く状況は，第一次石油ショック当時とは全く異なっている．中国のGDPが近々わが国を凌駕すると予測されていることが象徴しているように，アジア諸国を中心に世界のエネルギー需要は急増し，中長期的に石油需給の逼迫をもたらすと考えられる．何度か石油生産ピーク説が叫ばれながら推定は裏切られてきたが，最近の原油価格の神経質な動きをみると，石油生産はいよいよ本当のピークを迎えようとしているようだ．石油のような経済社会の必需品の供給が需要をまかなえない状況が到来することが予測されると，石油の投入比率が大きい産業を中心に基本的な産業構造の変革が必要になってくる．変革のスピードが石油価格の変動に間に合わない状況であると，経済は大きく混乱し，われわれの生活は大きな影響を受けると予測される．

　最近では，市民の間にもエネルギー政策と地球規模の気候変動対策は表裏一体であるとの認識が高まっている．わが国が「二酸化炭素排出量を1990年比で2020年までに25％削減する」との宣言を行ったことは，短期的な是非はともかくエネルギー資源の観点からは正しいと考えられる．二酸化炭素の排出がはたしてどの程度の温暖化をもたらすのか，あるいは低炭素化に向けた技術開発の取り組みがはたして経済的な優位をもたらすかどうかは定かでないが，目標設定そのものは石油をはじめとする既存の化石燃料資源を節約し，新しいエネルギー資源を開拓するという視点で産業や社会構造を変革し，新しい仕組みを構築するための強力な動機づけになるに違いない．

伝統的な産業だけに頼る世界は，国際的な経済競争で敗北するしかない．自然の根本的な諸法則を理解し，それに伴う倫理的な責任を引き受けるような国民であって，あるいはそのような人類であって，初めて21世紀にふさわしい新しい枠組みを築くことができる．生態系は生産者（植物）と消費者（動物）と分解者（菌類）からなり，太陽エネルギーを使って物質を循環させているシステムであり，循環の一部をわれわれは食料として利用している．この循環がストップすると，最も基本的なレベルで生態系が機能しなくなる．藻類を基盤とするバイオエネルギーの利用は，そのような基本的な循環を乱すことはない．さらに藻類には石油系オイルである炭化水素を大量に産生する種が存在することから，藻類バイオマスは石油代替の液体燃料として重要な役割を果たすことが期待されている．

(堀岡一彦)

文　献

1) 赤祖父俊一 (2008)：正しく知る地球温暖化―誤った地球温暖化論に騙されないために，誠文堂新光社.
2) 地球環境産業技術研究機構編 (2006)：CO_2貯留テクノロジー，工業調査会.
3) 平田　賢，井上　元，志浦　諒，大橋一彦 (2002)：世界の最新二酸化炭素の回収・隔離プロジェクト実態調査報告書，地球・人間・環境フォーラム.
4) (独) 国立環境研究所，京都大学，立命館大学，みずほ情報総研 (株) 「2050　日本低炭素社会シナリオチーム」 (2008)：「脱温暖化社会に向けた中長期的オプションの多面的かつ総合的な，評価・予測・立案手法の確立に関する総合研究プロジェクト」報告書，(独) 国立環境研究所.
5) Lomborg, B. (2003)：環境危機をあおってはいけない，文藝春秋.
6) 丸山茂徳 (2008)：地球温暖化論にだまされるな，講談社.
7) (財) 省エネルギーセンター編 (2009)：省エネルギー便覧 2009.
8) 総合科学技術会議担当議員，内閣府政策官共編 (2003)：地球温暖化研究の最前線，財務省印刷局.
9) Stern, N. (2007)：The Economics of Climate Change, The Stern Review, Cambridge, Cambridge University Press.
10) 志浦　諒，井上　元 (2004)：水素社会と環境資源問題，最新の水素技術 II, pp.152-161, 日本工業出版.
11) 高山ゆかり，亀山康子 (2005)：地球温暖化交渉の行方，大学図書.
12) 山崎豊彦編 (1997)：オイルフィールド・エンジニアリング，海文堂出版.
13) 平田　賢 (1991)：トランスアジア・パイプライン建設の提言．エネルギーレビュー，11(1)，9-11.
14) 平田　賢 (1992)：アジア太平洋エネルギー共同体構想．OHM 79(8)，17-21.
15) 平田　賢 (1994)：省エネルギー論，オーム社.
16) 大橋一彦 (2001a)：出揃った各国の北東アジア天然ガス・パイプライン・ネットワーク構想①，②．配管技術，7月号，6-11，8月号，11-17.

17) 大橋一彦（2001b）：北方4島を再生可能エネルギーの日米ロの共同エネルギー管理基地に．配管技術，7月号，34-45．
18) 大橋一彦（2003）：国際プロジェクト提案における水素エネルギー・システムのあり方」①，②．クリーンエネルギー，10月号，69-73，11月号，68-73．
19) 和賀道行（2005）：日本のエネルギー政策とエネルギー安全保障．配管技術，12月号，1-7．
20) 大橋一彦（2006）：北東アジア水素ハイウエーの提案．配管技術，1月号，1-13．
21) 大橋一彦（2006～2007）：東シベリア太平洋パイプラインと日本の対応①，②．配管技術，12月号，12-19，1月号，8-15．
22) 大橋一彦（2007）：天然ガスパイプライン利用によるCO_2，H_2，バイオガスの輸送．配管技術，10月号，72-78．
23) 大橋一彦（2008）：パイプを利用した微細藻類からのバイオディーゼル製造について．配管技術，9月号，8-18．
24) 大橋一彦（2009）：世界の石油産生微細藻類の研究開発実態①，②．配管技術，8月号，10-16，9月号，12-16．
25) 大橋一彦（2010）：北東アジアの天然ガスパイプライン網の構築と水素社会への移行を目指して①，②．4月号，6-18，6月号，14-22．

2. バイオマスエネルギーの現状

2-1 バイオマスエネルギー資源とその利用形態

本節では,現在利用されているバイオマスエネルギー資源の概況を説明する.

a. 陸上植物バイオマス資源

「バイオマス」という言葉は,生態学などで用いられていた専門用語で「生物現存量」,すなわち,生態活動に伴って生成するもの,または植物,微生物体の有機物を物量換算した量を意味する言葉であったが,第一次石油ショック以来,エネルギーとしてまとまった植物起源の物質を指すようになった.表2-1に,いわゆるバイオマス資源といわれているものの分類をまとめておいた.これは,現在利用されている陸上植物由来のものである[5].微細藻類については別途説明する.バイオマスには多くの種類があるが,本節では,その中でも特に,エネルギー利用可能なバイオマス資源に焦点を当てて,その資源と利用のための変換法などを説明していく.

表2-1 典型的なバイオマス資源の種類

木質バイオマス	薪炭,枝などの林業廃棄物,間伐材など
農産廃棄物系バイオマス	わら,もみ殻,サトウキビの搾りかす(バガス)など
エネルギー作物	菜種,ダイズ,ココナッツ,アブラヤシ(パーム),早生樹(ポプラ,ユーカリなど),草本類(スイートソルガム,ネピアグラスなど),微細藻類(クロレラ,ユーグレナ,ボトリオコッカスなど)
畜産廃棄物	家畜糞尿など
生物資源由来の廃棄物	生ごみ,下水汚泥,パルプ廃液,建築廃材,廃食油,生物由来可燃ごみなど
その他	竹,植物繊維,カニ殻など

植物は，太陽光からの光のエネルギーを借りて，空気中の二酸化炭素と水を結合させる光合成により，その体内に，あるいは分泌物として，脂肪，タンパク質，デンプン，糖類，セルロースなどの有機物をつくる．

　これらは人類の歴史始まって以来，われわれの食物，家の材料，燃料などに使われてきた．現代でも，食料としてはもとより，地球上のほぼ20億人程度の人々は，燃料として薪を使った生活をしている[6,7]．

　バイオマスの原料は，成長に必要な根などから吸収されるミネラル分を別とすれば，太陽光と二酸化炭素だけである．植物全体の乾燥重量の約45％は炭素といわれている．これを燃やせば，二酸化炭素が出るだけである．したがって，バイオマス資源は，これをエネルギーとして利用するとすれば，実際の二酸化炭素排出収支は0に近く，いわゆるカーボンニュートラルなエネルギー資源である．

　エネルギー資源として，地球上で毎年生成されるバイオマスがどのくらいの量になるかについて，長崎総合科学大学の坂井正康教授は，「毎年，地球上で光合成によって生まれる植物細胞の総量は1000億～1500億t」と見積もっており，「そのエネルギーを仮に全部使って得られるエネルギーは，全世界で年間に消費されるエネルギー総量の約10倍となる」と述べている[5,15]．同様に，京都大学の河本晴雄准教授は，「陸上の植物は，大気中に存在する二酸化炭素の実に1/7もの量を毎年光合成によって固定化している．これは驚くべき数字だ．そのうち約半分は，呼吸によって二酸化炭素として直接大気中に放出されるが，残りの半分，約600億tの炭素が植物体として新たに固定されている．これに伴って，太陽エネルギーが取り込まれている．これをブドウ糖のエネルギーとして計算してみると，1991年における世界エネルギー消費量の7倍強に相当する」と見積もっている[6,16]．

　それでは，世界のエネルギー消費量とはどのくらいなのであろうか．当然，膨大なエネルギー量となるが，このような大きなエネルギーの単位として，ここでは便宜上，エネルギーの単位として10^{21} J，すなわちZJ（ゼタジュール）という単位を用いることにする（zetta=10^{21}）．そのエネルギー量1単位は，石炭約400億tを燃焼させたときに発生するエネルギー量に相当する．1980～2030年の世界的なエネルギー消費量の状況をまとめたものを表2-2に示

表 2-2 世界のエネルギー消費（1980 ～ 2030 年）

単位：ZJ = 10^{21} J．従来の薪炭など以外の再生可能エネルギーは，量は少ないが，今後の伸びは平均 7% と非常に大きいと考えられている．

	1980 年	2000 年	2006 年	2015 年	2030 年	2006 ～ 2030 年の伸び率（%/年）	可採年数
石炭	0.07	0.10	0.13	0.17	0.21	2.0	132.0
石油	0.13	0.15	0.17	0.19	0.21	1.0	41.7
天然ガス	0.05	0.09	0.10	0.12	0.15	1.8	60.2
原子力	0.01	0.03	0.03	0.03	0.04	0.9	132.0
水力	0.01	0.01	0.01	0.01	0.02	1.9	
バイオマス・ごみ	0.03	0.04	0.05	0.06	0.07	1.4	
他の再生可能エネルギー	0.00	0.00	0.00	0.01	0.01	7.2	
計	0.30	0.42	0.49	0.59	0.71	1.6	

IEA 統計による．

す[7,17]．

先ほどの見積もりの中に出てくる 1991 年時の世界全体のエネルギー消費[16]は，表中の，1980 年と 2000 年の中間辺りの年間約 0.4×10^{21} J，つまり 0.4 ZJ 程度であったと考えられる．したがって，先ほどの坂井および河本の見積もりで，地球上のバイオマス全量が世界のエネルギー消費の約 7 ～ 10 倍程度というのは，おおよそ 3 ～ 4 ZJ 程度に対応することになる．ちなみに，太陽から地表に降り注ぐエネルギーは約 1500 ZJ/年とされており，バイオマス全量が大きいといっても，これでも地球の太陽エネルギー全量の約 0.3% 程度である．

全地球上の光合成による有機物産生量の推定値を表 2-3 に示す[9,23]．

使われている統計は 1975 年と少し古いが[9,23]，この時点では，1970 年度のノーベル平和賞受賞者 N. E. Borlaug 博士らの主導で行われた「緑の革命」と呼ばれた農業技術革新により，コムギなどの飛躍的な増産が成し遂げられ，また，森林破壊などは，今より少なかったと思われること，エネルギー的な視点から，包括的バイオマス量を論じている論文は数少ないことから，バイオマス資源としての食料などの量と森林などのバイオマスの量の見積もりの比較にはこの統計を主に使わせていただく．表 2-3 でのバイオマスの量は，穀類などの

表 2-3　地球上での光合成による有機物産生量
地球上での，いろいろな場所での光合成による有機物産生量の推定.

生産地域		年間産生量（億 t/年）
陸上	熱帯林	494
	温帯林	149
	北方系針葉樹林	96
	サバンナ	135
	農耕地	91
	その他	185
小計		1150
海洋	大洋	415
	その他	135
小計		550
地球上合計		1700

場合，茎や葉なども含む全バイオマスを割くことに留意されたい．食糧穀物のエネルギー量推定は，後ほど別途示すことにする．

　陸域でのバイオマス全量は約 1150 億 t で，農耕地からのバイオマスは全体の 1 割弱の 91 億 t 程度となっている．内訳としては，陸域では熱帯林，温帯林，北方針葉樹林，サバンナなどでのバイオマス産生が大きく，農耕地では，全体の約 1 割弱（7.9%）となっている．このことから，最近の二酸化炭素削減の議論において，熱帯林，北方針葉樹林などの重要性がいわれているのがうなずける．先ほどの議論から，1150 億 t のバイオマス量はおおよそ 3〜4 ZJ として，農耕地からのバイオマス全量はおおよそ 0.24〜0.32 ZJ と推定できるが，これは 2006 年の石油使用量 0.17 ZJ とほぼ匹敵するかそれ以上のエネルギー量となる．

　バイオマスの資源組成は，細かな点を無視すれば，下記のとおりである．
① デンプンなど
② 糖質
③ オイル成分
④ タンパク質
⑤ セルロースなど
⑥ 化学物質，産生物

これらは通常どの植物にも存在する成分であるが，特に①～④は植物の種子などに含まれ，⑤は茎や幹など，⑥はその種類により，いろいろな部分に存在する．従来は，①～④は食糧として，⑤は薪炭，堆肥などの原材料として使われていたが，最近の原油価格の高騰，二酸化炭素削減への要求などのため，特に①～④を含む穀類が，エネルギー資源としてみられるようになってきた．これらを食糧として市場に出すより，多少なりとも手数をかけて，エタノール，ディーゼルオイル同等のオイルなどにして輸送用燃料として市場に出した方が，価格的に有利であるためである．そのことがかえって穀物価格の上昇をも招いてしまった．すなわち，バイオマスに関していえば，ここ数年，食糧とエネルギーという範疇の壁がなくなってきたといえる．現在，コムギや米など，世界的にみた場合の食糧穀物を輸送用燃料に変換するような動きは本格化していないが，原油価格の高騰が再びあれば，起こりえない話でもないであろう．

本節には，バイオマスエネルギー資源とその利用形態というタイトルをつけたが，人間に対するエネルギー供給という点では，食糧こそ，まず論じられるべきであるので，食糧をエネルギーとしてみてみることから始める．

1) **食糧としてのバイオマス資源**

バイオマスの食糧利用を考える場合，これは収穫だけで，変換のほとんど必要ないエネルギー資源である．何も変換せず先述の①～④を体内に摂取する．必要とされる食糧資源は，人間が1日必要としているカロリー（＝エネルギー量）から推定できる．

世界の食糧の生産は年々増加している．最近の報告によれば，2006年には世界の穀物生産量は22.3億tに達したようである[11,18]．内訳では，米6.6億t，コムギ5.9億t，オオムギ1.4t，トウモロコシ6.0億t（うち飼料4億t，食用2億t），ダイズ2.0億tとなっている．

この穀物量のエネルギーを栄養価のエネルギーから算出してみよう．穀物1kgあたりのカロリーを，平均燃焼カロリー3600 kcalと仮定すると，世界の年間穀物生産量22.3億tのエネルギーは，

$$22.3 \times 10^8 \times 10^3 \times 3600 \times 10^3 \times 4.2 \text{(J)} = 3.37 \times 10^{19} \text{(J)} = 3.37 \times 10^{-2} \text{(ZJ)}$$

という値となる．これは，表2-2で示した最近の世界の総エネルギー需要の約1割程度に相当するエネルギー量である．穀物は世界の原子力発電のエネ

ギー供給量とほぼ同程度のエネルギーを栄養価のエネルギーとして，すでに人類に供給しているのである．この食物によるエネルギー供給はエネルギー統計など[7,17]には出てこないので注意が必要である．

　ここで，一般にエネルギー統計などで使われる燃焼エネルギーと栄養価としてのエネルギーの考え方には多少の違いがあるので説明しておく．

　通常，バイオマスのエネルギー換算は，その成分がすべて燃焼されたときのエネルギーとして算定される．栄養価のエネルギーも，その換算の基礎としては，燃焼エネルギーから推定されるが，さらに人間などの体内への吸収能，対外排出量などを勘案して定められる．具体的には，取り込む食物のエネルギーから体外に排出される成分のエネルギーを差し引いた値が栄養価のエネルギーとされる[24]．アトウォーター係数としてよく知られている，糖 4 kcal/g，脂肪 9 kcal/g，タンパク質 4 kcal/g という三大栄養素の熱量の値は，このように定められている．脂肪を例にとると，9 kcal/g という値は，分子量の大きい重油などの燃焼熱の 11.6 kcal/g より 3 割ほど少ない．炭化水素が主な成分と考えられる薪などの燃焼熱は 4～5 kcal/g と推測されているが，炭水化物であるデンプンなどの栄養価は 4 kcal/g である．穀類の炭水化物の栄養価は，大まかにいえば，それを完全燃焼したときのエネルギーの 2～3 割小さい量となることに注意されたい．

　先ほどの推定は，穀物の栄養価をもとにしたエネルギー推定であるが，表 2-3 の光合成によるバイオマス量からエネルギーを推定するには，完全燃焼を仮定してエネルギーとしての換算を行う．たとえばイネなどを想像してみると，イネのもみの量は，茎などを含むイネ全体の 1/4 程度である．そうすると，表中の農耕地のバイオマス量は約 90 億 t とあるので，その 1/4 程度の約 20 億 t が穀類となる勘定となる．大まかには，穀物統計[11,18]からエネルギーを推定する考え方と，森林などを含めた光合成からの全有機物生産量の統計[9,23]からバイオマスのエネルギーを推定する考え方[5,15,16]の間には，穀物の重量を，それを実らせている植物全体の 1/4 程度の重量であると考えておけば，大きな矛盾はないようである．この点について，通常，穀物統計には，その生育する畑全体のバイオマス量が載っていないため，注意が必要である．

　エネルギー源としてみた場合のバイオマスはこれまで，薪のように完全に燃

やす物として，そのエネルギー源の潜在能力が推定されてきた．一方，穀物はこれまで，食べる物として，栄養価やエネルギー源としての潜在能力が推定されてきた．昨今，穀物のデンプンをエタノールなどに変換し，燃料として利用するケースが増えてきており，食糧の分野にエネルギーの分野が侵食を始めている．今後，上に述べたような穀類のデンプンだけでなく，セルロースなど木質バイオマスも含めて，エネルギー換算のための基準のようなものも必要となろう．

食物ではなく，薪，バイオマス，ごみなどの形で人間へ提供されているエネルギーの量は，表 2-2 にまとめたように，すでにエネルギーの一次需要量の約 1 割の 0.07 ZJ となっている．これは主に薪や炭などの燃料として使用されているバイオマスである．この量は，同表に示されている原子力によるエネルギー供給量の約 2 倍弱である点に留意されたい．これだけのエネルギーは，バイオマスという形で，すでに人類に利用されている．先に述べたように，食糧をエネルギーに換算した量 3.37×10^{-2} (ZJ) はこれと同じオーダーのエネルギー量となるが，食糧はこれまでエネルギー統計（化石燃料や原子力などの需要状況の統計）には出てこない場合が多い量なので，注意が必要である．

これまで，食糧として使われる場合の穀物に対しては，各人の摂取エネルギー量はよく取り上げられるが，その総エネルギー量はあまり問題にされていなかった．今後，人口増加のため，現在の主要穀物の生産量では世界の人口を支えることができないことが危惧されており，このような穀物を自動車などの燃料の生産の原料に使うことは避けたいところである．今後，エネルギーのプロジェクトなどで各種穀物がエタノールなどの燃料の生産に使用される可能性があるとき，どの程度のエネルギー量が食糧から燃料へ変換されていくのかを把握しておいていただきたい．

2）エネルギーとしてのバイオマス資源

(1) 薪　炭

薪炭としてのバイオマス使用は，文明の始まったとき以来続いているエネルギー使用法である．先進国では，同じ燃焼といっても，熱効率のよいボイラーなどが使用され，かなり効率のよいエネルギー利用もできるようであるが，通常の煮炊きの窯などでこれを用いる場合，エネルギー効率は 10〜15% 程度で

ある.

　表2-2の中のバイオマスの項をみていただきたい．ここでいうバイオマスエネルギーとは，薪炭，家畜の乾燥糞，農産物の廃棄物などの植物をもととするエネルギー資源を指しているが，このバイオマスの利用の80%以上は発展途上国でのものである．絶対量からいえば，このエネルギー量が全世界の原子力発電量より大きいことは注目に値する．バイオマスエネルギーは，発展途上諸国が消費しているエネルギー量全体の約30%をまかなっている．これに対し，先進諸国のバイオマスエネルギーの使用量は，その国の消費量のわずか約3%にすぎない．実際，サハラ砂漠以南，南アジアなどでは，人口のかなりの部分はこの薪炭だけに頼った生活をしている．その総人口は20億以上にも上ると推定されており[6,7]，資源としては，熱帯林，温暖林，サバンナなどの樹木に依存している．先進国ではバイオマスというと自動車用の燃料などを連想しがちで，森林地帯を開墾し，温暖化対策の一環として，燃料作物のプラントをつくるなどの話もよく耳にする．しかし，すでに森林地帯からこれだけのバイオマスが薪や炭などの形でエネルギーとして利用されており，20億人以上の人々の日常生活を支えていること[6,7]も忘れてはならない．

(2) バイオ燃料

　バイオマスを現代的な内燃機関などで利用しやすいように，その形態を変換して使おうという技術が，今，衆目を集めている．これらを総称して，通常，「バイオ」という接頭語をつけて「バイオ燃料」と呼んでいる．

　形態としては，ガスとしてのバイオガス（メタン），液体燃料としてバイオエタノール，バイオディーゼルオイルなどがある．図2-1に，各種バイオマス原料，必要とされる変換プロセス，燃料の形態を簡単にまとめたものを示す．

　バイオガスは，過栄養湖沼などで，底から泡などが上がってくるのを見かけることがあるが，これと同じ成分のメタンである．バイオガスと呼ばれるものは，ごみ，産業廃棄バイオマスなどを原料として，ごみ処理，下水処理プロセスなどの一部を改良して，生産が行われる．わが国の地方自治体，ドイツなどで積極的な導入が図られている[5,8]．

　バイオエタノールは，バイオマスの成分の糖質，デンプン質などを発酵させてその製造が行われている．エタノールの原料としては，サトウキビ，トウモ

2-1 バイオマスエネルギー資源とその利用形態　　31

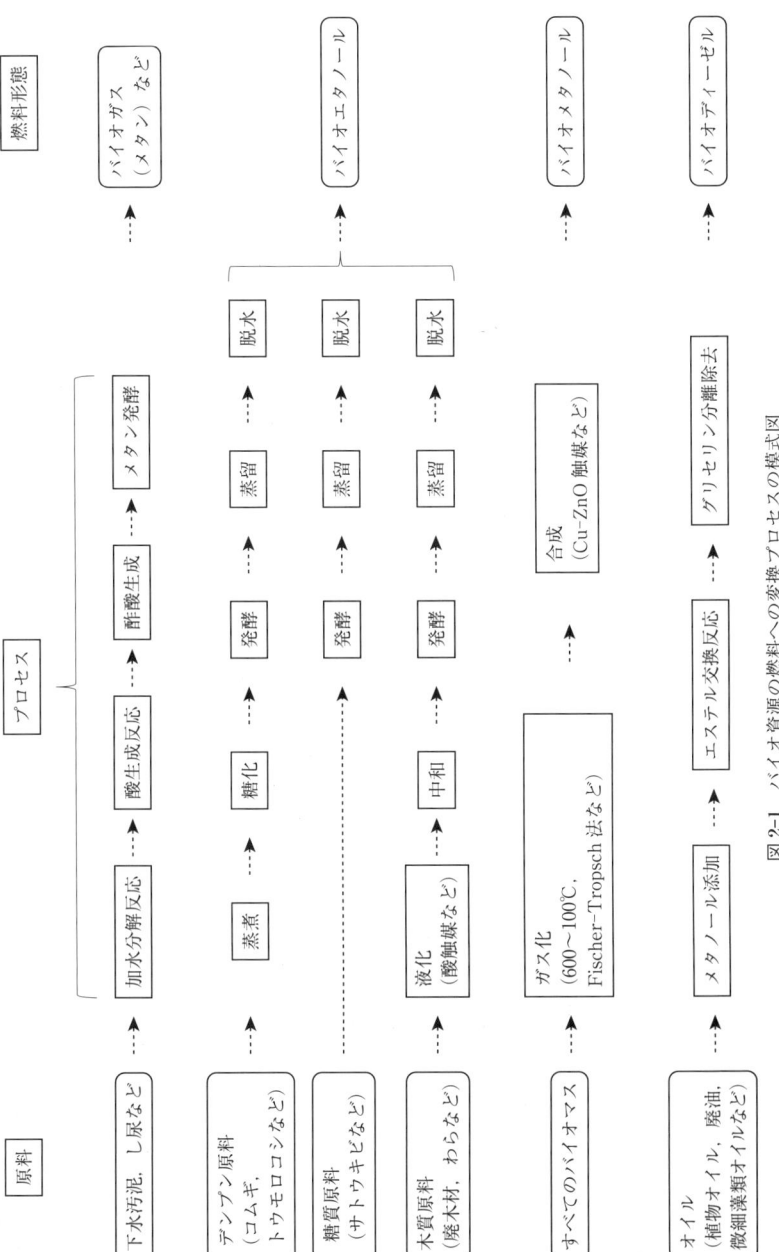

図2-1 バイオ資源の燃料への変換プロセスの模式図

燃料形態: バイオガス（メタン）など／バイオエタノール／バイオメタノール／バイオディーゼル

プロセス:
- 下水汚泥, し尿など → 加水分解反応 → 酸生成反応 → 酢酸生成 → メタン発酵 → バイオガス（メタン）など
- デンプン原料（コムギ, トウモロコシなど） → 蒸煮 → 糖化 → 発酵 → 蒸留 → 脱水 → バイオエタノール
- 糖質原料（サトウキビなど） → 発酵 → 蒸留 → 脱水 → バイオエタノール
- 木質原料（廃木材, わらなど） → 液化（酸触媒など） → 中和 → 発酵 → 蒸留 → 脱水 → バイオエタノール
- すべてのバイオマス → ガス化（600〜100℃, Fischer-Tropsch法など） → 合成（Cu-ZnO触媒など） → バイオメタノール
- オイル（植物オイル, 廃油, 微細藻類オイルなど） → メタノール添加 → エステル交換反応 → グリセリン分離除去 → バイオディーゼル

原料

ロコシなどが代表的である．ブラジル，アメリカなどはそれぞれの作物の食糧利用以外の余剰生産量があり，世界的に最も生産量が多い．エタノールの利用としては，自動車燃料のガソリンなどへ 10 〜 20％ 程度混入して用いられることが多い．国際エネルギー機関（International Energy Agency：IEA）によると，2004 年にはアメリカがブラジルを抜いてエタノール生産量で世界一となっている[7]．

バイオディーゼルオイル生産の原料としては，菜種，アブラヤシ（パーム），ダイズなどの作物からのオイルが代表的である．これらのオイルは，従来，食用オイルとして利用されてきたものである．そのままでは分子量が大きく，またグリセリン成分など固まりやすい成分を含んでいるため，ディーゼルエンジンでは使えない．そのため，通常，これにメタノールを加え，化学工学でいう，いわゆるエステル交換反応によって，オイル成分からグリセリン成分を取り除いたものを使う[2,3,8,12,20]．

図中には，メタノールという形態を示しているが，これは工業プロセスの随所で応用の多い化学物質である．単位重量あたりの熱価はエタノールと比べて高くなく，これまでバイオ燃料として注目を集めてこなかった．通常，メタノールは工業利用の多くのプロセスで用いられる原料でもあり，これまでも化石燃料起源の原料から工業的につくられてきたものである．単位バイオマス量からの収量はエタノールのほぼ 1.5 倍になると推定され，今後，バイオマスのメタノールへの変換利用がより注目を集めるであろうと考えられる．

図 2-1 に示してあるプロセスのいずれかを用いて，バイオ燃料が生産されているわけであるが，2006 年に，どの程度の量のバイオ燃料がつくられているかを示したものが図 2-2 である[7]．左縦軸の単位は，エネルギー量としてはまだ少ないので，IEA などでよく使われる石油換算 100 万 t（mega ton oil equivalent：Mtoe）というエネルギー単位を用いている．1 Mtoe ＝ 4.19×10^{-5} ZJ である．また，右縦軸の単位は％ であるが，これは，自動車用燃料の何％ に対応するかを示したものである．

図 2-2 には，2006 年の生産量と，2015 年，2030 年までのおおよその生産量の伸びの予測値が示されているが，2006 年段階ではバイオ燃料の自動車燃料の代替率は約 1％ 程度であったのに対して，2030 年ごろには自動車燃料の約

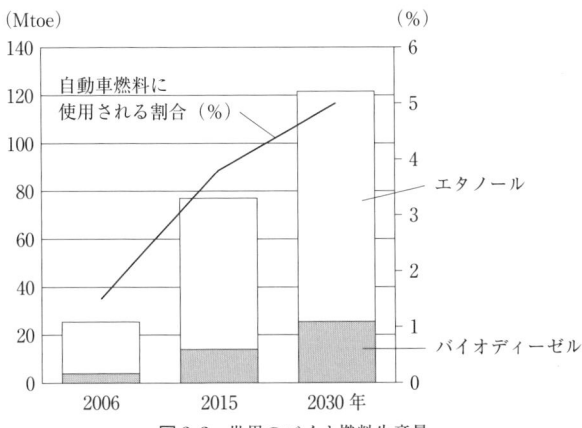

図 2-2 世界のバイオ燃料生産量
2006年段階では世界の自動車燃料の1%程度の供給量である．
Mtoe：石油換算100万 t．IEA統計による．

5%がバイオ燃料で供給されると予想されており，この間の世界のバイオ燃料使用の平均伸び率は6.8%/年となる．表2-2に示したエネルギー需要（＝消費）の平均伸び率1.6%/年と比べて，バイオ燃料の伸びは確かに著しく大きい．この図には示していないが，生産地としては，一般的に南北アメリカ大陸ではガソリン車がほとんどであるためエタノール生産が盛んで，ヨーロッパではディーゼル車が多いこともあってバイオディーゼルの生産が盛んである．

b. エネルギー資源としての微細藻類

ここ2年ほど，バイオマス資源としての藻類，特に微細藻類に，それらのもつ次のような潜在能力[1]への関心が急速に集まってきている[22]．

① 成長のために必要な外部から投入が必要なものは，日光，水，二酸化炭素とわずかな量のミネラル成分だけである．

② 細胞分裂などで増殖するため，陸域の植物より数十倍成長率が高く，同じ量のバイオマスを得るために必要な土地が陸域植物よりはるかに少なくて済む．

③ 生育環境は淡水から海水にわたるため，その土地に合った種類を選べば，原理的には，地球上どこの土地でも生産が可能である．

④ いわゆる荒地，水が塩水性の土地など，これまで農業生産が不可能であった土地での培養が可能である．

⑤ 体内に 20% 以上オイル成分をもつものが多く見つかっている．

⑥ 産生物として，貴重な化学物質を産生している可能性がある．

⑦ 水素などを直接生産することも将来可能である．

微細藻類といっても，その構成成分，用途などは，⑦を除けばa項で述べた陸上植物由来のバイオマス資源と同じである．これまで，健康食品などへの応用のため，クロレラ，ヘマトコッカスなどの微細藻類が大量培養施設で生産され，産業化されているが，燃料などへの応用に関してはまだ本格的なものはない．燃料への変換プロセスも図2-1に示したものとほぼ同じであろう．

最近の微細藻類への関心の高まりは，②と⑤の項目により，微細藻類が将来のバイオディーゼル燃料として有望であるとの視点から来るものである[21]．

3-2節に各種作物・微細藻類のオイル産生能の比較が示されているが，それによると，微細藻類からのバイオ燃料により世界の石油需要を満たすために必要な耕地面積は全耕地面積の2%程度と見積もられている．世界の石油需要量（＝消費量）は表2-2（2006年参照）からおおよそ0.17 ZJであり，この量の藻類バイオ燃料が石油の代替燃料として全耕地の2.5%を使って得られるということを意味している．全耕地を使えば6.8 ZJのバイオ燃料が生産される計算となる．a項1）で示したように，主要穀物の生産量から換算したエネルギー量は0.037 ZJであった．全耕地を仮に使ったとして，燃料資源としての陸上穀物と微細藻類の生産性を比較してみると，その比率は6.8：0.037 ＝ 184：1となる．微細藻類の燃料生産に関する潜在能力が非常に大きいことがわかる．この比率は，穀物を原料としてバイオ燃料生産がさかんに行われるようになってきている今日，その意味するところは大きい．

1978年から1996年まで，アメリカエネルギー省（Department of Energy：DOE）は，アメリカ国立再生エネルギー研究所（National Renewable Energy Laboratory：NREL）を主幹研究機関として，藻類から再生可能な輸送燃料を開発するために Aquatic Species Program（ASP）として知られているプログラムを実行した[13,21]．ASPは，最も多くのオイルを産生して，特定の環境条件の下で動くことができる藻類を特定するための重要な研究を行った．上にあげ

た藻類の生産性に関する予測時研究は，ほとんどはこの ASP プロジェクトの成果をもとにしているものである．わが国でも同時期に微細藻類の研究開発プロジェクトが行われた[14]．これらの詳細は 3-3 節を参照されたい．

微細藻類からのオイル以外の産生物の利用については，他の章で詳しく述べられると思うのでここでは省かせていただくが，エネルギー利用という観点からは，⑦にあげた水素生産の可能性も見逃せない点である．微細藻類からの水素発生の研究は長い歴史を有する[4]．1996 年に ASP が終結した段階では，水素の発生効率は自然の状態では 0.1％ 程度であることが知られていたが，その後，クラミドモナスを用いた研究において，カリフォルニア大学の Anastasios Melis 教授は，硫黄の奪取が原因になり，藻類が光合成により酸素を生み出すことから水素を生み出すことに切り替えるということを発見した．藻類からの水素の生産は，それが産業レベルの応用が可能なためには，7～10％ のエネルギー効率（水素への日光の転換）が必要とされていたが，その後の研究で 11％ の高率を達成したとの報告もされている[10]．地球温暖化対策としては，バイオ燃料の普及にとどまらず，さらに将来的には水素社会の構築がいわれている今日，微細藻類からの水素生産にも目を向けておく必要もある[19]．

2-2 バイオマスエネルギーの現況と問題点

本節では，最近にわかに関心が高まってきている，バイオマスのエネルギー利用の現況などについて説明する．

a. 背　　景
ここ 10 年ほどの，バイオマスエネルギー利用拡大に対する期待と圧力は，全く異なる次の 2 つの要素からなる．
① 二酸化炭素排出削減
② 原油価格の高騰

まず，①の二酸化炭素排出削減について簡単に説明する．京都議定書という言葉で有名になった地球温暖化防止京都会議（COP 3）は，1997 年 12 月にわが国の京都で開催されたが，これに先立ち EU は，再生可能エネルギーを二酸

化炭素削減に向けたエネルギー戦略の主力とすることを明確に宣言し，「再生可能なエネルギー資源─コミュニティー戦略に関する白書と行動計画」と題する計画書を，同会議の直前に発表した[6]．この行動計画では，2010 年までに自然エネルギー利用の割合を，現在の 6% から 12% まで増やすとしている．それによって，2010 年までに温暖化ガス排出量を 15% 削減するという EU の公約の 1/3 をクリアすることが可能になるというものであった．この場合の再生可能エネルギーとは，風力，バイオマスなどを指す．バイオマスの内容もエタノール，ディーゼル燃料だけでなく，ごみ，わら，もみなどの従来型のバイオマスも含まれている．

COP 3 から 2 年ほど後の 1999 年 8 月 12 日，アメリカのクリントン大統領（当時）は「バイオマス製品とバイオマスエネルギーの発展と推進に関する」大統領令 13134 号を出した[21]．それは，2010 年までにバイオマス製品とバイオマスエネルギーの利用率を 3 倍にし，それによって農村地域では年間 200 億ドル（1 ドルを当時の 120 円として換算して，日本円で 2.4 兆円）の所得を創出し，温室効果ガスの排出をバイオマス利用によって年間 1 億 t，自動車で 7000 万台分を削減するという目標を掲げるものであった．

京都会議の議長国であったわが国では，このようなトップダウン式の宣言などはなかったが，この会議以来，官，民，地方自治体などで，再生可能エネルギーの利用の検討が真剣に進められている[8]．

次に，②の原油価格高騰であるが，1985 年以来平均して 1 バレル 15 ドル程度で安定していた原油価格が，1999 年から突然上昇を始め，2006 年には 65 ドル，2007 年末に 100 ドル，2008 年 7 月に 145 ドルに上昇し，2008 年 12 月には金融危機のために 30 ドルの前半にまで下落したが，2009 年 8 月ごろには再度 70 ドル台に上昇してきている．ちなみに，化石燃料の使用の抑制が議論された京都会議が開かれたころにはまだ 17 ドル程度であった．この原因としては，石油資源の枯渇予想の問題と，それに基づき世上では国際的な投機資金が原油市場に流れ込んだためという推測が流れた．この背景には，C. J. Campbell[26] による，M. K. Hubbert のピークオイル論[30]のリバイバルがある[28]．

ピークオイル論とは，1956 年，当時 Shell 社の研究所にいた地質学者の Hubbert が，石油生産量の推移，新規油田発見量の推移と地質学的考察から，

「アメリカの石油生産が1970年代初期にピークに達する」と予言し，その後，確かに1970年代にアメリカの石油生産はピークを迎えたことから，予言とともにその分析法も含めているものである．1997年に，Campbellは，このピークオイル論の分析手法を世界の石油埋蔵量分析に当てはめ，世界の石油生産のピークは2003年ごろとなるという論を展開した[26]．ピークオイル論そのものは，その推論の骨子として，人口論，数理生態学など（5-1節参照）でなじみのロジスティック方程式がその柱となっている．ロジスティック方程式では，人口などの増加が時間とともに一定の値に収束していくが，その値を環境収容力と呼ぶ．ピークオイル論では，石油のこれまでに使ってしまった分も含めての全量を，この環境収容力に対応させ，年々の生産量の変化から，この環境収容力を推定するという手法をとる．

読者の中には，石油の資源統計には可採年数という言葉で40年と書かれているのだから[17]，どのくらい石油が存在しているかはすでにわかっているのではないかと考える方もいると思うので，少し説明をしておく．

可採年数（R/P）とは，その時点での確認された埋蔵量，すなわち確認可採埋蔵量 R とその時点での生産量 P との単純な比である．これらの確認埋蔵量は，地質調査などで，会社，国など油田保有者により推定された上で，第三者の審査を受けた後，公式に発表された量を使っている．アメリカでは，アメリカ証券取引委員会（Security and Exchange Commission：SEC）の審査などが必要である．しかし，そのもとのデータが油田保有者からの報告に基づいている点には注意を要する．実際には，確認可採埋蔵量の値は，新しい油田などの開発のため年々増えてきた．そこで，これまで50年ほど石油の使用量が増加し続けてきたにもかかわらず，同じような可採年数が統計表には記載されてきたわけである．石油の確認埋蔵量といっても，中近東などの大油田の埋蔵量は，それらの保有国は詳しく発表していない．また，石油会社の保有油田でも，必ずしも正確な埋蔵量は発表されてこなかった．いわば，保有者の秘密データに近い部分もあった．消費者など部外者は，暗に石油の埋蔵量もだんだん新発見などで増えていくだろうと感じていた．潜在的な埋蔵量がまだ無限にあるときにはそれでよかったのだが，いくら世界的な規模の油田を有している中近東国，オイルメジャーといっても，保有している石油の埋蔵量は，地質学

的には限りがある．

オイルピーク論の解析は，年々の生産量，新規油田発見量などの外部データから逆に，地質的な限界量としての石油の可採埋蔵量を推定するという解析手法である．その量は，いわば地質学的な限界量である．それによると，1900年代初頭の石油利用のはじめから今日まで消費された石油が約1兆バレル（1バレル＝159 L），今後の残存量が約1兆バレルで，2004～2008年にその生産ピークが来るというものであった．それ自体は単なる分析手法であるが，Campbellの解析[26]が出版されると，にわかに投資家たちの注目を集めた．当初，石油会社，IEAなどはむしろこのオイルピーク論には懐疑的な立場であった．論争は賛否両論，大きかったが，最近のIEAの公式の統計資料[7]でも，少なくとも中近東，北アメリカ大陸などの，従来型の比較的さらさらした粘度の低い原油の埋蔵量推定は1兆～1.4兆バレル程度と推定している．それ以上の埋蔵量存在はあるにはあるが，オイルシェール，タールサンドなどと呼ばれるもので，これは粘性が高く，精製コストは数倍以上となるというものである．

どうやら，中近東，北アメリカ産などのように，掘削しやすく，コストが低く，石油を需要に応じていくらでも手に入れられるという時代は終焉し，20～30年先には原油価格が数倍に上昇することを覚悟しなければならない時代が来たようである．

石油資源の有限説は，バイオ燃料を考える上でも，今後も折に触れて出てくる問題となるであろうから，少し直観的な説明をしておく．上に出た議論の中で，1兆バレルという埋蔵量が残っていると述べたが，1バレル＝159 L，原油の比重を約1と仮定すると，1兆バレルの体積は1590億 m^3 となる．富士山を斜面の傾斜角度30°，高さ3776 mの円錐と考え，この体積を計算すると，これは，石油の残存の埋蔵量とほぼ同じ程度の体積になることがわかる．図2-3にこれを示しておく．

石油の量を直観的に把握したい方には，次の表現の方がわかりやすいかもしれない．

石油の可採年数はこの埋蔵量に対して40.5年とされているので，底面は同じとして，毎年，富士山の1/40の高さ，すなわち90 m強の高さをもつ小山の体積分に相当する石油を消費している．もし，バイオ燃料産業が急速に立ち

上がり，ここからのバイオ燃料によって完全に石油の代替を行うには，その生産規模として，これと同じ体積のバイオ燃料を生産することを意味する．

今後，少なくとも50年ほどで，この富士山と同じ程度の石油量を地球上の約60億人以上の人々が使うのである．仮に，埋蔵量推定が違っていても，全人類には富士山2〜3個分の体積に相当する石油しかない．石油は化学製品，薬品などにも多く使われる炭化水素源である．炭化水素源を再生可能なバイオマス由来のものへ変換していきたいという熱烈な動機がおわかりいただけると

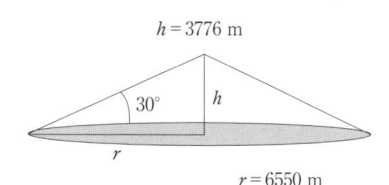

(a)

$h = 3776$ m
$r = 6550$ m
$V = \frac{1}{3} \pi r^2 h = \frac{1}{3} \times 3.14 \times (6.55 \times 10^3)^2 \times 3.78 \times 10^3$
$= 1.50 \times 10^{11}$ m^3 = 1500 億 m^3

(b)

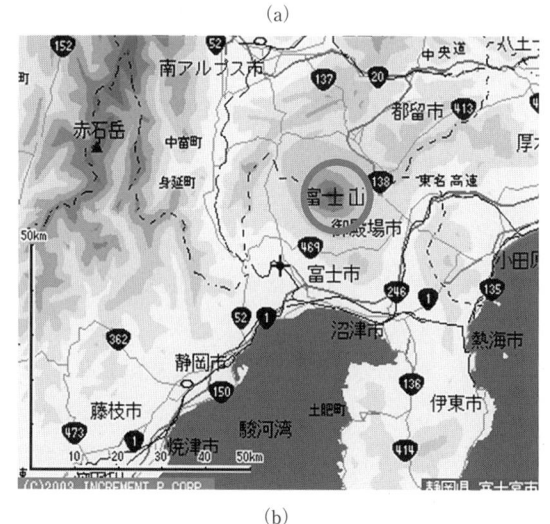

図 2-3 石油埋蔵量の体積換算
(a) 富士山を斜面の角度30°の円錐と考えると，その体積は，石油の確認可採埋蔵量1兆バレル (1590億m^3) とほぼ等しい体積となる．(b) 富士山を円錐と見立てた場合の底面のエリアを丸で囲んである．

思う．

本節のはじめに述べた①と②の理由が絡み合い，世界のエネルギー利用がバイオマスへ向けられるようになってきた．

b. バイオマスエネルギーの現況

バイオマスのうちでも，木質の廃材，廃棄物などの有効利用という点においては，その原料はいわば本来地域的であることもあり，世界的にも，多くの自治体などで，ごみ発電，下水処理場からのバイオガス利用など，さまざまなバイオマス利用が推進されている．2-1 節でも，薪炭，食糧などでの利用について解説した．さらに詳しくは，他の優れた解説書に委ねたい[3,6,8]．

世界的に最も注目を集めているバイオマス利用は，石油代替燃料の生産である．すなわち，エタノールとディーゼル燃料の生産である．原料としては，エタノールの生産にはトウモロコシやサトウキビなど，ディーゼル燃料生産にはダイズ，菜種，ヒマワリ，綿実などが知られている．これらは，これまで食糧などにされてきた作物であり，第一世代のエネルギー作物といわれている[29]．

もっとも，二酸化炭素を排出している先進国の場合，従来の食糧であれば，それなりの集配システムが完成されており，これを扱いやすい液体燃料とすれば，従来の燃料配給網に乗せることもでき，最も速く石油燃料のバイオマス燃料への変換が可能であるという戦略が背景にはある．

図 2-4 (a) に，COP 3 以降の 2000〜2005 年の世界のバイオエタノールの生産量の推移を示す[7]．ブラジルとアメリカの生産量が圧倒的に多く，その伸びも著しい．ブラジルはサトウキビの世界一の生産国でもあり，従来からエタノールを自動車燃料として使用してきた国である．また，アメリカはトウモロコシの輸出国でもあり，前に述べたクリントン大統領令もありエタノールの生産の伸びも大きい．さらにアメリカでは，ガソリンエンジン車が多く，すぐに市場に出せるという利点があることも見逃せない．世界全体でみると，2005 年のバイオエタノール生産量は，2000 年の生産量の 1.97 倍となっている．

図 2-4 (b) には，同じ時期のバイオディーゼル生産の推移を示す[7]．バイオディーゼル生産はヨーロッパが多い．これは，ヨーロッパ，特にドイツなどでは，ディーゼル車が多いことが特に大きな理由と考えられる．菜種などが主な

原料といわれている.

図に示したように，2006 ～ 2030 年のバイオエタノールとバイオディーゼルの生産量の2030年までの伸びは，おおよそ，年率6 ～ 7%の割合で増加している．表2-2に示したように，同時期の世界の石油需要の伸びが年率平均1%であることを考えると，これは特定のエネルギー資源の伸びとしては異例なことであり，確かにアメリカ，ヨーロッパのバイオ燃料への動きは相当本格的になっているといえる．

しかしながら，ここに来て，これらのバイオ燃料の原料が従来の食糧穀物であることが，各所に問題を起こし始めていることも確かである．すなわち，食物価格の高騰と森林破壊などを含む，土地の問題である．以下，順にそれらをみてみよう．

図2-4にも示したように，量的にはエタノール生産が多い．そして，主な生産者はアメリカとブラジルであり，ヨーロッパの割合はむしろ小さい．一方，バイオディーゼルに関しては，ヨーロッパは世界市場の上のバイオディーゼルの最も大きな生産者である．

まず，バイオエタノールの状況をみてみよう．International Food Policy

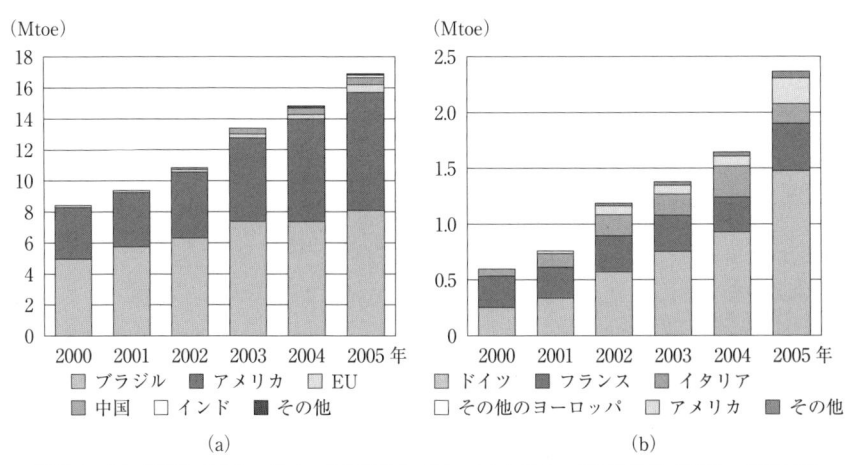

図2-4 (a) 世界のバイオエタノール生産量と (b) バイオディーゼル生産量 (2000 ～ 2005年) ブラジルとアメリカでのバイオエタノール生産量が断然大きい．ブラジルはサトウキビ，アメリカはトウモロコシを主原料としている．バイオディーゼルの生産量はヨーロッパが大きい．中でもドイツの生産量が群を抜いている．Mtoe：石油換算100万 t．

Research Institute は，生物燃料を進めるための助成金が「食品価格を現在と2020年の間で20〜40%高めるだろう」と予測している[31]．

バイオエタノールに関しては，アメリカでは助成金がバイオエタノール生産推進のために使われた．しかしこれがトウモロコシに対する需要の拡大をもたらし，2006年にメキシコでトウモロコシ価格の4倍の高騰を招き，「トルティーヤ危機」で非難された．これは，より貧しいメキシコ人がもはや彼らの主食であるトルティーヤ（トウモロコシを原料とする薄焼きパン）を買う余裕をもつことができなかったことを意味した．

バイオディーゼルに関しては，その原料としては，アメリカではダイズ，ヨーロッパ（EU）では主に菜種を主な原料としている．EUにおいては菜種は原料の約80%ほどを占め，さらに12%ほどの原料を，天然パームオイルの形で，東南アジア（マレーシア，インドネシア）から輸入している．

EUでは，2010年までに全体のディーゼル市場で5.75%のバイオディーゼル使用割合を目標としており，さらに2020年にはこれを8%にするという目標をもっている．EUでは現在でも，バイオディーゼル原料のため，およそ140万haの可耕地を使っている．バイオディーゼル使用の5%割合への切り替えでさえ，EU産の菜種などで生産する場合には，20%のヨーロッパの耕作地を変換しなければならないと予想されており，最終的に2020年までの8%の使用目標達成には，EU内の菜種生産でその分を供給することはできず，結果としてパームオイル（特に東アジアからのヤシ原油）のさらなる輸入になることは確かである．菜種油よりパームオイルが3〜4割程度低い市場価格のため，2010年までには，原料の少なくとも20%またはそれ以上の割合が輸入されると予想されている．

パームオイルの生産は，森林伐採と泥炭乾燥に関係がある．天然パームオイルの主な世界生産者は，インドネシアとマレーシアである．アメリカ環境保護庁（Environmental Protection Agency：EPA）の報告によると，2006年当初では，650万haのパーム農園が，スマトラとボルネオに存在するが，このうちのほぼ400万haは，以前は樹林で覆われていたところであった．

現在，毎年おおよそ200万haのインドネシアの原生林（ベルギー国土の半分の総面積）がパームオイル生産のために転換されている．

1989～2000年に，インドネシアで収穫されるパームオイルの原料であるパームの耕地領域は，3倍以上に拡大された．2006年では，その75%に当たる520万haのギアパーム農園がスマトラにあり，18%がカリマンタンにある．2020年までに，これらの農園はインドネシアでおおよそ2000万ha，マレーシアで1000万haと，合計で3倍以上になると予想される．1985～2000年に，パーム農園の開発はマレーシアですでに森林伐採の約87%の原因となった．そして，インドネシアのプランテーションの総面積の約66%は，森を伐採して農地に転換されたものであった．

このように，パームオイルのためのパームのような作物の単一栽培の推進が，古代の森とジャングルを破壊しているという結果をもたらしている．この熱帯森林は地球上でも貴重な生物種の生息している場所でもある[33]．大気中に大量の二酸化炭素を放出し，二酸化炭素吸収と燃焼による排出がバランスをとる燃料であるという，バイオディーゼルの名称と相反する結果を招いている．森林の開墾はそれぞれの国の固有の経済成長戦略と密接な関連がある．しかし，昨今話題になっている排出権取引など[35]がその推進を後押ししているとすれば，今後のバイオ燃料開発としては，十分に留意すべきである．これらは，その成長に肥沃な土地などを必要とするいわゆる第一世代エネルギー作物をバイオ燃料原料にすることから起きてくる問題である．今後，荒地などでも十分育つ第二世代のエネルギー作物[29]，あるいは，本書で論じている微細藻類などによるバイオ燃料開発が，早急な展開の望まれるところである．

次世代のバイオ燃料開発に関しては，明るい材料もある．

2009年1月7日にアメリカのコンチネンタル航空（Continental Airlines）が，続いて2009年1月30日に（株）日本航空（JAL）が，それぞれ50%程度のバイオ燃料を混合した燃料でボーイング機の飛行に成功したと相次いで発表した[27,32]．バイオ燃料には，ジェトロファ，カメリナなど[6,29]，荒地でも栽培可能な陸域植物，および微細藻類からのバイオディーゼルが使用された．

JALのフライトに採用されたのは，カメリナ（84%）・ジャトロファ（15%）・藻類（1%）から製造したバイオ燃料を精製したバイオジェット燃料で，実際のフライトでは同燃料と従来のジェット燃料（ケロシン）50%ずつを混合した「混合バイオジェット燃料」が使用された．航空機は，ボーイング

747-300型機が使用され，当該機に4基装着されているP&W社製JT9Dエンジンのうち1基に「混合バイオジェット燃料」を使用し，羽田から仙台の上空を飛行して約1時間半で羽田に戻った．今回燃料の主原料となったカメリナは，アメリカ北部や北ヨーロッパ，中央アジアなど，温暖な気候地域に生育するアブラナ科の植物である．種子からとれるオイルは，従来ランプ油，化粧品などに使用されてきた．また，コムギなどの輪作作物としても使用され，乾燥した貧弱な土地や高地においても育つという特長をもっている．

これらは，次の2つの点で明るい材料であると筆者は考えている．

① 従来の化石燃料であるケロシンを半量含むとはいえ，いわば第二世代のバイオ燃料の原料といわれてきた．荒地などでも生育が可能で，食糧穀物と競合しない．カメリナなどを原料とするものを多く使っている．

② いわば第三世代の燃料である微細藻類からの燃料も使っている．

一般論であるが，バイオディーゼルオイルは多少粘性が高く，低温で凍結しやすいなどが懸念されていたが，これらのデモンストレーションでは，見事にその懸念を出色しており，今後，食糧生産と競合しないバイオ燃料開発への一つの道しるべになった．

c. 微細藻類によるバイオ燃料開発

2-1節でも述べたように微細藻類は，次のような特徴を有する．

① 水，二酸化炭素，日光があればどこでも培養することができる．

② そのオイル生産量は，単位，面積あたり，陸上のエネルギー作物の100倍程度に達する潜在能力を有する．

このため，ここ2年ほど，この微細藻類によるバイオ燃料生産の可能性に関する関心が集まってきているが，現状ではこの研究開発は，大型の国家的プロジェクトというよりも，多くの新興のベンチャービジネスによって行われている．微細藻類由来のバイオ燃料生産量は，まだ図2-2に載るような段階ではないが，2009年末ごろから，そろそろ生産段階に達する会社が現れてくるのではないかと予測されてきた．これらの中で注目すべき動きを表2-4にまとめておく．

これらのベンチャービジネスの数は多く，それぞれが独自の戦略で研究開発

表 2-4 微細藻類研究開発の最近の主要なトピックス

研究主体	研究経緯
アメリカエネルギー省（DOE）	・1970年代のオイル危機時代に開始. ・国立再生エネルギー研究所（NREL）は，1978年から1996年にかけて，藻類から再生可能な輸送用燃料を得る研究（Aquatic Species Program：ASP）を実施．詳細については3-3節を参照．以下，トピックスのみを抜粋する． ・NRELは，3000株の緑色藻類と珪藻植物を採取，選考し，燃料生産に適した藻類300株を保存している． ・ニューメキシコ州のRoswellにある1000 m^2 の野外試験施設での実験では，平均して10 $g/m^2/$日，ピークで50 $g/m^2/$日という藻類の成長データを得た． ・実験データをもとに，藻類は，陸生の油採植物と比べて面積あたりの採油量が30倍になることを発見した． ・NRELは，ケーススタディーにより，20万haの不毛地帯において，藻類からバイオディーゼル75億ガロンを生産できる可能性を示した． ・ここ数年間，NRELは，藻類の遺伝子操作に関する研究と商業化技術の研究に力を入れている． ・NRELをはじめとする藻類の研究成果は，下記のサイトで検索可能．http://www.osti.gov/bridge/advancedsearch.jsp
Algenol Biofuels Inc.（アメリカ）	・メキシコのBiofuels社から，8億5000万ドルの投資を受け，メキシコのソノラン砂漠で塩水を用いて年産100万ガロンのエタノールを生産する事業を計画．2012年までに生産を全体で10億ガロン，1エーカーあたり6000ガロンに増大するとしている． ・藻類の細胞からエタノールを取り出す技術を活用する．
Chevron Corp.（アメリカ）	・NRELとともに，藻類を原料とするジェット燃料の5年間の共同研究を2006年からスタートしている． ・すでに，バイオオイル改質の共同研究に着手している． ・同社の元CTOのDon Paulは，施設として十分な商業規模のプラント建設には30億ドルの費用と10年以上の期間を要するであろうと語っている． ・また，同氏は，プロトタイプのプラント（日産1000バレルの設備で，8500万バレル/日からみるとバケツの中のわずか1滴だが）に，3億ドルかかるとしている．

表 2-4　(続き)

研究主体	研究経緯
Green Fuel Technologies Corp. (アメリカ)	・藻類の培養設備を発電プラントに隣接して設置し，発電プラントの排ガスの CO_2 を吸収させながら，バイオ燃料の原料となる藻類を生産し，温室効果ガスの削減につなげる一石二鳥のシステム開発を進めている． ・アリゾナ州最大の電力会社 Arizona Public Services 社と共同で，同州の Phenix の西にある Redhawk 発電所では，泡立つ緑色の藻類の液体を入れたビニール袋を吊り下げ，実証実験を行っている． ・同様に，マサチューセッツ工科大学 (MIT) のコージェネ (熱電併給) 発電プラント (20 MW) においても，藻類生産パイロットプラントを試運転中で，発電プラントからの CO_2 の排出量を 82%，窒素酸化物の排出量を 85% も削減できるとしている．
Solazyme Inc. (アメリカ)	・2003 年に設立された会社であるが，すでに藻類からのオイルを数千ガロン生産しており，それらは ASTM のバイオディーゼル規格 D6751 や EU 基準 EN14214 を満足している． ・最近，同社の藻類からのバイオディーゼル燃料をそのまま用いて自動車 (メルセデスベンツ C320 ディーゼル) の実証ロード走行テストが実施された． ・楽観的かもしれないが，3 年以内にコスト競争力にある藻類からバイオディーゼル燃料の大量生産を開始したいとしている．
Aurora BioFuels Inc. (アメリカ)	・カリフォルニア大学バークレー校の Anastasios Melis 教授が開発した，開放型システムによる藻類の培養技術を用いて，総費用 2000 万ドルでバイオ燃料生産プロジェクトを立ち上げると発表した． ・このプロジェクトでは，バイオ燃料の生産コストを従来の生産手法に比べて半減できるとしている．

表 2-4 （続き）

研究主体	研究経緯
PetroSun Inc.（アメリカ）	・2008年4月に藻類からバイオ燃料を生産する初めての商業プラントをテキサス州 RioHond に建設した． ・藻類生産ファームは 1100 エーカーに及び，塩水池を連ね，毎年 440 万ガロンの藻類オイルと 1 億 1000 万ポンドのバイオマスを生産するものである． ・そのうち 20 エーカーは，再生可能な JP8 ジェット燃料の実験生産に使用される（http://gas2.org/2008/03/29/first-algae-biodiesel-plant-goes-online-april-1-2008）． ・同社は，建設費 4000 万ドルを資金調達し，藻類からバイオ燃料を生産する初の商用プラントのパイロットシステムを中国に建設することで，Shanghai Jun Ya Yan Technology Development Co., Ltd. と調印を 2008 年 9 月に行った． ・合弁企業の PetroSun China は，同社から技術ライセンスを付与され，バイオディーゼル，エタノールなどのバイオ燃料を生産している．
慶應義塾大学先端生命科学研究所	・山形県鶴岡市にあり，所長は冨田 勝氏．研究員は伊藤卓朗氏．微細藻類のオイルを蓄積する代謝機構を明らかにし，効率よくオイルを産生させるための培養条件を決定する研究を行っている． ・オイル産生微細藻類の品種改良により，オイル産生能力を高めることを目指している． ・研究が始まったのは，軽油産生微細藻 *Pseudochoricystis ellipsoidea* と呼ばれる緑藻類で，2005 年に国内の温泉地で発見された新種の藻類だという． ・軽油産生微細藻類は，光と CO_2，それに窒素栄養を取り込んで光合成を行うが，窒素栄養を与えるのを止めると，藻類はオイルを多量に産生し始める． ・栄養がなくなって生存が脅かされると防衛反応としてオイルを貯め込み，休眠のような状態になるのではと考えられている． ・さらに，同研究所と（株）デンソーとの共同研究として，（株）デンソーがオイル産生微細藻類を利用して CO_2 を吸収するための効率的な培養槽の研究と，細胞内に蓄積したオイル抽出法の研究を行っている． ・冨田所長は，「将来，この『究極のエコ微生物』は地球温暖化問題とエネルギー問題解決の切り札になるかもしれない．研究所の先端技術を結集して，実用化に近づけたい」と話す．微細藻類など海洋性生物を利用した生命工学の研究・開発を行っている（株）海洋バイオテクノロジー研究所（岩手県釜石市）生物遺伝資源センターのセンター長の藏野憲秀氏は「藻類をバイオエネルギーとして活用しようという研究は世界的に行われているが，実用段階には至っていない．研究が進めば，循環型社会に対応する燃料源にもなりうるだろう」と話している．

表2-4 （続き）

研究主体	研究経緯
（独）産業技術総合研究所 エネルギー技術研究部門	・微細藻類を利用した液体燃料生産の研究の一環として，植物よりも増殖が速く CO_2 の固定化の能力も高い微細藻類を研究している． ・炭化水素を蓄積する *Botryococcus braunii* とグリセリンを細胞内に蓄積する *Dunaliella tertiolecta* を検討し，*B. braunii* は培養に下水処理水を使用することで液体燃料を生産すると同時に処理水中の窒素やリンを除去することが可能で，炭化水素含有率が高い *B. braunii* が有利であることを発見した（塚原建一郎，澤山茂樹：Journal of Japan Petroluem Instituter 4(5))．
農林水産省所管・ （財）東京水産振興会研究委員会	・座長は東海大学名誉教授の酒匂敏次氏で，大量養殖した海藻で代替できるとの報告書をまとめた． ・日本の領海と排他的経済水域（EEZ）を合わせた海域約 447 km^2 の 1～2% を利用して年間 1.5 億 t の海藻を養殖すれば，現在のガソリン使用量の 10% 弱に当たる約 500 万 kL のエタノール生産も可能と試算している． ・養殖する海藻は，日本の沿岸のほぼ全域に生息し，成長が速いホンダワラ類アカモクやコンブを想定している． ・海中に浮かせた巨大な網に種や苗を植えて養殖するのが最適という． ・2007年度水産バイオマス経済水域総合利活用事業可能性の検討 　Ⅰ．持続可能な海洋バイオマス資源の利活用 　Ⅱ．海藻バイオ燃料生産技術の課題検討 　Ⅲ．海洋バイオマス利活用に求められる事業評価技術
筑波大学	・渡邉 信教授らが，2008年10月に CREST プロジェクトとして微細藻類の大型培養研究を開始． ・*Botryococcus, Schizochytrium* などを想定し，屋外，屋内大量培養の研究を開始．
Continental Airlines, Inc. （アメリカ）	・2009年1月，バイオ燃料によるボーイング機のテスト飛行に成功．
（株）日本航空（JAL）	・2009年1月，バイオ燃料によるボーイング機のテスト飛行に成功．

表 2-5　海外の主な微細藻類開発企業

会社名	URL*
A2BE	www.algaeatwork.com
Algae Floating Systems	www.algaefloatingsystems.com
AlgaeLink	www.algaelink.com
Algaewheel Inc.	www.algaewheel.com
AquaflowBionomic Corporation Ltd.	www.aquaflowgroup.com
Aurora Biofuels Inc.	www.aurorabiofuels.com
Blue Marble Energy	www.bluemarbleenergy.net
Cellana	www.cellana.com
Fuel Bio Holdings, LLC	www.fuelbio.com
GreenFuel Technologies Corporation	www.greenfuelonline.com
GreenShift Corporation	www.greenshift.com
Infinifuel Corporation	www.infinifuel.com
Inventure Chemicals	www.inventurechem.com
Live Fuels Inc.	www.livefuels.com
PetroAlgae, LLC	www.petroalgae.com
PetroSun Inc.	www.petrosuninc.com
Sapphire Energy	www.sapphireenergy.com
Seambiotic Ltd.	www.seambiotic.com
Solazyme Inc.	www.solazyme.com
Solena Group	www.solenagroup.com
Solix Biofuels	www.solixbiofuels.com
Valcent Products Inc.	www.valcent.net

* http:// は省略してある．

を行っており，一言で状況を概括できる段階ではないが，それらのほとんどは，NREL の ASP 研究プロジェクトの研究結果をもとにしたものである[13]．表 2-5 に世界の代表的なベンチャービジネス会社のリストを示しておく．参考のため，海外での主な微細藻類ベンチャービジネスの URL を併記しておいた．これらの企業の成果は，学会よりもこのようなホームページに掲載されることが多い．

　これらの会社が，ベンチャー企業の発展段階として，「死の谷」（デスバ

レー)[34] の前にいるのか，その直前段階にいるのかは判断がつかないが，大きな産業の特徴としての「基本情報の共有化」はまだなされていない段階にあるようである．

わが国では，天才的な技術者・経営者が独自の嗅覚で，独自のノウハウをもとに事業を始め，急速にそれを大きな産業に育てていくといういわゆる「京セラ型の産業発展モデル」と，IC 産業の育成のように，旧通商産業省など国が音頭をとりながら，広く大きく産業を育てていくといった，いわゆる「IC 産業育成型ビジネスモデル」がある．微細藻類に関しては，どうもそれぞれのベンチャーは京セラ型のビジネスモデルを考えているようである．（志甫　諒）

文　献

1) Chisti, Y. (2007)：Biodiesel from microalgae. Biotechnol. Adv. **25**, 294-306.
2) Demirbas, A. (2008)：Biodiesel, Springer-Verlag London（printed in USA）.
3) Drapcho, C.M., Nhuman, N.P., Walker, T.H. (2008)：Biofuel Engineering Process Technology, McGraw Hill.
4) Demirbas, A. (2009)：Biohydrogen, Springer-Verlag London（printed in USA）.
5) 原後雄太，泊みゆき (2002)：バイオマス産業社会．築地書館．
6) IEA (2002)：World Energy Outlook 2002.
7) IEA (2008)：World Energy Outlook 2008.
8) 井熊　均，バイオエネルギーチーム (2002)：よくわかる最新バイオ燃料の基本と仕組み．秀和システム．
9) 児島　覚 (1989)：二酸化炭素と森林生態系．エネルギーレビュー誌，3月号，特集．
10) Melis, A. (2007)：Photosynthetic H_2 metabolism in chlamydomonas reinhardii（unicellular green algae）. Planta **226**, 740-749.
11) 農林水産省ホームページ（http://www.maff.go.jp/j/zyukyu/jki/j_zyukyu_kakaku/index.html）
12) 野村正勝，鈴鹿輝男 (2004)：最新工業化学．講談社．
13) Sheehan, J., et al. (1998)：A look back at the U.S. Department of Energy's Aquatic Species Program ― Biodiesel from Algae（prepared by National Renewable Energy Laboratory）（http://www.nrel.gov/docs/legosti/fy98/24190.pdf）.
14) 産業技術審議会評価部会・二酸化炭素固定価等技術評価委員会 (2000)：ニューサンシャイン計画「細菌・藻類等利用二酸化炭素固定化・有効利用技術研究開発」最終評価報告書（http://www.meti.go.jp/policy/tech_evaluation/e00/03/h12/060.pdf）.
15) 坂井正康 (1998)：バイオマスが開く21世紀エネルギー．森北出版．
16) シンビオ社会研究会 (2001)：京都からの提言―明日のエネルギーと環境　その続編．日本工業出版社．
17) (財) 省エネルギーセンター (2008)：省エネルギー便覧 2008.
18) 総務省ホームページ（http://www.stat.go.jp/data/sekai/04.htm）
19) 水素技術編集委員会編 (2003～2006)：最新の水素技術，Ⅰ～Ⅳ．日本工業出版．
20) 柏植秀樹，上ノ山周，佐藤正之，国眼孝雄，佐藤智司 (2000)：化学工学の基礎．朝倉書店．

21) U.S. Department of Energy, Office of Energy Efficiency and Renewable Energy, DOE Biopower Program (2000)：A Strategy for the Future, U.S. DOE (http://www.osti.gov/, http://www.osti.gov/bridge/advancedsearch.jsp).
22) 渡邉 信 (2009)：藻類によるバイオ燃料生産の展望．環境技術学会誌, 38, 160-164.
23) Whittaker, R.H., Likens, G.E. (1975)：The biosphere and man. p.305-328, In Lieth, H., Whittaker, R.H. (eds.), Primary Productivity of the Biosphere, New York, Springer-Verlag.
24) 渡邊 昌 (2009)：栄養学原論，南江堂．
25) アメリカ環境保護庁ホームページ (http://www.epa.gov/)
26) Campbell, C.J. (1997)：The Coming Oil Crisis, Essex, Multi-Science Publishing Company & Petroconsultants S.A.
27) コンチネンタル航空ホームページ (http://articles.latimes.com/2009/jan/08/business/fi-biofuel8)
28) Deffeyes, K.S. (2001)：Hubbert's Peak, Princeton University Press.
29) バッサム, N.E.I. (2004)：エネルギー作物の事典，恒星社厚生閣．
30) Hubbert, M.K. (1956)：Nuclear Energy and the Fossil Fuels, American Petroleum Institute Drilling and Production Practice, Proceedings of Spring Meeting, San Antonio, p.7-25.
31) International Food Policy Research Institute ホームページ (http://www.ifpri.org/ourwork)
32) 日本航空ホームページ (http://press.jal.co.jp/en/release/200812/001076.html)
33) 西井正弘 (2005)：地球環境条約，有斐閣．
34) 清水 浩 (2007)：温暖化防止のために―科学者からアル・ゴア氏への提言，ランダムハウス講談社．
35) 高山ゆかり，亀山康子 (2005)：地球温暖化交渉の行方．大学図書．

3. 藻類バイオマス資源

3-1 藻類バイオマスの世界

a. 藻 類 と は

一般に「藻(も)」と呼ばれる生物は,生物学では「藻類(そうるい)」と称される.池や沼の表面に浮かぶ緑色のマット,富栄養化が進んだ夏の湖沼を覆い悪臭を放つアオコ,緑色に染まった水槽の水などが身近な藻類だろう.港湾で赤潮を形成するのも藻類である.「藻が湧いた」,「コケが付いた」などという.もちろん,「コケ」は藻類ではないので,これは誤用である.コンブやワカメ,ノリなどの海藻は,複雑な組織を発達させた多細胞性の藻類である.木や草と異なり,多くは水中の生物だが,実際には,至るところに生育している.土壌の表面や樹皮,家の外壁,街路樹の支柱が緑色や黒くくすんだ色に変わっていれば,そこには藻類が増殖している.極地の氷の中や,高温の温泉など過酷な環境に生息するものも知られている.藻類に共通する性質は,酸素発生を伴う光合成を行うことである.同じ性質をもつ陸上植物(コケ,シダ,裸子,被子植物)を除くすべての酸素発生型光合成生物が藻類と呼ばれている.

1) 地球環境を変えた酸素発生型光合成

陸上植物と藻類の光合成では,光エネルギーを利用して水を分解して,二酸化炭素を固定するための化学エネルギーと還元力をつくり出す.そのとき副産物として分子状酸素(酸素分子)が発生するので,酸素発生型光合成と呼ばれる.地球大気の1/5を占める気体酸素は,この光合成がつくり出したもので,ヒトを含めて,酸素呼吸を行う生物はその恩恵を受けている.現在の地球生態系における基礎生産の大部分と大気組成の維持は,藻類と陸上植物が担っている.

酸素発生型光合成は，30億年ほど前（27億年前から35億年前まで諸説ある）に原核生物のシアノバクテリア（藻類というカテゴリーで扱うときにはラン藻（藍藻）と呼ぶ）で生まれた．それ以前の地球には酸素分子は存在せず，大気と海洋は還元状態にあった．シアノバクテリアの光合成で生じた酸素分子は，地球環境を不可逆的に変えた．原始海洋に満ちていた還元状態の元素は光合成で発生した酸素によって次々に酸化された．二価イオンとして海洋に大量に溶けていた鉄は，酸素分子の出現で三価の鉄となって沈殿し，ついには海洋から鉄が完全に除かれたといわれる．その結果生まれたのが，大陸楯状地に分布する巨大な鉄の鉱床で，西オーストラリアに分布する鉄の巨大鉱山がその例である．酸素発生型光合成の働きで海洋と大気の好気化が始まった．およそ25億年前から大気中の酸素濃度が急激に上昇し，大気を好気化していったと考えられる．酸素の蓄積は，地球を，酸素を利用できる生物に適した環境に変えた（図3-1）．また，オゾン層をもたらし，これによって紫外線（UV）が遮られ，

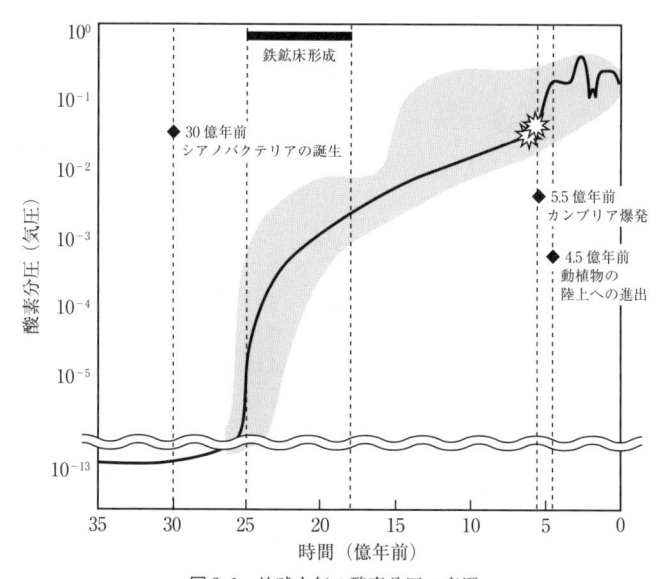

図3-1 地球大気の酸素分圧の変遷
25億年ほど前から急激に上昇する．現在の動物のほとんどのグループが一斉に進化したカンブリア爆発のころには現在の1％，4.2億年前には現在の10％ほどだった．動植物が陸上への進出を果たした4.5億〜5億年前には数％で，現在とあまり変わらないオゾン層が形成されていたと考えられている．

生物の陸上への進出が可能になった．次に説明する一連の生物進化によって，酸素発生型光合成は真核生物に受け継がれ，その結果生まれたさまざまな藻類は，シアノバクテリアとともに，酸素発生と一次生産を担い，地球環境と生態系の基盤を構築していった．

2) 一次植物と二次植物

すべての藻類と陸上の植物では，細胞中の葉緑体が光合成を担っている．古くから，葉緑体とミトコンドリアは原核生物が真核細胞の中に入り込んだものという考えがあり，共生説として知られてきた．事実，シアノバクテリアの光合成と葉緑体で進む光合成は同じもので，同一の起源をもつことは疑いようがない．遺伝子の情報を用いた系統関係の解析からも，すべての葉緑体は共通の祖先をもつことが明らかにされている．シアノバクテリアが共生して葉緑体になった共生は一度だけ起こった．これを一次共生と呼び，その結果生まれた最初の真核光合成生物の子孫を含む系統群を一次植物と呼んでいる（図3-2）．陸上の植物を含む緑色植物と，ノリの仲間の紅色植物，そして灰色植物という藻類の小さなグループが一次植物を構成すると考えられている．

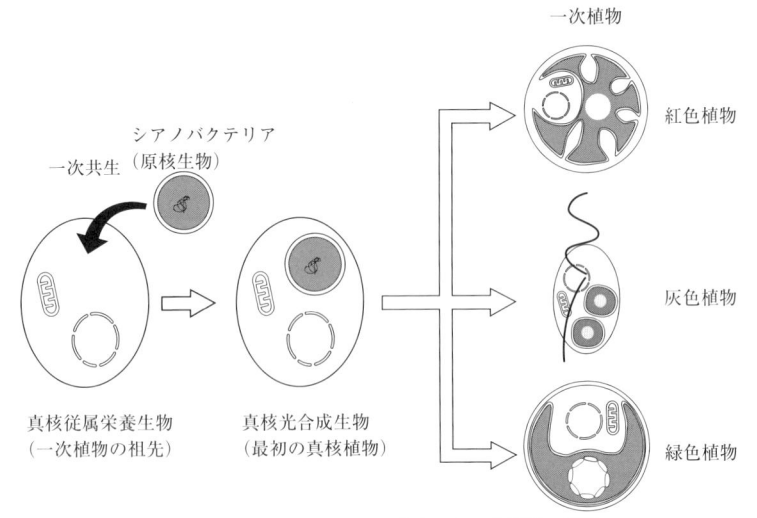

図3-2 シアノバクテリアの共生による葉緑体の獲得
この一次共生によって最初の真核光合成生物が生まれた．その子孫である一次植物が灰色植物，紅色植物，緑色植物であると考えられている．

光合成を行う真核生物は,ほかにも多数知られている.コンブなどの褐藻は,沿岸で巨大な海中林を形成し,珪藻は植物プランクトンの代表格として知られている.ミドリムシは動物のように動くが,光合成も行うので藻類である.これらの藻類は,どうやって生まれたのだろうか.光合成を行う生物には,独立性の高い10個のグループが知られており(表3-1),細胞のつくりや働きの違いで明瞭に区別できる.これらの多くは,互いに異なる起源をもつことが示唆されてきたが,遺伝子やゲノムの研究から,それが正しいことが裏づけられた.

　クリプト藻という,湖沼や海洋に普通に生息する藻類のグループがある.クリプト藻の細胞には,ヌクレオモルフという細胞小器官がある(図3-3).DNAとRNAをもち,孔のあいた二重膜をもつ点で核に似ている.ヌクレオモルフと葉緑体は共通の膜で包まれており,このことから,膜で包まれたこの部分は,外部から取り込まれた真核藻類の痕跡であることが示唆されていた.核とヌクレオモルフからそれぞれ遺伝子を取り出して調べてみると,これらは,1つの生物の細胞を構成する要素であるにもかかわらず,系統的には遠縁であることがわかった.そして,ヌクレオモルフに最も近縁なのは,一次植物の紅藻であることが明らかになった.すなわち,アサクサノリのような紅藻が他の真核生物の細胞に共生することで,クリプト藻という新たな光合成生物が生まれたのである.一次植物が共生することで新たな光合成生物を生み出す現象を二次共生と呼び,その結果生まれた光合成生物を二次植物と呼んでいる(図3-3参照).

3) 二次共生による藻類の多様化

　現存する光合成生物の構成は表3-1のようである.原核の光合成生物シアノバクテリア,真核生物の3つの一次植物,そして6つの二次植物である.二次

表3-1 現存する酸素発生型光合成生物の構成
細胞構造が互いに異なり,明瞭に区別される.

原核の藻類	シアノバクテリア
一次植物	灰色植物,紅色植物,緑色植物
二次植物	クリプト植物,不等毛植物,ハプト植物,渦鞭毛植物,クロララクニオン植物,ユーグレナ植物

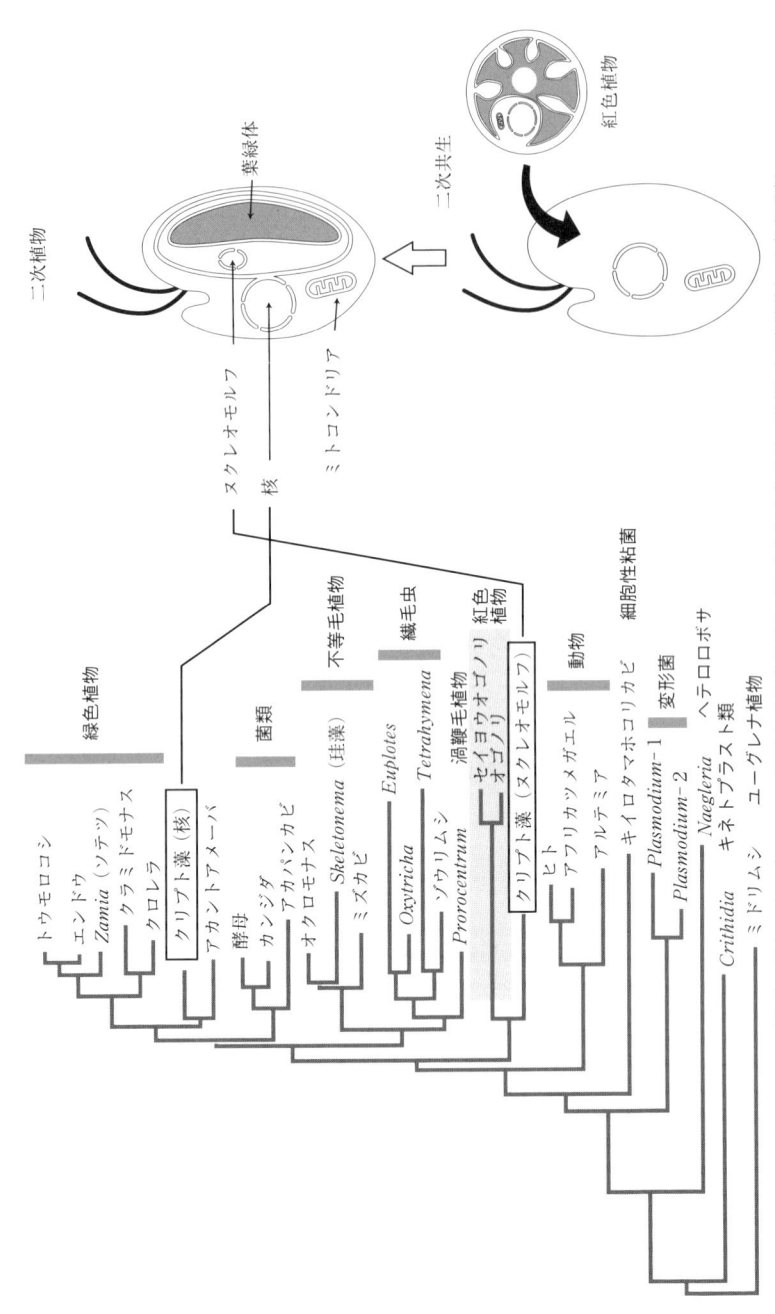

図 3-3 クリプト藻の核とヌクレオモルフの関係を示す系統樹と二次共生によるクリプト藻（二次植物）の成立過程
ヌクレオモルフは紅藻に近縁である。共生した紅藻はミトコンドリアを失い、核が退化してヌクレオモルフになっている。

植物は真核光合成生物の 2/3 を占めており，光合成生物の多様化に二次共生が大きな役割を果たしてきたことがわかる．

一次植物と二次植物は，現在の地球上でともに基礎生産を担っている．陸上では，一次植物のコケ，シダ，裸子，被子植物などの緑色植物が繁栄している．これに対して，海では二次植物が生産者として主要な役割を果たしている．沿岸域には一次植物の緑色の海藻（緑藻）と紅藻，そして二次植物の褐藻が生息し，海中林を構成しているが，生物量としては，褐藻が大部分を占め，沿岸生態系の基盤を提供している．コンブやケルプの海中林がなければ，沿岸の魚介類は生息と繁殖の場を失うといわれる．

植物プランクトンはどうだろうか．少数の緑色植物のプランクトンとシアノバクテリアは生産者として重要だが，海洋の基礎生産では二次植物の果たす役割が大きい．褐藻と同じく不等毛植物に属する珪藻，渦鞭毛藻，ハプト藻が主要な植物プランクトンである．ごく大ざっぱにいえば，陸は一次植物の世界，海は二次植物の世界である．

4) 地球環境における藻類の役割

生態系において，陸上植物と藻類は生産者という共通の役割を担っているが，炭素の循環という面でみると役割が大きく異なる．陸上植物は葉で光合成を行うが，地上に立ち上がるために根と茎という器官が必要で，非光合成器官への大量の投資を余儀なくされている．特に樹木では，根と茎は大きな生物量をもち，そのために，陸上植物では生物量に対する生産の割合が低い．しかし，根や茎も光合成の結果つくられ，しかも何十年，何百年と維持されるから，根と茎は炭素の貯蔵庫（ストック）として機能する．

一方，藻類は，海藻にしても非光合成組織が少ないためにストックとして機能しない．海藻も植物プランクトンも寿命が短く，光合成で固定された炭素は捕食などの過程を経て，短時間で移動していく．つまり，炭素循環における藻類の働きは，貯蔵（ストック）ではなく，移動（フラックス）である．これが地球の炭素循環を大きく駆動している．

植物プランクトンの基礎生産が海洋の食物連鎖の出発点で，動物プランクトンを経てサメやクジラに至る海産生物の生態系を支えている．海産生物の死骸や排泄物の一部は海底に沈降していき，その分の炭素が大気から除かれる．植

物プランクトンの光合成を起点とする大気から海底への炭素のフラックスを，生物ポンプと呼んでいる（図3-4）．

毎年春になって気温が上がると，高緯度の海域と沿岸海域で珪藻の大増殖が起こる．これを珪藻の春季ブルームと呼ぶ．そして，珪藻から渦鞭毛藻，円石藻と続く二次植物の植物プランクトンの遷移によって海洋の基礎生産が繰り返されている．円石藻は炭酸カルシウムの殻をもつグループで，衛星から観察される規模の巨大ブルームを形成する．炭酸カルシウムは炭素を含む．円石藻の殻も一部が食物連鎖の結果，海底に沈降するので，円石藻による炭酸カルシウムの産生も生物ポンプとして働いている．沈降した円石藻の死骸が蓄積して，地殻変動を経て隆起すると石灰岩となって姿をみせる．ドーバー海峡のイギリス側にそびえる白亜の断崖チョーククリフがその例である．ちなみに珪藻が堆

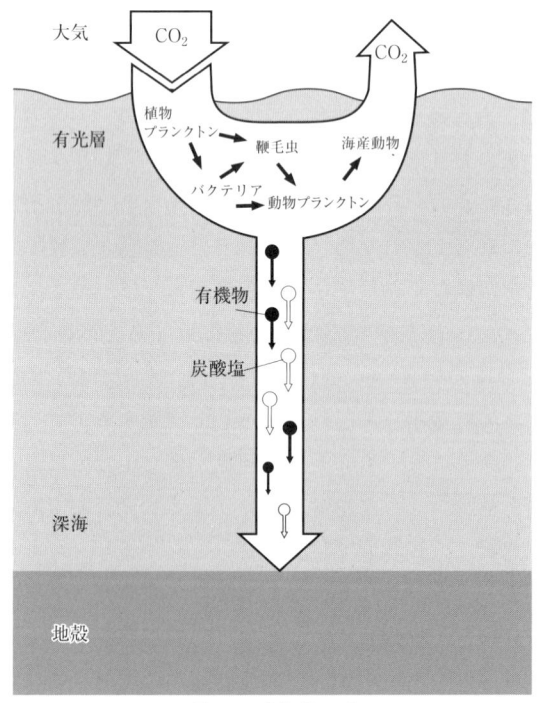

図3-4 生物ポンプ
植物プランクトンの光合成に始まる，大気から海洋への炭素のフラックス（移動），海洋表層から深海，地殻への炭素のフラックスによって，大気から炭素が除かれる．

積して形成されたのが珪藻土である．
　このように，多様な起源をもつ藻類は，海洋と湖沼，そのほかさまざまな環境に生育し，何億年にもわたって地球生態系を維持し，現在の地球環境の形成に貢献してきた．化石燃料の石油は，海洋や湖沼の生物の死骸が地殻で変性を受けて形成されたといわれるが，水圏の生態系の出発点は藻類だから，石油のもとは藻類だったといってよい．藻類は，地球環境の変遷や維持のさまざまな側面に関わる生物群として正しく認識される必要がある．　　　　（井上　勲）

b. 藻類の系統

　藻類とは，酸素発生型光合成を行う生物（もしくは *Prototheca* のように光合成をしなくてもそれに明らかに近縁な生物）のうち，陸上植物（コケ，シダ，種子植物）を除いたものの総称である．この酸素発生型光合成という機能はラン藻（シアノバクテリア）において成立したものであり，一次共生，二次共生という現象を通じてさまざまな真核生物に伝播していったものである（a項参照）．それゆえ藻類という系統的なまとまりは存在せず，藻類の系統を理解するためには生物全体の系統的な理解が必要である．本項では，生物全体の系統を俯瞰しながら藻類の系統を解説する（図3-5）．

1）ラン藻（シアノバクテリア）

　生物は3つの大きなグループ（ドメインという階級が用いられる）に分かれることが，現在では広く受け入れられている．それが真正細菌，古細菌，真核生物である．真正細菌と古細菌は同じ原核生物であるが，膜脂質，細胞壁組成，DNA結合タンパク質，転写・翻訳系システムなどの点で大きな違いがあり，また少なくとも転写・翻訳系遺伝子の比較からは，古細菌はむしろ真核生物に近縁であることが示されている．すべての生物の共通祖先が真正細菌的な生物であったのか古細菌的な生物であったのかは不明だが，生物進化の初期において，生物は真正細菌と古細菌に分かれたらしい．唯一の原核藻類であるラン藻は真正細菌に属する．真正細菌の中には多数のグループ（普通，門レベルで分けられる）が存在し，その間の系統関係は未だに不明な点が多いが，ラン藻は他の真正細菌とは明瞭な類縁性を示さない独自のグループであるらしい．酸素発生型光合成の光化学系は光化学系Ⅰと光化学系Ⅱからなるが，前者に似

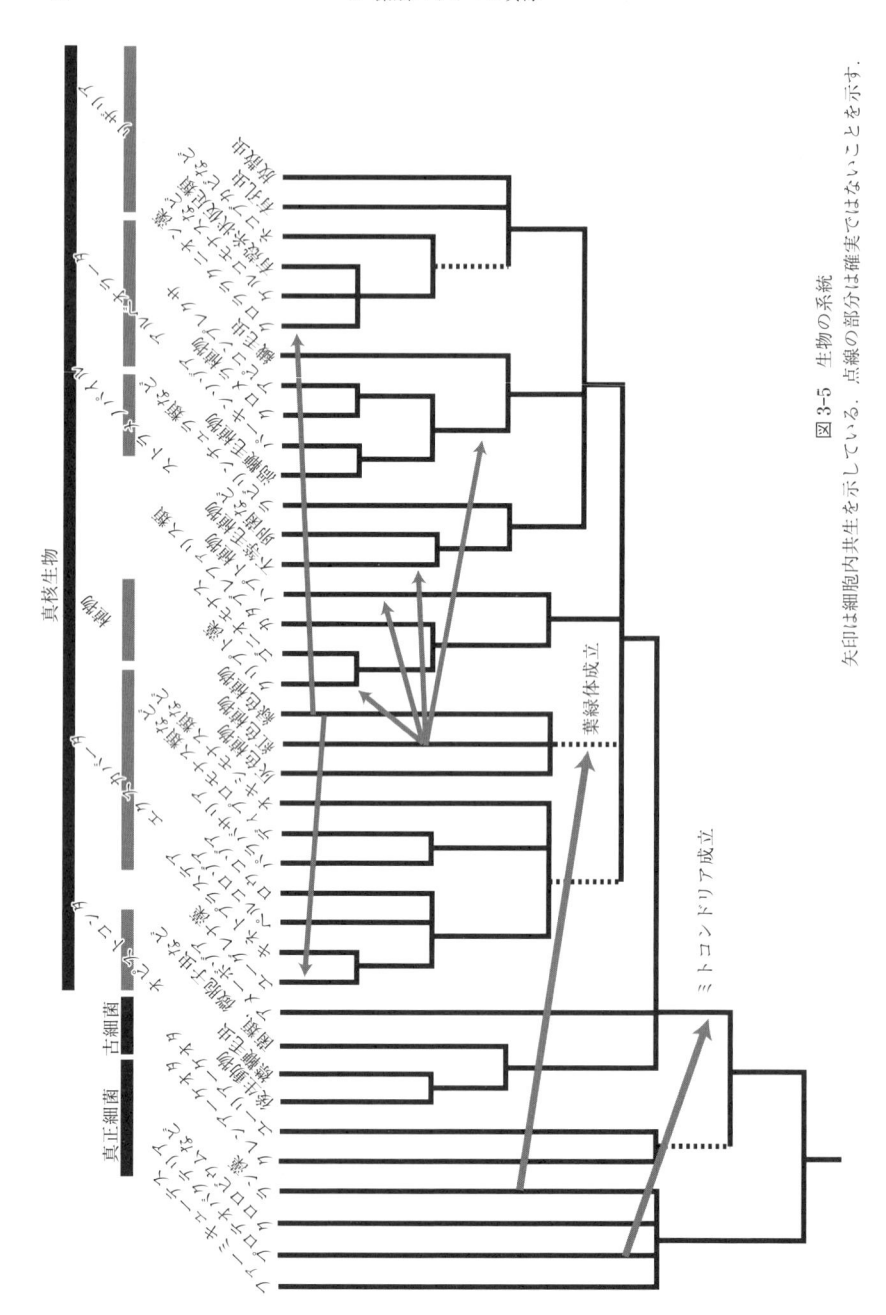

図 3-5 生物の系統
矢印は細胞内共生を示している．点線の部分は確実ではないことを示す．

たものは緑色硫黄細菌とヘリオバクテリア（ファーミキューテス門）および *Chloracidobacterium*（アシドバクテリア門）に，後者に似たものは紅色細菌や緑色非硫黄細菌に存在する．両者が融合，または一方から他方へ大規模な遺伝子転移が起こることによってラン藻が成立したとする説が有力である．現生のラン藻の中で最も初期に分岐したものは *Gloeobacter* であり，このラン藻にはチラコイド膜が存在せず，光化学系は細胞膜上に存在する．これ以外のラン藻ではチラコイド膜上にフィコビリンやクロロフィル a を含む光化学系が存在する．ラン藻の中にはフィコビリンをほとんどもたず，クロロフィル b またはジビニルクロロフィル a と b を有する種がおり（*Prochloron, Prochlorothrix, Prochlorococcus*），以前は原核緑藻と呼ばれていた．現在ではこれらのラン藻はクロロフィル b をもった葉緑体（緑色植物など）とは系統的に無関係であることが判明している．また，これらのラン藻が系統的に互いに離れていることから，（ジビニル）クロロフィル b の獲得はラン藻の進化の中で何回か独立に起こったと考えられている．さらにラン藻の中には，反応中心でクロロフィル a の代わりにクロロフィル d を用いるもの（*Acaryochloris*）や，光合成能を欠く（少なくとも不完全な）ものが存在することが明らかになりつつある．ラン藻の光化学系は一様なものであると考えられていたが，実際にはさまざまな多様化が起こっているらしい．ラン藻の分類はその体制に基づいて行われているが，分子系統学的な研究からは，単細胞性や糸状体といった体制の進化は，ラン藻の進化の中で何度も独立に起こったことが示されている．唯一，伝統的な分類と合致している点は，異質細胞（ヘテロシスト）と呼ばれる窒素固定に特化した細胞や耐久細胞であるアキネートのような細胞分化がみられるグループであり，これは単系統であるらしい．ラン藻はアオコなどの形で人間生活に害を与えることもあるが，スピルリナのように食用として利用されている例もある．また，*Nostoc muscorum* のように抗生物質を産生するものも知られている．

2) 一次植物

先に記したように，真核生物は古細菌に近縁らしいが，原核細胞と真核細胞の間には構造的にも発現システムに関しても大きな断絶がある．この間の進化に関してはさまざまに議論されているが，未だに確かなことはわかっていな

い．真核生物の一部（微胞子虫，ディプロモナス類など）はミトコンドリアをもっておらず，以前はこのような生物はαプロテオバクテリアの共生によるミトコンドリアの獲得以前に分岐した原始的な真核生物であると考えられていた（アーケゾア仮説）．しかしこのような生物にもミトコンドリアの痕跡が（構造的に，また遺伝子レベルで）存在することが明らかとなり，現在ではすべての真核生物の共通祖先はミトコンドリアをもっていたと考えられている．真核生物の誕生においては，このミトコンドリアの成立（αプロテオバクテリアの共生）が大きな意味をもっていたのかもしれない．近年の分子系統学的研究の発展から，真核生物はオピストコンタ（多細胞動物や菌類など），アメーボゾア（アメーバや粘菌など）およびそれ以外（バイコンタと呼ばれる）の3つに大きく分かれることが示唆されている．葉緑体をもった生物（藻類と陸上植物）はすべてバイコンタに含まれるが，バイコンタの中には繊毛虫や卵菌，有孔虫など非光合成生物も多数含まれる．

　ラン藻のあるものが真核生物に取り込まれ，宿主に支配され不可分な関係になることによって葉緑体へと進化した．この一次共生と呼ばれる現象によって葉緑体というオルガネラ（細胞内器官）が誕生したのである．この過程でラン藻遺伝子の宿主核への転移，宿主核によるラン藻の機能制御が行われるようになったのだろう．葉緑体ゲノムにみられる相同性などから考えて，一次共生は生物の進化の中でただ1回の出来事であったと考えられている．この一次共生を行った真核生物の子孫が灰色植物，紅色植物，緑色植物である．この3者は普通，単系統群をなすと考えられており，狭義の植物界（Plantae）または古色素体類（Archaeplastida）と呼ばれる．しかし狭義の植物がバイコンタの中で多系統群になるという意見もある．その場合，繊毛虫や有孔虫などさまざまな従属栄養性生物がもともと一次共生起源の葉緑体をもっており，これを二次的に失ったことになってしまうが，近年いくつかの従属栄養性生物で見つかっている「植物型」遺伝子の存在を説明するには都合がよいかもしれない．

　狭義の植物はいずれも板状ミトコンドリアクリステをもち，光合成産物としてα-1,4-グルカンを貯蔵するという共通点がある．この中で灰色植物の葉緑体は内膜と外膜の間に真正細菌（ラン藻を含む）の細胞壁であるペプチドグリカン層があること，ラン藻型のフルクトース-1,6-二リン酸アルドラーゼ

(FBA)を残していること，典型的な集光複合体タンパク質（light harvesting complex：LHC）をもたないことなど，原始的（ラン藻的）な特徴を残している．分子系統解析からも少なくとも葉緑体としては灰色植物のものが最も原始的であることが示唆されており，灰色植物は葉緑体の進化を考える際にはきわめて重要な生物群である．

　身近な海藻であるノリやテングサを含む紅色植物は，灰色植物と同じくフィコビリン系のアンテナ色素をもつ点でラン藻的な特徴を残している．紅色植物は伝統的に原始紅藻類と真正紅藻類に二分されていたが，現在では原始紅藻類は6つの綱に分解されている．伝統的に原始紅藻類とされていたグループには単細胞性や糸状体など体制の単純なものが多く，フィコビリン系色素の組成や蓄積する低分子炭水化物の種類などに多様性がみられ，紅色植物の初期進化の跡を残している．炭素固定の主役酵素であるルビスコ（3-1節e項参照）は，灰色植物や緑色植物ではラン藻型（Form IB）のものが残されているが，紅色植物ではβプロテオバクテリア型（Form ID）のものに置き換わっていることが知られている．この特徴は，後述の二次共生を通じて多くの藻類に受け継がれている．紅色植物には食料や，寒天，カラギーナンの原料として大規模に利用されている藻類が含まれる．

　陸上植物を含む大きな系統群である緑色植物は狭義の植物に属するが，クロロフィルbやα-1,4-グルカンの葉緑体内への貯蔵など特異な形質をもっている．緑色植物はその進化の初期に2つの大きな系統群，緑藻植物とストレプト植物に分かれたらしい．緑藻植物の進化の初期にはプラシノ藻と総称されるいくつかのグループが分岐し，その中の一つが緑藻綱，トレボキシア藻綱，アオサ藻綱からなる大きな系統群へとつながった．石油生成藻として著名な*Botryococcus*はトレボキシア藻綱に含まれ，また緑藻綱の一部（ヨコワミドロ目など）の細胞壁に含まれる耐性物質であるアルジナンは少なくとも一部の石油（油母）の原料となったと考えられている．アオサ藻に属する海藻の中にもバイオマス燃料源として注目されるものがある．緑色植物のもう一つの系統群であるストレプト植物には，陸上植物とともにそれにつながる緑色藻が含まれる．このような緑色藻としては接合藻（アオミドロなど）が最も身近な存在だが，ほかにもシャジクモや*Coleochaete*, *Klebsormidium*, *Mesostigma*などが

知られている．これらの藻類は代謝や生化学，構造的特徴において陸上植物との類似性が高い．

3) 二次植物

一次共生によって葉緑体を獲得した生物のうち，紅色植物や緑色植物は別の真核生物に取り込まれてその隷属下に置かれ，葉緑体へとオルガネラ化した．この現象が二次共生である．二次共生藻のうち，紅色植物起源の葉緑体をもつものがクリプト藻，ハプト植物，不等毛植物，渦鞭毛植物であり，緑色植物起源の葉緑体をもつものがクロララクニオン藻とユーグレナ藻である．このうち緑色植物の関わる二次共生は独立に2回起こったと考えられているが，紅色植物の関わる二次共生は単一の現象であったとする説（クロモアルベオラータ仮説）からそれぞれ独立の現象であったとする説まであり，未だに明らかになっていない．紅色植物起源の葉緑体がいずれもクロロフィル c をもつことや，いくつかの遺伝子に基づく系統解析，葉緑体タンパク質の輸送機構の共通性などからは前者が支持されるが，その場合，さまざまな系統群（繊毛虫など）での葉緑体の欠失を想定しなければならない．二次的な光合成能の欠失は珍しい現象ではないが（ラフレシアや *Prototheca* など），明らかな二次的従属栄養性生物においてオルガネラとしての色素体や葉緑体起源の遺伝子が完全に消失した例はほとんど知られておらず，多くの場合，色素体が脂肪酸代謝など非光合成代謝でも不可欠な存在になっていることを示唆している．

クリプト藻は紅色植物の二次共生に起因する葉緑体をもつが，その証拠として退化した紅色植物の核を残している．この退化核はヌクレオモルフと呼ばれ，紅色植物起源の遺伝子を含む 550 kbp ほどのゲノムをもっている．クリプト藻の主要補助光合成色素はラン藻などと同じフィコビリン系色素だが，フィコビリソームを形成せず，チラコイド内腔に存在するという点で特異である．クリプト藻では系統群によってフィコビリン系色素の種類が異なるため，褐色，赤色，青緑色など多様な色彩を示す．クリプト藻に近縁な生物としてはゴニオモナス類やカタブレファリス類といった鞭毛虫が知られている．

ハプト植物のもつ葉緑体の構造や色素組成は不等毛植物のものと類似しており，同一の分類群とされたこともあるが，葉緑体以外の細胞構造では両者は大きく異なり，分子系統解析からも直接の類縁性は否定されている．ハプト植物

は大きく二つの系統群，パブロバ藻綱とプリムネシウム藻綱に分かれるが，炭酸カルシウムからなる鱗片（円石）を形成する（そのため円石藻とも呼ばれる）ハプト藻は，プリムネシウム藻綱に含まれる．ハプト植物に明瞭な類縁性をもつ生物群は未だに明らかではないが，近年の分子系統解析からはクリプト藻に近縁であることが示唆されている．

不等毛植物（オクロ植物とも呼ばれる）は珪藻や褐藻を含む大きな系統群であり，水域の生産者としてきわめて重要な地位を占めている．不等毛植物門の中には現在16もの綱が認識されているが，あらゆる水域で量的に多く脂質を多く生成する珪藻や高度不飽和脂肪酸を多量に生成するピングイオ藻や真正眼点藻などがバイオマス資源として注目されている．生物量として多い褐藻も，食料として，またアルギン酸の原料などとして大規模に利用されている．不等毛植物の細胞構造は，葉緑体をもたない原生生物であるラビリンチュラ類，ビコソエカ類，オパリナ類，卵菌類などと類似しており，系統的にも近縁であることが判明している．現在では，不等毛植物も含めてこれらの生物はまとめてストラメノパイルと呼ばれている．この中でラビリンチュラ類には*Schizochytrium*などが含まれ，これも多量の脂質を生成することから注目される生物群である．これら葉緑体をもたないストラメノパイルが二次的な従属栄養性生物か否かは，前述のクロモアルベオラータ仮説の可否とも関わる問題であるが，未だに答えは出ていない．ただし不等毛植物により近縁と考えられている卵菌類ではゲノムが明らかにされており，ラン藻や紅藻に由来すると考えられる遺伝子が多数報告されている．これらの遺伝子が本当に紅藻との二次共生に起因するものか否かは未だに確定していないが，真核生物全体の進化を考える上でも興味深い課題である．

渦鞭毛植物には*Alexandrium*や*Karenia*など赤潮形成藻として著名なものが多く含まれるが，進化的にもきわめて興味深い生物群である．渦鞭毛植物の葉緑体は多くの場合，ペリディニンを主要カロテノイドとするが，このタイプの葉緑体は1遺伝子1分子という特異なゲノムをもち，またそのルビスコはForm IIと呼ばれる特殊なものである．また，渦鞭毛植物の中にはペリディニン型ではない葉緑体をもつグループがいくつか知られている．それら特異な葉緑体はハプト藻，珪藻，緑藻植物などさまざまな藻類の共生に由来すると考え

られており，渦鞭毛植物では本来もっていたペリディニン型の葉緑体がさまざまな系統で別起源の葉緑体に置き換えられたらしい．渦鞭毛植物の中では約半数が従属栄養性で葉緑体をもたないことが知られているが，特にヤコウチュウや *Oxyrrhis* など初期分岐群と考えられている生物には従属栄養性のものが多い．また，渦鞭毛植物の姉妹群はパーキンソゾアと呼ばれる寄生虫であり，さらにその外側にはマラリア原虫などが含まれるアピコンプレクサが位置することが明らかとなっている．近年になってこれらの生物から葉緑体起源の遺伝子や葉緑体の痕跡そのものが発見されており，紅色植物の二次共生がこれらの共通祖先で起こったことが示唆される．特に最近になってアピコンプレクサに近縁なクロメラ植物という立派な葉緑体をもった藻類が発見されたことから，この考えは強く支持されている．渦鞭毛植物やアピコンプレクサなどの外側には繊毛虫が位置しており，これらはまとめてアルベオラータと呼ばれる大きな系統群を形成している．

　緑色植物との二次共生に起因する葉緑体をもった生物群として，クロララクニオン藻が知られている．この葉緑体は，緑色植物の中でも特に緑藻植物のどれかに起源をもつと考えられているが，正確な祖先は判明していない．また，クロララクニオン藻は前述のクリプト藻とよく似たヌクレオモルフをもっていることが知られている．クロララクニオン藻は有孔虫や放散虫，ネコブカビ，さまざまな鞭毛虫などとともにリザリアという大きな系統群を形成している．近年の分子系統学的解析からは，真核生物の中でリザリアが前述のストラメノパイルやアルベオラータに近縁であることが示唆されている．リザリアの中には葉緑体の進化を考える際に興味深い存在がおり，それが *Paulinella chromatophora* という有殻糸状仮足アメーバである．この生物は細胞内に不可分の共生ラン藻を有しており，この共生ラン藻にはゲノム改変などがみられ，オルガネラ化の初期状態にあることが明らかとなっている．このラン藻は前述の葉緑体の起源となったものとは明らかに遠縁であり，別起源の一次共生といえるだろう．

　ユーグレナ藻も緑色植物起源の葉緑体をもつが，この共生体となったのは緑藻植物のピラミモナス類という生物であることが，分子系統学的解析から強く示唆されている．系統的にみればユーグレナ藻綱の中で葉緑体をもっているも

のはごく一部であり，多くは従属栄養性である．葉緑体の二次共生，オルガネラ化はユーグレナ藻綱の中で起こったことであるらしい．光合成能をもったユーグレナ藻の中には大規模に培養され，健康食品などで利用されている例がある．またバイオマス燃料源としても研究されている．ユーグレナ藻は細胞構造などの点でキネトプラステア類（眠り病原虫など）に類似しているが，分子系統解析からも両者の近縁性は支持されており，現在ではユーグレノゾアとしてまとめられている．ユーグレノゾアはペルコロゾア（*Naegleria* など）やロウコゾア（*Jakoba* など）に近縁である．この生物群はディプロモナス類，パラバサリア類，オキシモナス類などとともにエクスカバータという系統群を構成しているとされることが多いが，エクスカバータ全体の単系統性は必ずしも確定していない．

このように，一次共生，二次共生という現象を通じて酸素発生型光合成という機能は真核生物の中に広く伝播し，藻類の系統的多様性を生み出している．藻類を用いた応用的な研究を進めるためには，生物全体の系統の概略的な理解とともに，このような共生を通じた藻類同士の関係，そして従属栄養性生物との深いつながりを理解することが大きな手助けとなるはずである．

（中山　剛）

c. 藻類の細胞構造

細胞構造といえば，一般に動物と植物の細胞だけが紹介されていることが多い．このため，真核生物の細胞構造はこの2つのどちらかに大別される，と思っている人も多いのではないだろうか．しかし，真核藻類の細胞構造をみると，実際には系統群ごとに大きく異なっていることがわかる．したがって，藻類の細胞構造の違いは，進化を理解するための指標や分類形質として広く用いられてきた．また，細胞構造は，細胞中の物質の動きや局在，代謝経路をはじめ，細胞の運動様式や生息環境などと密接に関連しており，生物を正しく理解する上で，またその生物を利用する上で大変重要である．

真核藻類の細胞を構成する基本的な要素としては，核，小胞体，ゴルジ体，葉緑体，ミトコンドリア，細胞壁などの細胞外被，鞭毛，貯蔵小胞（貯蔵物質

などを蓄積する小胞）などがある．その他，グループによってはマイクロボディ，リソソーム，液胞，収縮胞，射出装置などが目立つものもある．本項では，比較的知見が蓄積されグループ間で顕著に構造が異なっている葉緑体，ミトコンドリア，細胞外被，鞭毛の4項目について，構造的な多様性を概観する．

1) 葉緑体

葉緑体は藻類の細胞の中で最も目立つ構造で，さまざまな色素を含み，光合成，脂肪酸合成，アミノ酸合成などを行う細胞小器官である．「葉緑体」と聞くとすべて緑色だと思いがちであるが，緑色の葉緑体をもつのは緑色植物，ユーグレナ植物，クロララクニオン藻だけである．これらの葉緑体は，光合成色素としてクロロフィル a と b，ルテインなどのキサントフィル，β-カロテンを含んでいる．紅色植物と灰色植物の葉緑体は，紅色あるいは青緑色で，クロロフィル a とフィコビリン，β-カロテンなどを含む．不等毛植物，ハプト植物，渦鞭毛植物の葉緑体は一般に黄色～褐色で，クロロフィル a と c，β-カロテンを共通にもち，そのほかに不等毛植物ではフコキサンチン，ハプト植物では19′-ヘキサノイルオキシフコキサンチンなどのフコキサンチン誘導体，渦鞭毛藻ではペリディニンなどのキサントフィルを含む．クリプト植物の葉緑体は紅色～褐色～青緑色などさまざまな色調のものがあり，クロロフィル a と c，フィコビリン，β-カロテンなどを含む[1-3]．

a，b項で詳しく述べられているように，葉緑体は一次共生によりシアノバクテリア（ラン藻）を起源として誕生し，それに続く二次共生により真核生物のさまざまな系統群へ転移し，光合成真核生物の飛躍的な多様化を促したことが知られている．葉緑体の構造は，これら共生の組み合わせや進化段階に応じて分類群ごとに大きく異なっている．

(1) 一次共生由来の葉緑体

一次共生由来の葉緑体（図3-6）は，緑色植物，紅色植物，灰色植物という3つのグループがもっており，2枚の包膜に囲まれる点で共通している．この2枚の膜の起源はシアノバクテリアの細胞膜と外膜であるという意見もあるが，はっきりとした結論は出ていない．

灰色植物の葉緑体（以前はチアネル，シアネルなどと呼ばれた）は青緑色で，細胞内に2個～多数存在する．2枚の包膜の膜間には薄いペプチドグリカ

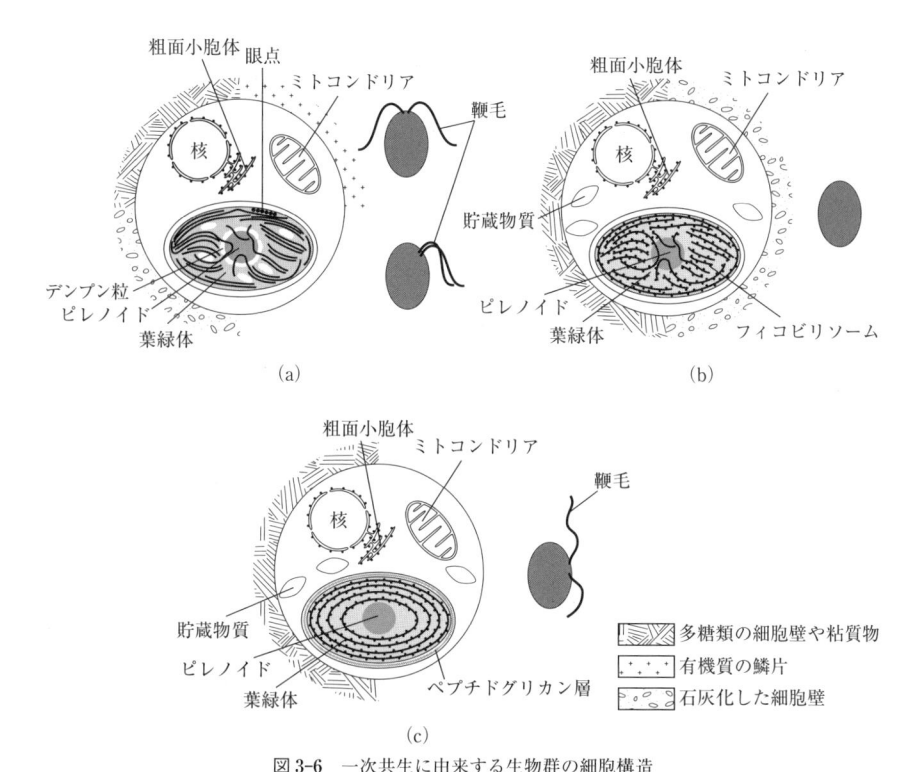

図 3-6 一次共生に由来する生物群の細胞構造
(a) 緑色植物，(b) 紅色植物，(c) 灰色植物．細胞外被および細胞内微細構造と，鞭毛の生じ方を示す模式図．

ンの層が存在しており，この葉緑体が原始的な性質を残している証拠の一つであるといわれている．チラコイドは同心円状（同心球状）に配置し，それぞれは独立しており，表面には多数のフィコビリソームが存在する．葉緑体の中央あるいは一端には1個のピレノイドが存在する．光合成産物（貯蔵物質）は細胞質の小胞に蓄積される[1-3]．

　紅色植物の葉緑体は，帯状，円盤状，星状など，さまざまな形状のものがみられ，紅色あるいは青緑色で，細胞内に1個～多数存在する．灰色植物と同様，チラコイドは独立しており，表面には多数のフィコビリソームをもつ．また，葉緑体包膜の内膜のすぐ内側に1枚の周縁チラコイドをもつものや，葉緑体の中央あるいは一端に1個のピレノイドをもつものが多い．貯蔵物質は紅藻

デンプンで細胞質の小胞に存在し，裸出したピレノイド付近に鞘状に配置することもある[1-3]．

緑色植物の葉緑体は緑色で，帯状，円盤状，薄板状，星状，らせん状，細胞表面全体に広がる網目状など，形状は実に多様である．チラコイドはフィコビリソームをもたず，不規則に配置するものが多く，複数のチラコイドが重なってグラナを形成する場合もある．多くの緑色植物の葉緑体がピレノイドをもっており，基質中にはチラコイドが貫入するものが多い．デンプンなどの貯蔵物質は葉緑体内に顆粒状に蓄積し，ピレノイド基質を囲むように配置する．遊泳細胞の葉緑体は，赤っぽいオレンジ色の顆粒が1層～数層並んだ眼点をもつことが多い[1-3]．

(2) 二次共生由来の葉緑体

二次共生由来の葉緑体（図3-7）は，ユーグレナ植物，渦鞭毛植物，不等毛植物，ハプト植物，クリプト植物，クロララクニオン植物という6つのグループがもつ．これらに共通する特徴は，2枚よりも多い包膜をもつことである．

① 三重包膜の葉緑体： ユーグレナ植物と渦鞭毛植物の葉緑体が3枚の包膜をもつ．内側2枚の膜は，葉緑体の祖先となった真核藻の葉緑体包膜由来であり，最外膜は宿主の食胞膜由来であると考えられている．

ユーグレナ植物の葉緑体は緑色で，プラシノ藻（緑色植物の一群）に由来すると考えられている[4,5]．形状は，円盤状，板状，皿状，房状などさまざまで，多くの場合，細胞内に複数存在する．ピレノイドはもたない場合ともつ場合がある．チラコイドは基本的に3枚が重なった三重チラコイドで，ピレノイドがある場合，一～二重のチラコイドが基質を貫入する．貯蔵物質（パラミロン）は細胞質の小胞に蓄積される[1-3]．

渦鞭毛植物の葉緑体の多くはペリディニンを含み，橙褐色で，紅藻に由来する．このタイプの葉緑体は多くの場合，深裂状あるいは網目状で，細胞内の数や配置は種によってさまざまである．多くの葉緑体にピレノイドがみられ，葉緑体に埋没して存在するものや葉緑体から突出するものなどがある．チラコイドは基本的に3枚が重なった三重チラコイドである．デンプンなどの貯蔵物質は細胞質の小胞に蓄積される[1-3]．また，一部の種は赤色の油滴状顆粒が配列した眼点を葉緑体内にもつ．渦鞭毛藻には，三重包膜をもちペリディニンを含

3-1 藻類バイオマスの世界

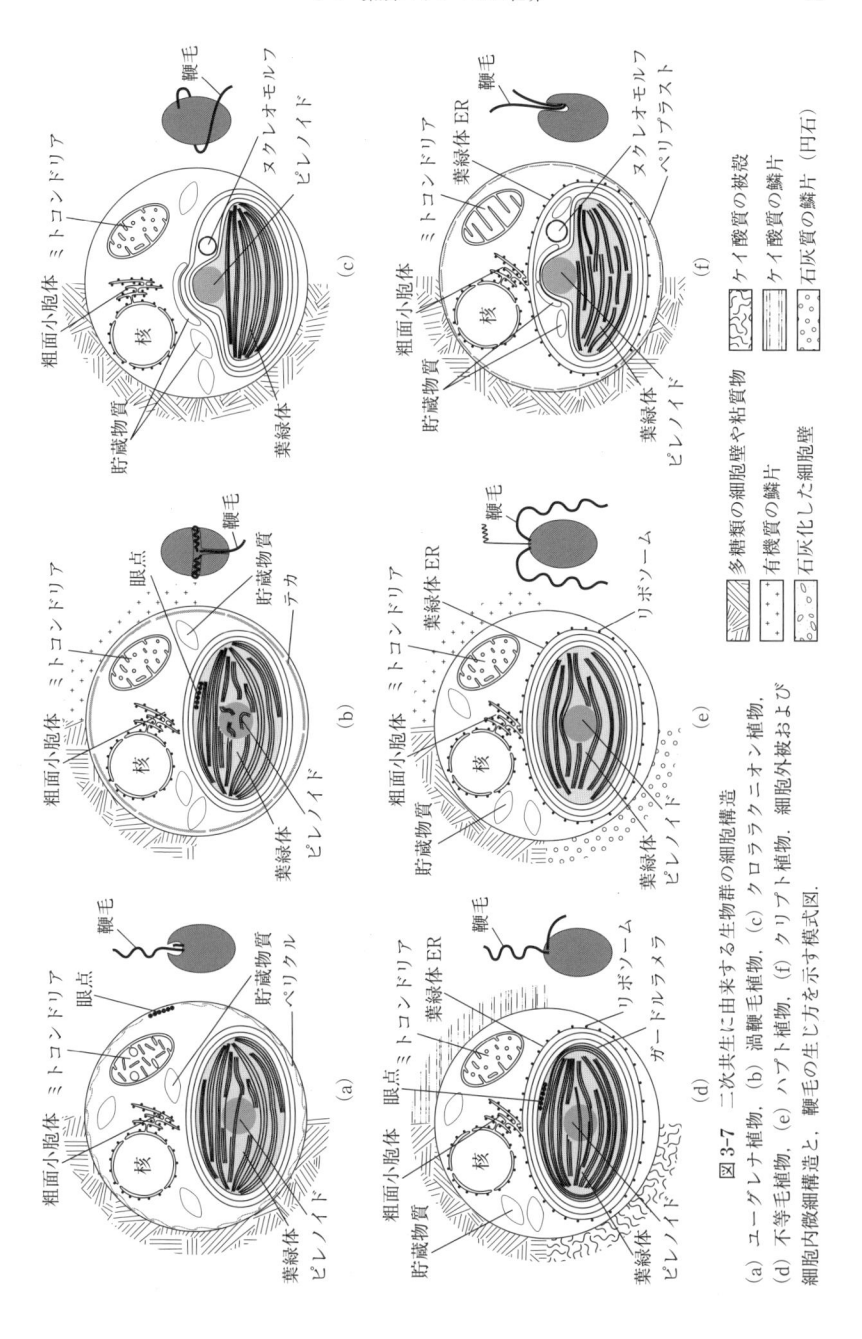

図 3-7 二次共生に由来する生物群の細胞構造
(a) ユーグレナ植物、(b) 渦鞭毛植物、(c) クロララクニオン植物、(d) 不等毛植物、(e) ハプト植物、(f) クリプト植物。細胞外皮および細胞内膜細胞構造と、鞭毛の生じ方を示す模式図。

む典型的な葉緑体をもつもの以外に，三次共生などによって起源の異なる葉緑体を獲得したものがある．そのような葉緑体には，珪藻由来のもの，ハプト藻由来のもの，クリプト藻由来のもの，緑藻由来のものなどがあり，包膜の数やその他の微細構造もそれぞれ大きく異なっている．葉緑体の内部構造は，基本的に起源となった藻類の葉緑体のものに類似するが，詳細な観察が不十分なものが多い[6]．

② 葉緑体ERをもつ四重包膜の葉緑体： 不等毛植物，ハプト植物，クリプト植物の葉緑体はどれも紅藻由来で，4枚の包膜をもつ．その最外膜は葉緑体ER (endoplasmic reticulum：小胞体) と呼ばれ，粗面小胞体あるいは核膜の外膜とつながっている[7]．多くの場合，葉緑体ERの表面にはリボソームが付着しており，タンパク質合成が行われていることが示唆される．葉緑体包膜の外側から2枚目の膜は，葉緑体の祖先となった紅藻の細胞膜由来だと考えられている．したがって，これら3つのグループの葉緑体は，二次共生の共生者（紅藻）が粗面小胞体の内腔に入り込んだ構造をしているということもできる．

不等毛植物の葉緑体は，黄色～褐色で，星状，円盤状，薄板状，帯状，房状などさまざまで，細胞内に1個～多数存在する．ピレノイドはもたない場合ともつ場合がある．基本的に三重のチラコイドをもち，包膜の直下の三重チラコイドのみ同心球状に配置し，ガードルラメラと呼ばれる．葉緑体の短鞭毛の基部と接する部分に，眼点が存在する場合が多い．貯蔵物質はラミナリンやクリソラミナリンと呼ばれるβ-1,3グルカンで，細胞質の小胞に蓄積される[1-3]．

ハプト植物の葉緑体も黄色～褐色で，不等毛植物の葉緑体に似るが，基本的に形状が盆状で細胞内に2個存在すること，ガードルラメラを欠くこと，眼点がないことなどが異なる．葉緑体には1個のピレノイドが存在する．貯蔵物質はクリソラミナリンで，細胞質の小胞に蓄積される[1-3]．

クリプト植物の葉緑体は，基本的に長軸方向に二裂した薄板状で，青緑色～褐色～紅色など，さまざまな色調のものがある．これはフィコビリンを含むためであるが，紅藻などと異なり，チラコイド膜上にフィコビリソームは存在せず，フィコビリンはチラコイド内腔に局在することが知られている．チラコイドは通常2枚が重なった二重チラコイド構造になっている．不等毛植物やハプト植物の葉緑体と異なり，4枚の包膜の内側の2枚と外側の2枚の間が広くあ

いており（ペリプラスチダルコンパートメントと呼ばれる），その区画に葉緑体の祖先となった紅藻の縮小した核（ヌクレオモルフ）が存在するほか，デンプンなどの貯蔵物質が蓄積される．ヌクレオモルフは，ところどころ穿孔のあいた二重の膜に囲まれ，内部に仁のような領域も存在するなど，細胞核に類似した構造をもつ[1-3]．

③ クロララクニオン植物の葉緑体： クロララクニオン植物の葉緑体は4枚の包膜をもつが，最外膜が他の細胞内膜系とつながらない点で不等毛植物などの葉緑体と異なる．色調は緑色で，緑藻やアオサ藻に近縁な緑色藻に由来することがわかっている．葉緑体は，基本的にやや湾曲した二腕性で，細胞内に1個～多数存在し，中心に1個の極端に突出したピレノイドをもつ．チラコイドは不規則に配置するが，3枚が緩く重なった三重チラコイドを形成する場合もある．クリプト藻と同様に，4枚の包膜の内側2枚と外側2枚の間にペリプラスチダルコンパートメントがあり，そこにヌクレオモルフ（緑藻由来）が存在する．貯蔵物質はβ-1,3グルカンで，細胞質にある小胞に蓄積される．その一部は突出したピレノイドを覆うように存在しており，キャップ小胞とも呼ばれる．眼点は存在しない[1-3]．

2） ミトコンドリア

ミトコンドリアは，真核細胞の中で酸素呼吸によりエネルギーを産生する細胞小器官である．ほぼすべての真核生物に存在し，真核生物の進化の初期に細胞内共生したαプロテオバクテリア由来であると考えられている．二重の膜（外膜と内膜）からなり，内膜にはクリステと呼ばれる内部方向への貫入が多数みられ，内膜より内側は基質（マトリックス）と呼ばれる．クリステの構造には大別すると3つのタイプが存在する．一つは内膜が板状に貫入した平板状クリステで，藻類では主に緑色植物，紅色植物，灰色植物，クリプト植物にみられる．もう一つは内膜が細い管状に貫入した管状クリステで，渦鞭毛植物，不等毛植物，ハプト植物，クロララクニオン植物にみられる．また，ユーグレナ植物は内膜が盤状（うちわ状）に貫入した盤状クリステという特徴的なクリステ構造をもつ[1-3]．

3） 細胞外被

藻類の細胞外被構造には，セルロースやマンナンなどの多糖類を主な成分と

する細胞壁，鱗片，テカ（鎧板）など，ケイ酸質を主成分とした被殻や鱗片，炭酸カルシウムを主成分とした円石（コッコリス）や石灰化した細胞壁などがある．また，特別な細胞外被構造をもたないものも存在する．

緑色植物や紅色植物の多くは，セルロースやマンナン，キシランなどが主成分の細胞壁をもつ．不等毛植物の褐藻の細胞壁にはアルギン酸が多く含まれている．多糖類を主成分とする細胞壁は，ほかにも灰色植物，ハプト植物，クロララクニオン植物などの一部にもみられ，細胞を覆う粘質物を含めるとクリプト植物，渦鞭毛植物，ユーグレナ植物などほぼすべての藻類群に存在する．緑色植物のプラシノ藻やハプト植物，一部の渦鞭毛藻では一般に細胞壁ではなく有機質の鱗片が細胞を覆っている．有殻渦鞭毛藻では，細胞の外側ではなく細胞膜の直下にあるアンフィエスマという平たい小胞の中にセルロース性のテカを形成する[1-3]．

ケイ酸質を主成分とした被殻は，不等毛植物の珪藻にみられる．珪藻の被殻は弁当箱の蓋と本体に相当する上殻と下殻，それらを連結する帯のような殻帯からなる．上殻と下殻の殻面には一般に，胞紋と呼ばれる小さな孔が多数あり，それらが線状に配列して条線を構成する．羽状目の珪藻ではさらに縦溝と呼ばれるスリットが長軸方向に走る．不等毛植物のシヌラ藻類の細胞は多数のケイ酸質の鱗片で覆われている．鱗片は卵形から丸みを帯びた菱形で，表面に微細な孔が多数あり，長い棘のような突起をもつ場合もある[1-3]．

藻類における炭酸カルシウムを主成分とした細胞外被は，ハプト植物の多くがもつ円石が有名である．円石をもつハプト植物は一般に円石藻と呼ばれる．円石は，方解石の結晶でできたさまざまな結晶ユニットが組み合わさってできており，大きく2つのタイプがある．一つは単純な斜方六面体結晶が積み重なってできたホロコッコリスで，もう一つはさまざまな形に成長した単結晶が組み合わさってできたヘテロコッコリスである．円石は細胞内のゴルジ体でつくられる．他の石灰質の細胞外被としては，紅色植物のサンゴモ類やカサノリやサボテングサなどのアオサ藻類の一部が石灰化した細胞壁をもつことが知られている[1-3]．

4） 鞭　毛

藻類の主要グループの中で鞭毛を全くもたないのは紅色植物のみで，他のグ

ループはすべて鞭毛をもつ細胞ステージや遊泳性の種などを含む．鞭毛の数は基本的に2本で，4本，8本，16本やそれ以上のものもある．また，2本のうち1本が退化して1本鞭毛性のものもまれに存在する．藻類の鞭毛は，普通の真核生物の鞭毛と同じ基本構造をもつが，細かな部分や鞭毛に付随する構造には分類群ごとにかなりの違いが認められる．

　緑色植物の多くは細胞の頂端から左右に2本の等長の鞭毛を生じるが，陸上植物の祖先に当たるシャジクモ類に近縁なグループでは，2本の鞭毛は細胞頂端よりやや後方から平行に生じる．プラシノ藻の鞭毛は細胞の窪みから生じ，表面を数種の有機質の鱗片や毛状鱗片が覆う[1-3]．

　不等毛植物の多くは細胞の頂端あるいは側面から長短2本の鞭毛を生じる．遊泳時に細胞は，長鞭毛を遊泳方向（前）に伸ばし，短鞭毛を後方に引きずる．光学顕微鏡では確認できないが，長鞭毛には管状マスティゴネマと呼ばれる不等毛類特有の管状小毛が2列，羽状に生えており，この小毛の存在によって鞭毛を前にして遊泳できると考えられている．短鞭毛の基部付近には鞭毛膨潤部と呼ばれる膨らみがあることが多く，光受容体として機能する物質が局在すると考えられている[1-3]．

　ハプト植物の多くは，細胞頂端から左右に生じる2本の等長の鞭毛をもつ．鞭毛には小毛などはない．頂端で生じた鞭毛は後方へ曲がり，そこで鞭毛打を行って細胞を前（頂端方向）へ進ませる．ハプト植物最大の特徴は，2本の鞭毛の間にハプトネマと呼ばれる細い鞭毛様構造をもつことである．ハプトネマは，基本的に基物へ付着する能力をもち，長いものではコイリングなどを行うものもある．一部の種には，ハプトネマを用いて餌粒子を捕獲し細胞口へ運ぶものもある[1-3]．

　クリプト植物の2本の鞭毛は不等長で，細胞頂端からやや後方の細胞の窪みから生じる．長鞭毛の両側面には不等毛植物のものより少し単純な管状小毛が並んでおり，両羽型の鞭毛と呼ばれる．一方，短鞭毛の側面には，短い管状小毛が一列に並び，こちらは片羽型の鞭毛と呼ばれる[1-3]．

　渦鞭毛植物には，細胞の横溝に沿って存在する横鞭毛と縦溝に沿って後方に伸びた縦鞭毛がある．両鞭毛は基本的に細胞の横溝と縦溝が交わる領域から生じる．横鞭毛は片側に翼のあるような構造をしており，鞭毛の軸糸が外側にな

るように横溝にぴったりと沿って，リボン状に波打つように伸びる．横鞭毛には外側の縁に沿って小毛が存在する．この鞭毛の運動により細胞は推進力を得ていると考えられている[1-3]．

　ユーグレナ植物の鞭毛は，細胞前端にある深い窪み（貯胞）の底から2本平行に生じる．このうち1本は非常に短いことが多く，貯胞から外へ出ることはない．長鞭毛には，パラキシアルロッドと呼ばれる繊維状構造が鞭毛軸糸と平行に走っており，翼のようになっている．鞭毛表面には，独特の小毛が生えている．貯胞内の鞭毛基部付近には鞭毛膨潤部が存在する．その中に光活性型アデニル酸シクラーゼというフラビンタンパク質が存在し，青色光受容体として機能していることが最近明らかとなった[1-3]．

　クロララクニオン植物の鞭毛は1本で，細胞の側部から横向きに生じ，細胞のまわりをらせん状に巻きながら後方へ伸びる[1-3]．

　このように，藻類の細胞構造は驚くほど多様であり，細胞内で行われている生命活動もそれだけ多様で複雑であると予想できる．藻類の細胞構造を正しく理解しグループ間の違いを正確に認識することは，藻類を理解して利用する上で不可欠である．この意味で，藻類細胞の構造と機能に関する多様性研究は大変重要であり，人類がこれまで利用してきた生物資源にはない新たな機能をもった資源を提供する可能性を秘めているといえる．　　　　　（石田健一郎）

d. 藻類の構成成分

　エネルギー資源として注目されている藻類の多くは緑藻類であるが，ユーグレナ（*Euglena*）やラビリンチュラ（Labyrinthula）と呼ばれる海洋性真核微生物も，トリグリセリドなどの脂質を蓄積することが知られている．また，アルコール発酵の原料として炭水化物もエネルギー資源として注目されている．微細藻類の一般成分の組成はユーグレナで詳細に調べられているが，他の微細藻類ではあまりデータがないので，ユーグレナのデータから類推していただきたい．藻類における蓄積性の脂質と炭水化物の間には深い関係があるらしい．また，ユーグレナやクロレラ（*Chlorella*：4-2節g項参照）のように光合成だけではなく，有機物をも利用する藻類も知られており，培養条件の違いによ

り，細胞構成成分に大きな違いがみられる．また，一定の培養条件下でも細胞の増殖ステージによって脂質含有量が変動する．一般に対数増殖期の細胞の脂質含量は少なく，静止期になると増加するものが多い．

北岡[11]らは，ユーグレナ（E. gracilis Z）の変異株を用いて，培養条件による細胞内成分の一般組成の違いを調べた．ユーグレナの野生株と葉緑体欠損株を用い，グルコースとグルタミン酸を炭素源，窒素源とした培地で，それぞれ光照射下および暗黒下で培養した細胞と，独立栄養培養の細胞の合計5つのタイプの一般成分を調べ，比較した．光照射下で培養した野生株では脂質が15.19％，糖質が17.60％とほぼ等しい割合で含まれているのに対して，暗黒下で培養した場合は脂質が8.71％に低下する一方，糖質は53.77％に増加した．この傾向は葉緑体欠損株で同様にみられ，光照射下で脂質が12.03％であるのに対して，暗黒下では4.88％にまで低下した．一方，光照射下で32.21％あった糖質が，暗黒下の培養では55.06％に増加するという結果を報告した（表3-2）．

これらの結果から，脂質合成は光照射下で，糖質合成は暗黒下で活発になるといえる．また，糖質と脂質の含有量の変化が逆相関を示すことから，暗黒下で脂質が糖質に変換される系が，あるいは光照射下で糖質が脂質に変換される系が存在する可能性を示唆している．具体的には，ユーグレナの脂質のワックスエステルとグルコースを単位としたパラミロンと呼ばれる多糖類の含有量が逆相関を示す．Inuiら[9]の報告によれば，ユーグレナの中性脂質は$C_{10} \sim C_{18}$程度の炭素鎖をもつ脂肪酸とアルコールのエステルが主成分であり，貯蔵脂質

表3-2 *Euglena gracilis* Z の一般組成（凍結乾燥標品，水分を除いた重量％）

	GL	GD	BL	BD	独立栄養
タンパク質	54.81	31.75	50.25	33.45	58.71
脂質	15.19	8.71	12.03	4.88	15.50
糖質	17.60	53.77	32.21	55.06	15.97
灰分	4.96	2.13	2.16	1.18	6.80
その他	7.44	3.64	3.35	5.43	3.02

GL：野生株を光照射下で培養，GD：野生株を暗黒下で培養，BL：葉緑体欠損株を光照射下で培養，BD：葉緑体欠損株を暗黒下で培養．
文献[11]のp.249，表A-3を改変．

の一種と考えられている（表3-3）．一方，パラミロンはグリコーゲン様の貯蔵多糖である．

図3-8に示したように，ワックスエステルの増加要因には，光照射下のほか，嫌気条件でも増加する．嫌気条件下ではミルスチン酸（C_{14}）とミリスチルアルコール（C_{14}）のワックスエステルが主成分となる．嫌気状態で生成するワックスエステルの脂肪酸および脂肪アルコールはすべて飽和型であり，不飽和型は生成されない．また，好気状態で培養したユーグレナの葉緑体欠損株の培養を窒素ガス置換して嫌気的に保つと，急速にワックスエステルが増加す

表3-3 嫌気状態で生成したワックスエステルの脂肪酸と脂肪アルコールの組成

炭素数	脂肪酸（%）	脂肪アルコール（%）
10	0.4	痕跡
11	2.2	0.9
12	10.3	2.7
13	19.5	12.6
14	44.4	46.8
15	12.7	19.3
16	9.2	16.2
17	1.3	1.5
18	痕跡	痕跡

嫌気状態で生成する脂肪酸および脂肪アルコールはすべて飽和型．
文献[11]のp.115，表5-5を改変．

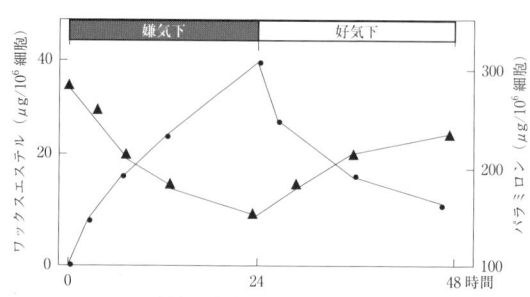

図3-8 *Euglena gracilis* Zの嫌気・好気サイクルにおけるワックスエステル（●）とパラミロン（▲）含有量の変化
文献[11]のp.114，図5-2より．

ると同時に，貯蔵多糖であるパラミロンが急速に減少分解され，ワックスエステルの合成に利用される[10]．このパラミロン分解とワックスエステル合成の一連の反応において細胞はアデノシン三リン酸（ATP）を獲得しており，ワックスエステル発酵と呼ばれている．同様の変換は葉緑体欠損株だけでなく，野生株でも確認されている．

　最近，オイル産生緑藻として注目を集めている *Botryococcus braunii* では，脂質の主成分は炭素と水素からなる炭化水素であり，細胞内および細胞外に直鎖アルケンやトリテルペンなどの炭化水素を蓄積する．また，粘質多糖を細胞外に分泌する．炭化水素含量は株によって異なるが，乾燥藻体中に 10 ～ 50% 含まれている．一方，粘質多糖は細胞外に分泌される（表3-4）．明暗サイクル下で炭化水素の含有量が増加し，光連続照射下で粘質多糖の分泌量が増加する．*B. braunii* UC 58 株の粘質多糖の主な構成糖は，ガラクトース，フコース，ガラクツロン酸であるが，これらも株によって異なる（図3-9）．ある株では，①1 L あたり 250 mg の多糖を細胞外に分泌し，主要糖はガラクトースで，微量成分としてフコース，ラムノース，グルコースなどが含まれているという．また，*B. braunii* A race を塩化ナトリウムの濃度の異なる培地で培養し，構成成分の変化を調べた報告がある[12]．

表 3-4　*Botryococcus braunii* の培養で生産される炭化水素と細胞外分泌性多糖

株名	バイオマス（g/L）	炭化水素（乾燥重量%）	分泌性多糖（g/L）
LB 572	2.0 ～ 3.6	20 ～ 35	1 ～ 2
SAG 30.81	1.5 ～ 2.2	40 ～ 50	0.5 ～ 2
UC 58			4 ～ 4.5
SI 30	10	10 ～ 28	

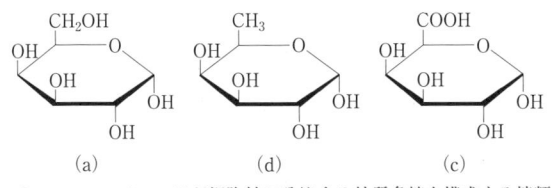

図 3-9　*Botryococcus braunii* が細胞外に分泌する粘質多糖を構成する糖類の構造
(a) α-D-ガラクトース，(b) α-D-フコース，(c) α-D-ガラクツロン酸．

塩化ナトリウムの濃度の上昇に伴ってタンパク質量は減少するが，糖質や脂質は変化しない．脂質では炭化水素，グリセリド，リン脂質の量に変化はみられないが，糖脂質のガラクトース量と不飽和度に変動がみられる．微細藻類に限らず，細胞はストレスに対して抵抗物質を産生して，ストレスの影響を低減している．*B. braunii* A race では塩化ナトリウムを含む培地中で培養すると，αラミナリビオース（*O*-β-D-グルコピラノシル-(1→3)-α-D-グルコピラノース）を産生する．αラミナリビオースの産生量は塩化ナトリウムの濃度に依存することから，浸透圧抵抗物質と考えられている[12]． 　　　（彼谷邦光）

e. 光合成

藻類とは，水を分解して酸素発生型光合成を行う生物のうち，維管束植物，コケ植物，シダ植物を除いた生物群の総称である．したがって，藻類は多様な分類群に属する多様な生物を含み，光合成に関わる構造体や機能においてもその多様性はきわめて大きい．その原因の一つは，シアノバクテリア（ラン藻）誕生後，35億年の長きにわたる生物進化の過程で，地球環境の変遷に適応してきた結果であり，さらに自ら引き起こした地球環境の変化に対する適応の結果でもある．その意味で光合成は，地球環境に対して，その変化を誘導するような大きなインパクトを与え続けてきたといえる．紅色光合成細菌や緑色硫黄光合成細菌は，硫化水素などを利用し，光合成反応の結果，水を放出せず，硫黄を産生する生物群である．これらの生物群もまた，炭素固定反応を行い，有機物の産生を行っている．本項では，特に藻類に焦点を合わせて記述してあるため，光合成細菌の光合成については他書を参照されたい[13]．

光合成は，物理エネルギーである光の吸収に始まり，それを化学エネルギーに変換する光化学反応と，そこで得られた化学エネルギーを利用して二酸化炭素を固定する炭酸固定反応よりなる．光化学反応系は，光の吸収，光化学反応中心への転移，そして電荷分離の3つの過程からなり，これらの基本的仕組みは多様な生物群においても共通性が高い．光合成に利用する光は可視光線域（400〜700 nmの波長）であり，地表に届く太陽光線の強度としては最も高い光成分帯である．

光合成の基本的仕組みに関しては数多くの成書があるが，まずは教科書を基

本的に参照して[14-16]，求める内容に応じてより詳細な専門書を参照することをすすめる[17-20].

1）光化学反応系
(1) 2つの光化学系

緑藻の光合成での要求量子数（1分子の酸素の放出に必要な光量子数）は約8である．その逆数を量子収量（1光量子あたりの発生酸素分子数）と呼ぶ．各波長の光の下でその量子収量に対する作用スペクトルを調べると，その値が680 nmより長波長側（赤色光）で急激に低下する赤色低下（red drop）現象がみられる．しかし，650 nmの補助光を与えると量子収量が大きく増加し，2種類の波長の光によるそれの和よりもはるかに大きくなる（エマーソンの促進効果）．この現象の解析から，光合成では異なるアンテナ色素と反応中心からなる2種類の光化学反応系（発見順に光化学系Ⅰ（PS I）とⅡ（PS II）と名づけられた）が，シトクロム b_6/f 複合体を含む電子伝達鎖を間にして直列に連結されているとする光合成電子伝達系のモデルが提唱された（Zスキーム）（図3-10）[14-16].

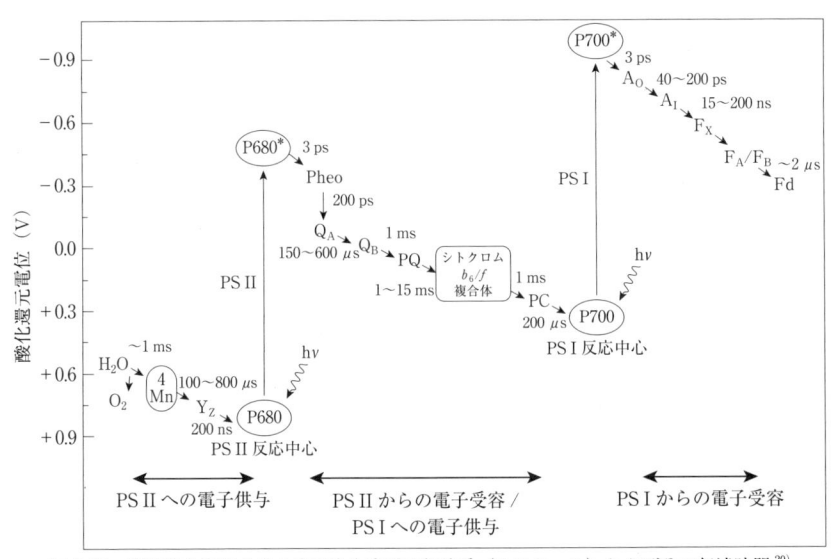

図3-10 酸素発生型光合成生物の光合成電子伝達系（Zスキーム）およびその伝達時間[20] 略語の意味は図3-11参照．

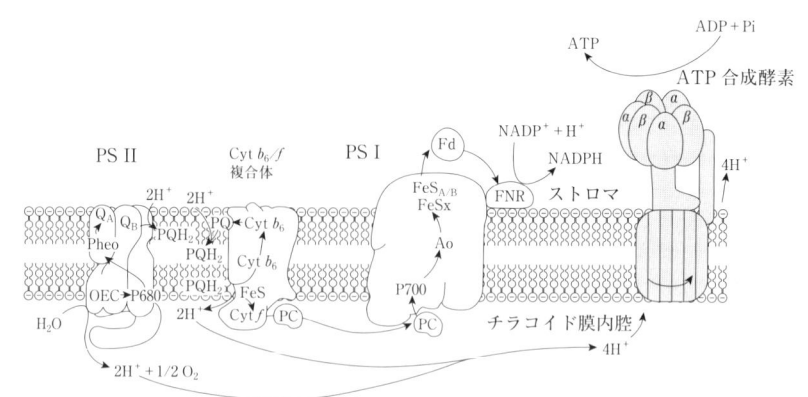

図 3-11 酸素発生型光合成生物の光合成電子伝達鎖の構成タンパク質の配置と反応系のモデル[19]
PS I・II：光化学系 I・II，OEC：酸素発生複合体，P680：光化学系 II 反応中心クロロフィル，
Pheo：フェオフィチン，Q_A・Q_B：キノン，PQ・PQH_2：プラストキノン，Cyt：シトクロム，
FeS：鉄-硫黄センター，PC：プラストシアニン，P700：光化学系 I 反応中心クロロフィル，
Ao：電子受容体，Fd：フェレドキシン，FNR：フェレドキシン-NADP レダクターゼ．

光化学系は，チラコイド膜に局在する色素タンパク質や酵素タンパク質によって構成される電子伝達鎖を構成している．チラコイド膜は，真核細胞では葉緑体内に局在し，光合成に特化して機能を発揮する．一方，原核細胞シアノバクテリアのチラコイド膜は細胞質に存在し，真核細胞とほぼ同様の電子伝達鎖が存在するが，呼吸鎖もまたチラコイド膜上に存在し，光照射時には光合成電子伝達鎖が，暗条件では呼吸電子伝達鎖が機能を発揮する．これらの光合成電子伝達鎖は，光化学系 II→シトクロム b_6/f 複合体→光化学系 I の順に電子を伝達する（図 3-10，3-11）．

光化学系 II は，アンテナ色素がカロテノイドやクロロフィル b（Chl b）と 680 nm に至適作用を有する反応中心 Chl a（P680）から構成され，水を分解する作用がある．光化学系 II 複合体は 20 個以上の種々のタンパク質サブユニットより構成され，マンガンクラスターが水の酸化を行っている．反応中心は D_1/D_2 ヘテロダイマータンパク質からなり，Chl a，フェオフィチン（クロロフィルからマグネシウムがとれた物質），プラストキノン，カロテノイドが結合している．D_1 タンパク質は代謝回転が速く，分解と合成が繰り返され，酸素ラジカルによる損傷に対応している．農業で用いられる除草剤はプラスト

キノン類似体が多く（ダイウロン，アトラジン，ベンタゾンなど），それらはD_1タンパク質のQ_B結合部位に競合的に結合して電子伝達を阻害する光合成光化学系の阻害剤である．

　光化学系Iは，アンテナ色素がカロテノイドやChl aと700 nmに至適作用を有する反応中心Chl a（P700）から構成され，フェレドキシンやニコチンアミドアデニンジヌクレオチドリン酸（NADP）を還元する作用を有する．また，循環的光リン酸化作用を駆動し，ATP合成のためのエネルギーを供給する作用を有する．光化学系IもまたChl a二量体より構成され，還元型プラストシアニンから電子を受け取り還元され，さらにフィロキノン，鉄-硫黄センター（F_x）を経て，フェレドキシンに電子を受け渡し，還元型フェレドキシンを生成する．さらに，フェレドキシン-NADPレダクターゼの触媒により還元型フェレドキシンから電子を移動させて$NADP^+$を還元し，NADPH（光化学系の最終産物）を生成する．

(2) 光合成装置の光損傷に対する防御系

　二酸化炭素固定反応が制限されるとNADPHやATPの消費が抑制され，それが蓄積し，NADPやアデノシン二リン酸（ADP）の不足状態となる．そのため，還元型フェレドキシンが蓄積された状況（酸化型フェレドキシンが不足する状況）が生じる．この場合，光化学系Iからの電子は周囲の酸素分子に転移し，活性酸素（スーパーオキシドアニオンラジカル：$O_2^{\cdot -}$）が生じる場合が多い．この反応をメーラー反応と呼ぶ．活性酸素が還元された鉄や銅イオンと反応すると，非常に酸化反応活性の高いヒドロキシラジカル（・OH）を生じさせ，酵素タンパク質や膜脂質などを酸化し，損傷する．

　この損傷効果を防ぐために，チラコイド膜上のスーパーオキシドジスムターゼによる不均化反応が生じ，過酸化水素と酸素を生じさせる．さらに，チラコイド膜上のアスコルビン酸ペルオキシダーゼがこの有害な過酸化水素をアスコルビン酸と反応させ水にする反応系が存在する．この反応の際，アスコルビン酸が酸化されて，モノデヒドロアスコルビン酸が生成する．それは還元型フェレドキシンや還元型グルタチオン（グルタミン酸-システイン-グリシンの三量体）により還元され，アスコルビン酸に戻される．また，生成した酸化型グルタチオン（S-S結合により六量体となる）は，グルタチオンレダクターゼによ

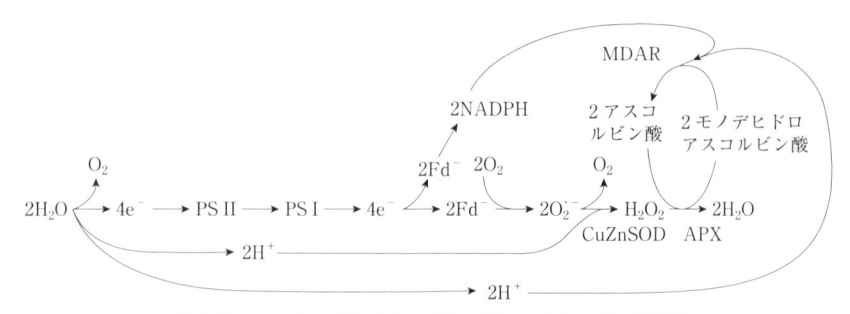

図3-12 メーラー反応-アスコルビン酸ペルオキシダーゼ回路
本回路は、スーパーオキシドや過酸化水素が中間反応体となり、スーパーオキシドジスムターゼ（CuZnSOD），アスコルビン酸ペルオキシダーゼ（APX），モノデヒドロアスコルビン酸還元酵素（MDAR）が関与する反応系である．

りNADPHを利用し還元型グルタチオンに戻される（図3-12）[20,21]．

以上の反応系（メーラー反応-アスコルビン酸ペルオキシダーゼ回路，偽循環的電子伝達経路，water-water cycleなどと呼ばれる）が駆動すると，光化学系IIで生成された酸素がメーラー反応で消費され，見掛け上，収支が0となる．また，ADP欠乏状態のためATPが合成されず，チラコイド膜腔内に水素イオンが蓄積し，チラコイド膜内外に大きなpH勾配を形成する．さらに，NADPが還元されずNADPHが生成しない．これは，循環型電子伝達系が駆動しているときと類似した状況であるにもかかわらずATP合成もNADPHの生成も起こらないことから，偽循環的電子伝達系と呼ばれる．これらの反応系が機能している場合，過剰の光エネルギーは熱として細胞から外界へ放出される．

この反応系は，炭酸固定系が抑制される状態，光エネルギーの過剰供給，高い酸素濃度条件などで機能し，光合成装置の損傷を防御する機構として非常に重要な働きを有する．地表に到達する太陽光線の光強度は高く，3000 μmol/m^2/秒に達する場合もある．一方，藻類の光合成は種や条件によっても異なるが200〜600 μmol/m^2/秒で飽和する．したがって，空気平衡の二酸化炭素濃度（10 μM程度）や酸素濃度条件（250 μM程度）を考えるとき，小さな湖沼，水たまりや，拡散・攪拌が不十分な条件では，二酸化炭素の濃度低下や枯渇，さらには自らが光合成で産生した酸素の濃度上昇など，さらに不利な条件

が重なることが考えられる（molは絶対値で，Mはmol/Lで濃度を意味する）．したがって，藻類バイオマス生産向上のために光合成活性の維持・向上を目指す場合は，光合成の光阻害現象の調節・制御が不可欠であることを忘れてはならない．

なお，ほかにも光過剰による葉緑体や細胞の損傷を回避する機構は存在する．たとえば，光化学系IIを構成するD₁タンパク質の産生と分解をもたらすターンオーバー機構，光化学系IIの光捕獲に関与するカロテノイド類による励起エネルギーの熱放散やキサントフィル類の変化（キサントフィル回路）による対処法があり，光化学的失活と呼ばれているが，それらの機構はまだ十分解明されていない．しかし，防御機構としては，これら光励起エネルギーの熱放散による防御反応系の役割が非常に大きく，メーラー反応-アスコルビン酸ペルオキシダーゼ回路や，炭素代謝系の防御機構である光呼吸反応の寄与は比較的少ないとされている．

2) 二酸化炭素固定機構

(1) カルビン-ベンソン回路（還元的ペントースリン酸回路）

光合成における二酸化炭素固定は，カルビン-ベンソン回路で行われる．この回路は酸素発生型光合成生物に共通する基本的な光合成二酸化炭素固定を担う代謝系である．本回路は，*Scenedesmus*や*Chlorella*といった単細胞緑藻を材料に，炭素の放射性同位体（半減期が20分の^{11}Cが最初に用いられたが，その後，5730年の^{14}Cが主流となった）と当時開発された最新の分析技術であったペーパークロマトグラフィーを用いて解明された．本回路はカリフォルニア大学のM. Calvin教授グループによって精力的に研究されたものであり，新回路の発見には，A.A. Benson, J.A. Basshamら，新進気鋭の研究者の貢献が大きい．第1初期産物であるホスホグリコール酸（PGA）がどのようにして合成されるかは当初謎であったが，Bensonは，C₅化合物であるリブロース-1,5-ビスリン酸（RuBP）（当時は，リブロース-1,5-ジリン酸（RuDP）と呼んだ）と二酸化炭素が結合して2分子のPGAを生じることを発見した．その結果，本回路は「還元的ペントースリン酸回路」もしくは初期産物がC₃化合物であることから「C₃回路」と呼ばれる．また，発見者名を冠し，「カルビン-ベンソン回路」とも呼ばれる（図3-13）．

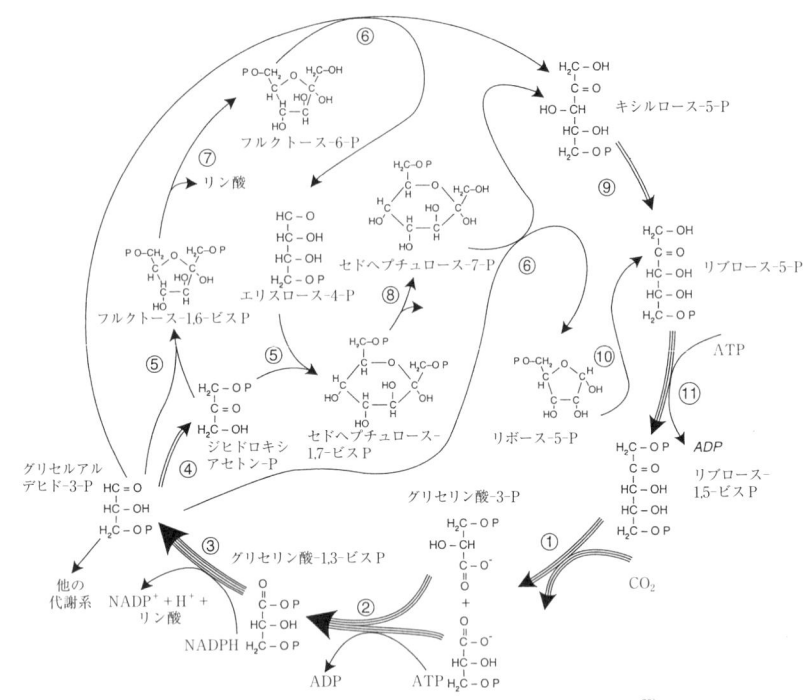

図 3-13 光合成炭素固定経路（カルビン-ベンソン回路）[20]

ルビスコのオキシゲナーゼ反応は記載していない．1分子のCO_2固定には，3分子のATPと2分子のNADPHを必要とする．矢印の線の本数は，反応する気質分子の数を示す．化合物名および構造式中のPはリン酸基を表す．酵素名：① ルビスコ，② グリセリン酸リン酸キナーゼ，③ グリセルアルデヒドリン酸デヒドロゲナーゼ，④ トリオースリン酸イソメラーゼ，⑤ アルドラーゼ，⑥ トランスケトラーゼ，⑦ フルクトースジリン酸ホスファターゼ，⑧ セドヘプチュロースジリン酸ホスファターゼ，⑨ ペントースリン酸イソメラーゼ，⑩ リブロースリン酸イソメラーゼ，⑪ リブロースリン酸キナーゼ．

　カルビン-ベンソン回路は，3段階に分けることができる．すなわち，① RuBPと二酸化炭素の反応によりPGAを生成する段階（カルボキシラーゼ反応段階），② ATPおよびNADPHを用いてPGAから三炭糖リン酸（グリセルアルデヒド-3-リン酸（GAP）とジヒドロキシアセトンリン酸（DHAP））を生成する段階（還元段階），③ 三炭糖リン酸からRuBPを合成する反応段階（再生段階）である．これらの反応を経て，3分子の二酸化炭素が基質となった場合，1分子の三炭糖リン酸が生成される．この際消費されるエネルギーは，9ATPと6NADPH（二酸化炭素1分子あたり3ATPと2NADPH）である．

(2) カルビン-ベンソン回路の光調節

カルビン-ベンソン回路は光活性化調節機構を有するため，暗条件下においては機能しない．一方，葉緑体には酸化的ペントースリン酸経路を構成する酵素群も存在し，暗条件で活性化される仕組みを有する．両回路は一部重複しており，重複部分の反応は可逆反応である．これらの光による調節機構は，両方の経路が同時進行し，二酸化炭素の固定と放出反応が生じて，二酸化炭素固定に用いられたATPがムダになることを防ぐ働きがある．

光活性化機構を有する酵素は，還元的経路を構成するルビスコ（後述），グリセルアルデヒド-3-リン酸デヒドロゲナーゼ，フルクトースビスリン酸ホスファターゼ，セドヘプチュロースビスリン酸ホスファターゼ，リブロースリン酸キナーゼである．一方，酸化的経路の鍵酵素であるグルコース-6-リン酸デヒドロゲナーゼは，光により不活性化される．ルビスコの光活性化には葉緑体ストロマ内のpH変化，マグネシウムイオン，活性化に関わる二酸化炭素分子およびルビスコ活性化酵素(Rubisco activase)が関与する．また，ルビスコを除くこれらの酵素群の活性化/不活性化には還元型チオレドキシンが関与する．

(3) ルビスコ (Rubisco)

リブロース-1,5-ビスリン酸カルボキシラーゼ/オキシゲナーゼ（ribulose-1,5-bisphosphate carboxylase/oxygenase：Rubisco）は，光合成炭素固定の主要代謝経路であるカルビン-ベンソン回路の鍵酵素で，二酸化炭素を固定する反応（カルボキシラーゼ反応）と酸素を固定する反応（オキシゲナーゼ反応）の両方を触媒する酵素である．両反応の比は，ルビスコ周囲のCO_2/O_2比に依存する．反応は，

・カルボキシラーゼ反応：

　リブロース-1,5-ビスリン酸＋CO_2 ⟶ 2×3-ホスホグリセリン酸

・オキシゲナーゼ反応：

　リブロース-1,5-ビスリン酸＋O_2

　⟶ 3-ホスホグリセリン酸＋2-ホスホグリコール酸

で表される不可逆反応である．ルビスコは，単一タンパク質としては地球上に最大量存在するタンパク質といわれている．酸素発生型光合成生物（シアノバクテリア，藻類，陸上植物など）では，大サブユニット（分子量51～58）8

個と小サブユニット（分子量 12 〜 18）8 個からなる 16 量体である．一次共生生物では，大および小サブユニットの遺伝子は，それぞれ葉緑体および核に存在するが，二次共生生物では，両方が葉緑体遺伝子にコードされている．大サブユニットにはそれぞれに触媒部位がある．小サブユニットの機能は反応調節と考えられているが，詳細は未解明である．光合成細菌では，大サブユニット 2 個のみからなるルビスコが存在する．

ルビスコの代謝回転数（ターンオーバー速度）は 3.3/秒（1 秒間に 3.3 分子の二酸化炭素を固定する）であり，他の同回路の酵素と比較して非常に遅いため，大量のタンパク質の存在により速度の制限を回避している状態にある．このルビスコの代謝回転数の低さや非効率性が，二酸化炭素制限条件下での光合成の低下を防ぐために機能する溶存無機炭素濃縮機構の誘導を引き起こす要因となっている．ルビスコは，暗所では不活性型になっており，光照射により活性型に変化する．この活性化は，二酸化炭素分子とマグネシウムイオンが大サブユニットのリジン残基（調節部位）に結合し，タンパク質のコンフォメーション（形態）変化を引き起こすことによってもたらされる．さらに，ルビスコ活性化酵素の存在が知られ，ATP のエネルギーを使用してその活性化を触媒することが知られている．このルビスコの光活性化は，カルビン-ベンソン回路の明暗サイクルにおける代謝調節において非常に重要な役割を果たしている．

(4) 溶存無機炭素濃縮機構

光合成を行う細胞が細胞内に溶存無機炭素（二酸化炭素（CO_2），炭酸水素イオン（HCO_3^-），炭酸イオン（CO_3^{2-}）の総称，dissolved inorganic carbon：DIC）を蓄積し，光合成に対する基質濃度を高めて，光合成速度を増加させる機構を溶存無機炭素濃縮機構（dissolved inorganic carbon-concentrating mechanism）もしくは二酸化炭素濃縮機構（CO_2-concentrating mechanism）と呼ぶ[19,20,22]．この機構は，微細藻類の二酸化炭素濃度変化に対応する CO_2 順化機構の研究において明らかにされた．特に，二酸化炭素制限条件下で生育したシアノバクテリア（低 CO_2 順化細胞）では，無機炭素濃度の細胞外/細胞内の比が 1000 〜 10000 倍になる例が報告されており，その活性が非常に高い（図 3-14）．シアノバクテリアでは，CO_2 ポンプや炭酸水素イオン（HCO_3^-）ポン

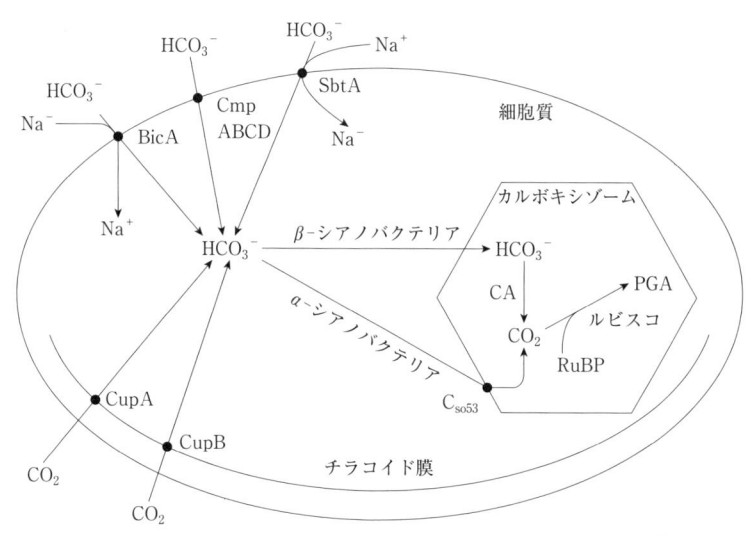

図3-14 シアノバクテリアの溶存無機炭素濃縮機構（CO_2濃縮機構）[22]
BicA・Cmp ABCD・SbtA：炭酸水素イオン（HCO_3^-）輸送体，CupA・B：二酸化炭素輸送に関わる因子，CA：カルボニックアンヒドラーゼ，PGA：ホスホグリコール酸，RuBP：リブロース-1,5-ビスリン酸．

プの稼働が細胞内への積極的な無機炭素蓄積が主要因と考えられているが，ポンプの実体は未解明である．さらに，ルビスコが局在するカルボキシゾームに，二酸化炭素と炭酸水素イオンの平衡反応を促進する酵素である，カルボニックアンヒドラーゼ（CA）も共在し，ルビスコへのCO_2基質供給を促進する機構の存在が明らかにされた．ただし，シアノバクテリアでのCA活性は非常に低く，ルビスコとの共存が大きな効果を発揮する鍵である．

一方，緑藻での無機炭素蓄積は数十倍程度であり，実質的な濃縮率は低い．緑藻 *Chlorella* や *Chlamydomonas* で多くの研究が行われ，細胞が低二酸化炭素濃度条件に置かれた場合，CAを誘導し，細胞外から葉緑体内の二酸化炭素固定酵素ルビスコへのCO_2基質の供給を促進させることによって，光合成の低下を回避する働きをもつ低CO_2順化細胞へと変化することが明らかとなった．緑藻を含む真核光合成細胞では，細胞内への無機炭素蓄積能は低く，高いCA活性の存在により，細胞外から葉緑体へのCO_2輸送を促進することが特徴的である．

CO_2濃縮機構は，二酸化炭素濃度が高まるとその機構誘導が停止し，酵素タンパク質のターンオーバーにより徐々に消失し，細胞は高CO_2順化細胞へと変化する（1% CO_2までは直線的に変化する）．これらの研究は1970年代に開始され，東京大学の宮地重遠およびカーネギー研究所のJ. Berryが主導した．広義のCO_2濃縮機構として，陸上植物の葉緑体におけるCAが関与する高効率的な光合成CO_2固定機構や低二酸化炭素環境への適応の結果生じたC_4植物における高効率的なCO_2濃縮機構（ハッチ-スラック経路）を含める場合が多い．CO_2濃縮機構を獲得した光合成細胞・植物は，二酸化炭素に対する親和性が高くなり，二酸化炭素の利用効率が増大し，光合成の酸素阻害を受けにくく，光呼吸が非常に小さいのが特徴である．

　微細藻類における高CO_2順化細胞と低CO_2順化細胞の光合成の二酸化炭素濃度に対する応答にはきわめて大きな違いがある（図3-15）[23]．反応速度論的解析から，その違いが外界の二酸化炭素濃度に対する親和性と最大光合成活性という生理学的特徴の違いにあることが明確である．このようなCO_2順化機構の存在は，多くの微細藻類種で確認されているが，円石藻（ハプト植物門）のようにその存在が不明瞭な生物もある[24]．微細藻類を培養し，光合成による物質産生を向上させたい場合，まずCO_2順化機構の有無を調べ，適切な二酸化炭素供給の制御を行わなければ，非常に非効率的な培養となる危険性が高い．なぜならば，高濃度の二酸化炭素を通気しながら培養しても，与える二酸化炭素濃度と光合成や増殖の増大が必ずしも直線的な相関を示さないためである．

(5) カルボニックアンヒドラーゼの機能

　CAは，炭酸平衡を触媒する酵素で，亜鉛を反応部位に有する亜鉛酵素である．本酵素は非常に広く生物界に存在し，動物では赤血球で合成される酵素として広く知られ，触媒する反応速度の最も大きい酵素の一つである（60万/秒）．しかし，植物・藻類における存在と機能は不明であったが1970年代以降精力的に研究され，細胞外から葉緑体内の二酸化炭素固定酵素であるルビスコへの効率的な二酸化炭素の基質の供給に重要な機能を発揮していることが明らかにされた[25,26]．すなわち，酵素自体の機能は変わらないが，細胞内での本酵素のイソ酵素の存在とその局在が明らかにされ，溶存無機炭素分子の拡散流の

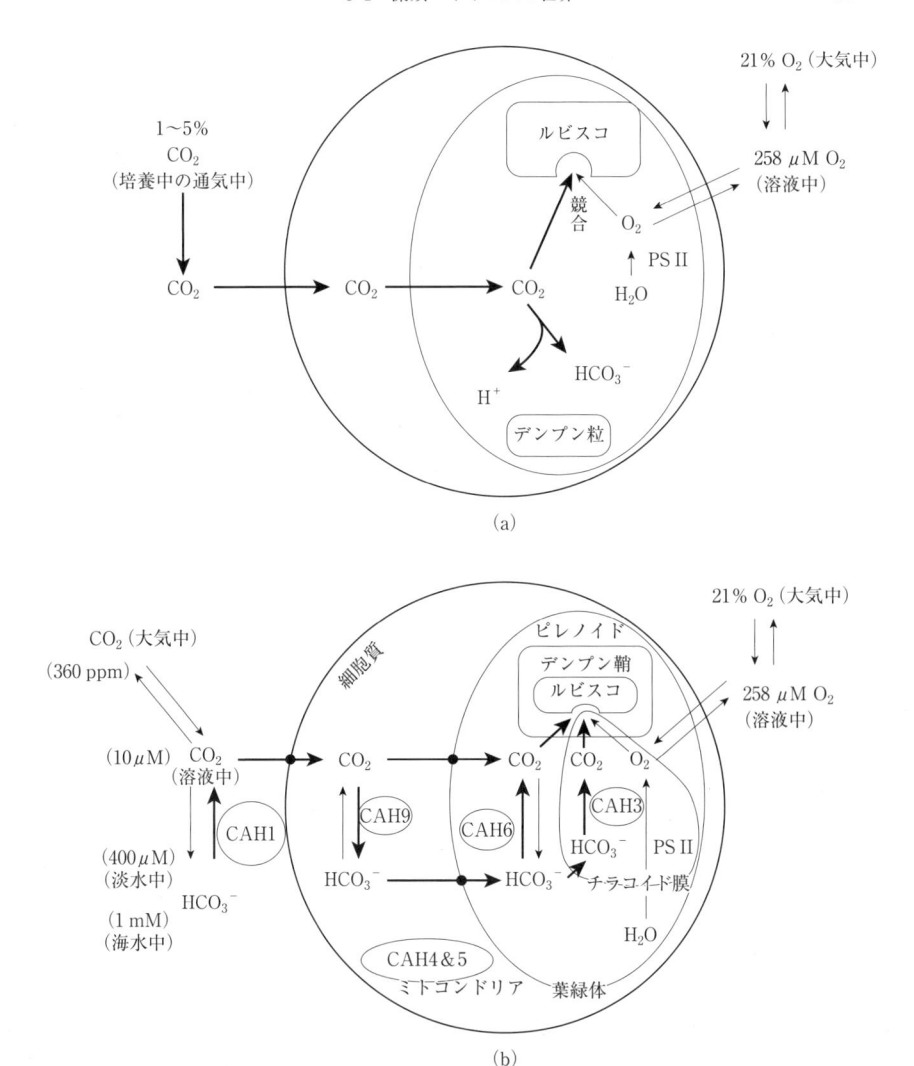

図 3-15 単細胞緑藻における (a) 高 CO_2 順化細胞および (b) 低 CO_2 順化細胞にみられる二酸化炭素濃縮機構に基づく無機炭素利用機構 [23, 27]
PS：光化学系，CAH：カルボニックアンヒドラーゼのアイソザイム．

増大により CO_2 利用効率を高めていると説明されている（図3-14，3-15参照）．
　ルビスコは酵素学的に二酸化炭素分子のみを基質とし，生理学的条件（海水であればpH 8.2，温度20℃ など）で量的に多い炭酸水素イオン（CO_2/HCO_3^-

比はおおよそ 1/100) は利用できない．したがって，水界における光合成二酸化炭素固定機構の理解には，溶存する無機炭素分子種の解離平衡

$$CO_2 + H_2O \longleftrightarrow H_2CO_3 \longleftrightarrow HCO_3^- + H^+ \longleftrightarrow CO_3^{2-} + 2H^+$$

を十分理解する必要がある（図 3-15 参照）．非触媒平衡反応では，$CO_2 + H_2O \longleftrightarrow H_2CO_3$ の反応段階が速度論的に律速となっており，CA が触媒することによってその律速段階が除かれることにより，反応速度が増大する．したがって，その反応は H_2CO_3 を経ず，

$$CO_2 + H_2O \longleftrightarrow HCO_3^- + H^+$$

となる．

　光合成が活発に進行し，ルビスコの二酸化炭素固定反応により酵素分子の反応部位における二酸化炭素濃度は低下し，次の反応の二酸化炭素基質は，周囲から拡散で供給される二酸化炭素分子と炭酸水素イオンから平衡反応によって供給される二酸化炭素分子の双方である．しかしながら，後者の反応はルビスコの反応速度と比べて非常に遅く，通常条件では炭酸水素イオンを十分な基質供給源と考えることは困難である．さて，ここで葉緑体ストロマにCA が存在し，それがルビスコ反応部位の近傍にも局在するとすれば，① 近傍の炭酸水素イオンからの二酸化炭素供給が促進され，② 葉緑体に吸収された量的にはるかに多い炭酸水素イオンの拡散が基質供給を促進することになり，結果的にルビスコへの CO_2 供給を増大させることが実験的にも証明されている[59,71]．

　単細胞緑藻 *Chlamydomonas reinhardtii* における CA の局在とその型，およびそれらのアイソザイム遺伝子が真核藻類では唯一よく知られている（表3-5)[27]．細胞内のあらゆるところに局在するだけでなく，それらが二酸化炭素濃度変化によって誘導されるアイソザイムであり，さらに高二酸化炭素誘導性と低二酸化炭素誘導性の2 種類に分けられることが明らかとなっている．円石藻（ハプト藻）や渦鞭毛藻では，γ-タイプやδ-タイプのCA が報告されている．

(6) 光呼吸・グリコール酸経路

　ルビスコは，その酵素名が示すとおりカルボキシラーゼ反応とオキシゲナーゼ反応の両方を触媒する酵素である．カルボキシラーゼ反応は，二酸化炭素を固定し2分子の PGA を生じ，オキシゲナーゼ反応は酸素を固定し PGA と 2-

表 3-5 *Chlamydomonas reinhardtii* におけるカルボニック
アンヒドラーゼ (CA) のアイソザイム[27]

CA 遺伝子	CA の型	細胞内局在
CAH 1	α	ペリプラズム（細胞外膜外）
CAH 2	α	ペリプラズム（細胞外膜外）
CAH 3	α	チラコイド
CAH 4	β	ミトコンドリア
CAH 5	β	ミトコンドリア
CAH 6	β	葉緑体ストロマ
CAH 7	β	葉緑体
CAH 8	β	ペリプラズム（細胞外膜外）
CAH 9	β	細胞質？

ホスホグリコール酸 (PG) (C_2 化合物) を生成する. PG はグリコール酸経路と呼ばれる代謝系を経て，最終的に 2 分子の PG から 1 分子の PGA を生成し，1 分子の二酸化炭素を放出する. したがって，この経路が駆動すると，光条件下で酸素吸収と二酸化炭素放出，すなわち呼吸反応が生じる. そのため,「光呼吸」と呼ばれる生理現象を引き起こす[15-20]. これらの反応系は，生物種によって異なるが，葉緑体，ペルオキシゾーム，マイクロボディ，ミトコンドリア，細胞質のすべてもしくは一部が関与する代謝経路であり，グリコール酸経路（もしくは光呼吸経路）と呼ばれ，N.E. Tolbert らによって解明されたものである. 陸上植物ではペルオキシゾームの関与が明らかであるが，藻類では一部の種でのみ関与する. これはペルオキシゾーム形成の進化と関連している.

グリコール酸経路では，ミトコンドリアにおける二酸化炭素放出反応とアンモニア分子の放出反応を含んでいる. アンモニウムイオンは有害物質であり，速やかな処理が必要であるが，アミノ酸合成に重要な養分でもある. そのため，アンモニア分子を葉緑体に輸送し，還元型フェレドキシンを利用する代謝系を利用して 2-オキソグルタル酸と反応させ，グルタミン酸を生成する反応においてそれを固定する. グルタミン酸はグリコール酸経路のグリオキシル酸からグリシンへの代謝反応においてアミノ基 ($-NH_2$) を供給し，2-オキソグルタル酸となる. このようにグリコール酸経路と窒素固定経路が密接に結びつ

いていることから，これを光呼吸窒素代謝回路（photorespiratory nitrogen cycle）と呼ぶ．

(7) β-カルボキシレーション

すべての生物は暗条件において，呼吸により二酸化炭素を放出する一方，二酸化炭素を固定する反応をも含んでいる．これは暗固定と呼ばれ，Calvinらによる^{14}C-炭素固定研究においてすでに明らかにされている．この暗固定反応は，微細藻類でも大型藻類でもみられる反応系である．この二酸化炭素固定は，ホスホエノールピルビン酸（PEP）カルボキシラーゼ（PEPC），PEPカルボキシキナーゼ（PEPCK）もしくはピルビン酸カルボキシラーゼ（PYC）により触媒される．これらの反応は，C_3化合物のβ位の炭素のカルボキシル化を触媒するために，β-カルボキシレーション（β-カルボキシラーゼ反応）と呼ばれる．

この反応は，アミノ酸合成のためにミトコンドリアで駆動するトリカルボン酸(TCA)回路(クエン酸回路，クレブス回路とも呼ばれる)の中間代謝産物が利用される状況において，中間代謝産物を補充する反応（補充反応）として機能する．この補充反応は明暗いずれの条件でも進行するが，光照射条件下における活性は，暗条件におけるそれより高いのが一般的である．したがって，光合成条件下では，ルビスコによる二酸化炭素固定のほかに，β-カルボキシレーションによる二酸化炭素固定が同時に進行していることになる．微細藻類の光合成初期産物（2〜10秒間に合成される化合物）は通常，C_3化合物（カルビン-ベンソン回路中間代謝産物）がほとんどで，β-カルボキシレーションによるC_4化合物（リンゴ酸，アスパラギン酸，オキザロ酢酸，アルギニン，シトルリンなど）の生成は10%程度である．^{14}Cラベル実験の結果，これらのC_4化合物はカルビン-ベンソン回路のC_3化合物が直接β-カルボキシレーションにより合成されるものではないことが明らかになっている．β-カルボキシラーゼ（酵素）の特徴は，オキシゲナーゼ反応を有しない，細胞質（もしくは葉緑体ストロマ）に局在する，その代謝に還元反応を含まないことである．

β-カルボキシレーションによる二酸化炭素固定は，高等植物における光合成の初期二酸化炭素固定反応において重要な働きをする．サトウキビやトウモロコシなどでみられるC_4型光合成と，ベンケイソウ科の植物でみられるベン

ケイソウ型有機酸合成（crassulacean acid metabolism：CAM）型光合成であり，それらの光合成二酸化炭素固定系を有する植物群はそれぞれC_4植物およびCAM植物と呼ばれる．これらの植物で合成されたC_4化合物は，C_4植物では維管束鞘細胞に運ばれ脱炭酸反応を受けて二酸化炭素を放出し，それがルビスコにより固定されてカルビン-ベンソン回路で代謝される．また，CAM植物では，夜間に細胞質で合成されたC_4化合物が液胞に蓄積する．そして，光照射下において葉緑体で脱炭酸反応を受けて二酸化炭素を放出し，それがルビスコにより固定されてカルビン-ベンソン回路で代謝される．これらC_4およびCAM植物の二酸化炭素固定によるC_4化合物合成は，PEPCにより触媒される．PEPCKは，PEPCK型C_4植物の細胞質における脱炭酸反応を触媒し，葉緑体へと二酸化炭素を供給する働きを有し，藻類におけるβ-カルボキシレーションによる二酸化炭素固定機構とは大きく異なっている．また，C_4型光合成は葉肉細胞におけるC_4化合物合成と維管束鞘細胞における脱炭酸反応，二酸化炭素固定およびC_3化合物合成に分離し，2種類の分化した細胞の共同作業として連続した反応として進行することに特徴がある．

　藻類，特に単細胞藻類ではC_4型光合成は存在しえないと考えられ，事実，それが一般的である．しかし，2000年になって，唯一，海洋性珪藻 *Thalassiosira weisforgii* において，C_4型光合成が二酸化炭素濃縮機構として機能しているとの報告がなされ，大きな衝撃を与えた[28]．まず，細胞質局在のPEPCによって炭酸水素イオンを固定し（PEPCの基質は二酸化炭素ではなく炭酸水素イオンである），C_4化合物を合成する．それを葉緑体に輸送し，そこに局在するPEPCKによって脱炭酸反応を触媒し，そこで発生する二酸化炭素をルビスコによって固定する仕組みが機能すると報告されている．

　円石藻 *Emiliania huxleyi*（ハプト植物門）もまた光合成においてC_4化合物（リンゴ酸，アスパラギン酸）を初期産物として合成する．^{14}Cトレーサー実験による産物分析，β-カルボキシラーゼの解析から，*E. huxleyi* の光合成初期固定経路はカルビン-ベンソン回路であり，C_3型光合成を行う生物であることが明らかになった．さらに，それらC_4化合物の合成がピルビン酸カルボキシラーゼ（PYC）によって合成されること，さらにその酵素が葉緑体に局在する可能性を示唆した（図3-16）[29,30]．PYCは主に動物に特有の酵素であり，細

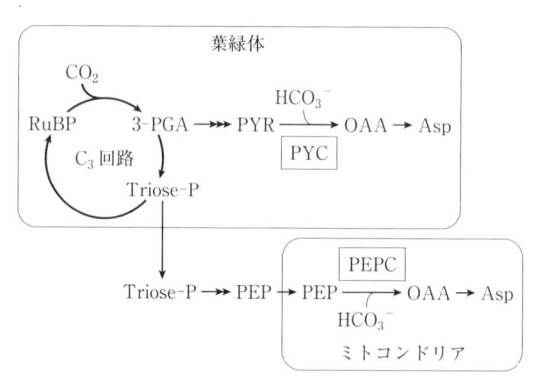

図 3-16 *Emiliania huxleyi* における β-カルボキシレーションが関与する光合成炭素固定の仕組み[29] C₃回路：カルビン‐ベンソン回路，3-PGA：3-ホスホグリセリン酸，Triose-P：三炭糖リン酸化合物（グリセルアルデヒド-3-リン酸，ジヒドロキシアセトンリン酸），PYR：ピルビン酸，OAA：オキザロ酢酸，Asp：アスパラギン酸，PEP：ホスホエノールピルビン酸，PYC：ピルビン酸カルボキシラーゼ，PEPC：PEPカルボキシラーゼ．

胞質に局在することが明らかとなっている．その酵素がなぜハプト藻の光合成において重要な機能を担うのかは不明である．しかし，その解明は光合成生物の進化の解明に重要であるばかりでなく，現在の海洋でブルームを発生し巨大なバイオマスを有する藻類の生理学的特徴の解明とその二酸化炭素固定の潜在能力との関係を解明するのに重要な知見を与えるものである．円石藻は中生代白亜紀における石灰岩形成や石油の起源生物の一つと考えられており，その二酸化炭素固定機構の解明が待たれる． （白岩善博）

f. 代 謝 産 物

藻類のバイオマス資源を研究する上で，代謝産物（代謝）は注目されている分野の一つである．Thomson Reuters 社によって提供される Web of Science で論文の発表数を調べると，"algae" と "metabolism" をキーワードとした検索では，2009年11月23日現在で1423報の論文が発表されている．1991年からの約20年間をみてみると，全体的な論文数の増加傾向の中で，2005年以降，一段と増えていることがわかる（図3-17）．これらはクロマトグラフィーや質量分析計を用いたメタボローム解析技術の進歩・発達によるところが大きい．また，モデル藻類としてよく利用されている *Chlamydomonas reinhardtii* の

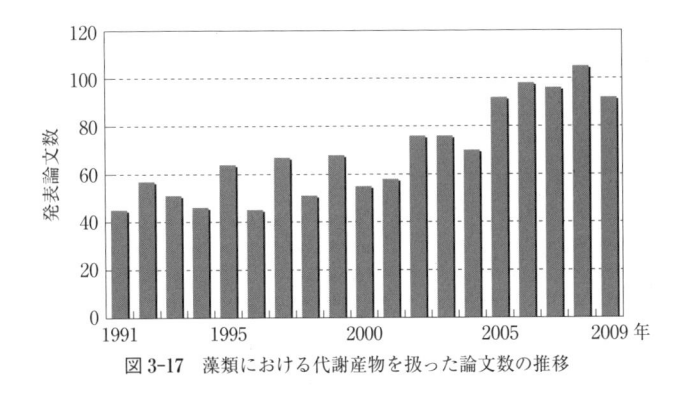

図3-17 藻類における代謝産物を扱った論文数の推移

みならず，さまざまな環境から採集された系統を用いた解析が行われるようになったことで，藻類の有する多様性を活かした研究に移行していることも特徴の一つである．それらはこれまで明らかでなかった物質や代謝経路，またそれを担う新規代謝関連遺伝子の発見につながっている．

1) 新規脂質の同定と機能の解析

藻類はさまざまな環境に適応して生息しているために，その構造や性質が大きく異なっている．これらは分類学上の注目すべき特徴であるばかりでなく，合成される脂質や長鎖脂肪酸の構成に多様性をもたらす主な要因となっている．藻類を用いたバイオマス研究においては，特にこれら脂質が代謝産物研究の中心となっている[40]．

(1) アルジナン

Tetraedron minimum，*Scenedesmus communis*，*Pediastrum boryanum* といった緑藻の細胞壁を用いたエステル結合を有する脂質の解析から $C_{30} \sim C_{34}$ の脂肪酸が見つかっている[34]．これらはアルジナンと呼ばれる不溶性バイオポリマーであり，微生物からの攻撃に対する防御機構に関与していると考えられている．アルジナンの主要な構成成分は，水酸基をもつ長鎖不飽和脂肪酸であることが明らかになっている．また，微細緑藻類 *Botryococcus braunii* のコロニーマトリックスの主要物質もアルジナンと呼ばれているが，こちらは細胞外に分泌された炭化水素がエーテル結合によって不溶性ポリマーになったものである．

(2) アルケノン

アルケノンは，ハプト植物門の中でも *Emiliania huxleyi* や *Chrysotila lamellosa* などによって合成される特徴的な不飽和ケトンで，$C_{37} \sim C_{39}$ の非常に長い炭素鎖をもつ[45]．また，生体内で非常に安定であることから堆積物として残りやすく，この脂質の不飽和度から得られるアルケノン不飽和指数は，生合成時の温度を正確に反映することから，古水温計として用いられている．

(3) 細胞外分泌性炭化水素

群生体の微細緑藻類 *B. braunii* が多量に産生する炭化水素についての報告が，近年注目を集めている．光合成により炭水化物を合成するが，その際の副産物として炭化水素を合成する．産生される炭化水素は，① アルカジエンとトリエン，② トリテルペノイドとメチル化スクアレン，③ テトラテルペノイドとリコパジエンに分類され，そのほとんどが細胞外に分泌されるという特徴をもっている[33]．*B. braunii* の産生するオイルの量ならびに炭化水素は，株の性質に大きく依存し，オイル含有量が高い培養株は生育が遅いという傾向がみられる[33,42]．

(4) PHEG

ホスファチジル-O-[N-(2-ヒドロキシエチル)グリシン]（PHEG）が褐藻の *Fucus serratus* から単離されている[37]．脂肪酸の構成は mol% で 82% のアラキドン酸（$C_{20:4}$），9% のエイコサペンタエン酸（EPA）（$C_{20:5}$），6% のアラキジン酸（$C_{20:0}$）であった．PHEG は褐藻の 16 目 30 種で同定され，量も全リン脂質の 8 〜 25 mol% に相当することから，褐藻全般の特徴となる構成成分であることが示唆されている．

(5) DGCC と DGGA

ジアシルグリセリルカルボキシヒドロキシメチルコリン（DGCC）とジアシルグリセリルグルクロニド（DGGA）が *Pavlova lutheri* の脂質から同定された[38]．DGCC にはパルミチン酸（$C_{16:0}$）や EPA が多く含まれ，DGGA の大部分はオレイン酸（$C_{18:1}$），ドコサペンタエン酸（$C_{22:5}$），ドコサヘキサエン酸（DHA）（$C_{22:6}$）であった．

2) 生理活性物質としての代謝産物

脂質の研究において近年注目されているトピックの一つは，オキシリピンと

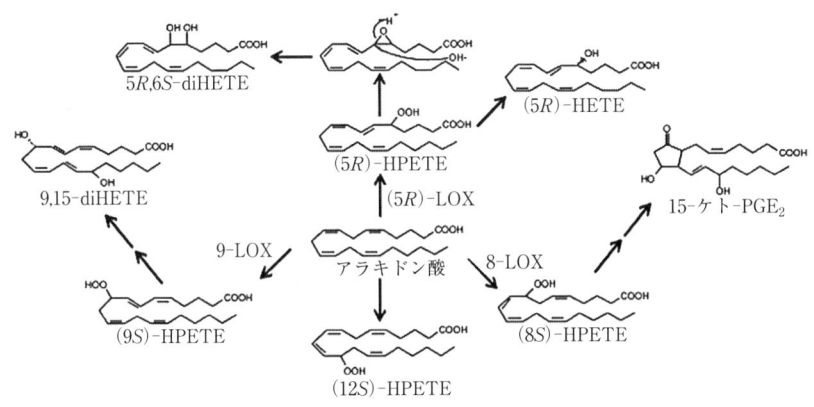

図3-18 オキシリピンの合成経路
略語は本文参照. 文献[32]を改変.

して知られる脂肪酸の酸化誘導体である. オキシリピンは脂肪酸からつくられる生理活性をもつ脂質であり, 陸上植物ではオキシリピン経路により, ジャスモン酸や, 野菜の青臭さのようなフレーバーを与える揮発成分がつくられている. 陸上植物では2つの炭素数18の脂肪酸 (リノール酸 ($C_{18:2n-6}$) とαリノレン酸 ($C_{18:3n-3}$)) が最も重要なオキシリピンの前駆体であるのに対し, 藻類では炭素数18や20の脂肪酸を前駆体としている (図3-18)[32,39]. 一般的に緑藻は炭素数18の脂肪酸の9位または13位で, 褐藻では炭素数18と20の脂肪酸の両方を, 主に不飽和脂肪酸酸化酵素 (リポキシゲナーゼ) により代謝している. 以降は各藻類におけるオキシリピンについて述べる.

(1) 紅藻

Gracilariopsis lemaneiformis のような紅藻は, アラキドン酸やEPAといった炭素数20の脂肪酸を, 8-, 9-, もしくは12-リポキシゲナーゼ (LOX) で開始される経路で代謝する. また, 他の紅藻では, 5R-, 8R-, 9S-, 12S-, 15S-LOX活性によりつくられるエイコサノイド類のオキシリピンや, 9S-, 11R-, 13S-LOX活性によるオクタデカノイド類のオキシリピンをもつものも知られている[39]. 紅藻 *Glacilaria asiatica* によるエイコサノイドの解析から, ロイコトリエン B_4 (LTB_4), ヒドロキシエイコサテトラエン酸 (8-HETE), 15-ケト-プロスタグランジン E_2 が同定された[46]. 紅藻 *Rhodymenia pertusa*

で同定された新たなエイコサノイド代謝産物である 5R,6S-ジヒドロキシエイコサテトラエン酸 (diHETE), 5-ヒドロキシエイコサペンタエン酸 (HEPE), 5-HETE, 5R,6S-ジヒドロキシエイコサペンタエン酸 (diHEPE) から, アラキドン酸と EPA の両方に働く 5R-LOX の存在と機能から予測されている[41].

これまでに研究が進んでいる動物や陸上植物のオキシリピンの機能から, Bouarab ら[36] はこれらの物質もまた紅藻の防御機構に関わっていると考えている. 病原菌からの抽出物を投与された *Chondrus crispis* では, LOX を含む酸化脂質の代謝に関わるいくつかの酵素活性が上昇し, 炭素数 18 と 20 のオキシリピンが合成されていたことから, それらのオキシリピンは *C. crispis* の防御反応に必須な中間体であると考えられている.

(2) 珪 藻

珪藻においても防御反応におけるオキシリピンの重要性について検討されており, 珪藻のもつ毒性についての知見が集まりつつある. カイアシの孵化率を下げる 3 つの抗増殖性アルデヒドが *Thalassiosira rotula*, *Skeletonema costatum*, *Pseudo-nitzchia delicatissima* といった珪藻から単離され, 2-*trans*-4-*cis*-デカトリエナール, 2-*trans*-4-*trans*-7-*cis*-デカトリエナール, 2-*trans*-4-*trans*-デカジエナールであると同定された[43]. 珪藻のアルデヒドによるカイアシやウニの胚で誘導するアポトーシスや, ホヤの卵母細胞の受精過程に対する影響についての研究が進められており[44,48], 現在, 珪藻のオキシリピンに由来する細胞毒性が細菌, 藻類, 菌類, 棘皮動物, 軟体動物, 甲殻類などさまざまな生物に対して試されている[31].

(3) 褐 藻

褐藻 *Laminaria angustata* では, 炭素数 9 のアルデヒドが炭素数 20 の脂肪酸のアラキドン酸からつくられており, 炭素数 6 のアルデヒドは炭素数 18 または 20 の脂肪酸から合成されている. これらを合成する際の中間体は 12S-ヒドロペルオキシエイコサテトラエン酸 (HPETE) や 15S-HPETE であることが明らかにされた[35].

(4) ユーグレナ藻

微細藻類である *Euglena gracilis* を用いてヒドロキシ脂肪酸の解析と同定が行われた. 15-, 12-, 8-ヒドロキシエイコサテトラエン酸 (HETE) と 5-HETE

が主要な物質として同定され，これらの代謝産物は細胞からの抽出物にアラキドン酸を添加した無細胞な反応系で合成することができる[47]．　　（古川　純）

g. 藻類の増殖特性

藻類のバイオマスの増大を意味する用語として，「成長」は，厳密な意味では不適切である．なぜなら，生物の成長とは，通常，高分子化合物の合成により生物体の容積やサイズの増大をもたらし，新しい構造体の形成や構成物質の産生を伴うものであるからである．生物組織体は，構成細胞のサイズの増加や細胞分裂による細胞数の増加を伴い成長する．微細藻類の場合，細胞数の増加を「増殖」として表現することは，細胞のそれらの条件を含むものとして妥当である．一般的に，一定容積あたりの単細胞藻類の数は「細胞数」，細胞の重量やバイオマスは「細胞密度」もしくは「細胞量」として表される．

藻類の培養法，増殖解析法，成分分析法などについては，優れた成書があり，それらも十分参照されることをすすめる[49-52]．

1) 微細藻類の増殖速度の解析

バッチ培養とは，閉鎖培養系において外部からの養分の添加を行わずに行う培養のことで，典型的な増殖曲線を示す（図3-19）．細胞を培養系に植え込んで以降，その増殖は，以下の6つの時期に分けることができる[51,53]．

① 培養系への順化（誘導期：lag phase）：　細胞を新鮮培地とともに培養器に植え込み培養を開始した後，細胞増殖の開始までに一定の時間を要する．これは，それまでの環境とは異なる環境への順化に要する時間である．一般

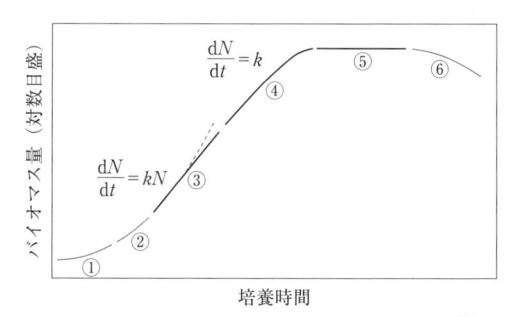

図3-19　微細藻類のバッチ培養における増殖曲線[53]
① 誘導期，② 促進的増殖期，③ 対数増殖期，④ 直線増殖期，⑤ 定常期，⑥ 促進的細胞死．

に，増殖の誘導期の長さは，細胞内の代謝系のそれよりも長い時間を要する．この期の細胞は，温度や環境変化に対する感受性は成熟した細胞よりも高い．

② 促進的増殖期： 誘導期から対数増殖期への移行期で，徐々に増殖速度が増大する段階である．

③ 対数増殖期（対数期：log phase）： 細胞内の代謝系や増殖に寄与する代謝系の活性が上昇し，与えられた培養条件に順化してきた状態の細胞で，対数増殖を示す．この期では光も栄養塩も律速要因とはなっていない．細胞分裂速度は一定である．この状態では，

$$M_f = M_i 2^n$$

が成り立つ．ここで，M_f は一定時間後のバイオマス量，M_i は初期バイオマス量である．

倍加時間（doubling time）は，培養系全体の細胞の平均の世代時間であり，次の式で表される．

$$g = t/n$$

ここで，g は M_i が2倍となる時間，n は t 時間に起こる細胞分裂の回数である．

増殖曲線を横軸に培養時間 t，縦軸にバイオマス量（もしくは細胞数）$\ln M_f$ を対数目盛でグラフ化した場合，直線部分が対数増殖期である．

$$dN/dt = kN$$

ここで，dN は一定時間 $dt(t_f - t_i)$ におけるバイオマス量（もしくは細胞数）の変化 $\ln(M_f - M_i)$ を表す．また，比増殖速度定数 μ を以下の式で表す．

$$\mu = \ln 2/g = 0.69/g$$

この μ 値は生物と培地成分に特有のものであり，生物固有の増殖能と環境要因によって一義的に規定される．

④ 直線増殖期（linear phase）： 濃度の高いバッチ培養（閉鎖系培養で培養開始後培養系への物質の出入りを停止する）では，対数増殖を制限する要因が生じ，直線増殖へと移行させる．それらは細胞の光相互遮蔽による光の制限，特定養分の減少，有害物質の蓄積などである．養分が十分与えられている培養や光制限を受けにくい短光路長（薄型）の培養器においては，直線増殖期を維持する時間が長くなる．

⑤ 定常期： 光が制限されると光合成に対する呼吸の割合が増大する．そ

の結果，すでに合成された物質の呼吸による分解反応が生じ，バイオマスを減少させる．この期では，増殖曲線は一定値に徐々に近づき，最大値で一定となる．

⑥ 促進的細胞死： 定常期の終期には細胞活性の急速な減少が起こり，細胞は代謝産物や有害物質を細胞外に放出する．この期は不適切な環境要因，他の生物の感染，光の制限などによって引き起こされる．

2) 同調培養

この培養では，細胞周期が一致するため，直線的ではなく階段状に細胞数が増加する．同調条件は，光，温度，二酸化炭素を含む空気，養分供給を一定になるように繰り返し与えることにより整えられる（図 3-20, 3-21）[54]．また，バッチ培養において得られる種々の段階の細胞集団から細胞周期の特定の段階にある細胞のみを分離し，それらの細胞を次の培養に移すことで同調培養を達成することができる．しかしながら，連続もしくは準連続培養（開放培養系）

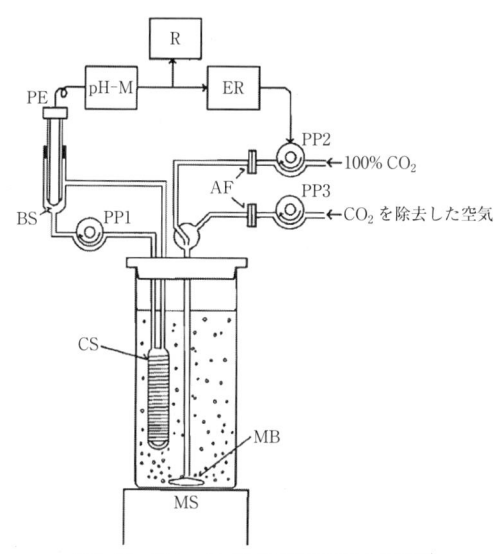

図 3-20　*Chlorella* の同調培養装置の概略[54]
AF：無菌用エアーフィルター，BS：希釈 $KHCO_3$-KCl 溶液（二酸化炭素電極液），CS：コイル状シリコンチューブ，ER：電気リレー，MB：マグネチックスターラーバー，MS：マグネチックスターラー，PE：複合 pH 電極，pH-M：pH メーター，R：記録計，PP1～3：ペリスタポンプ．

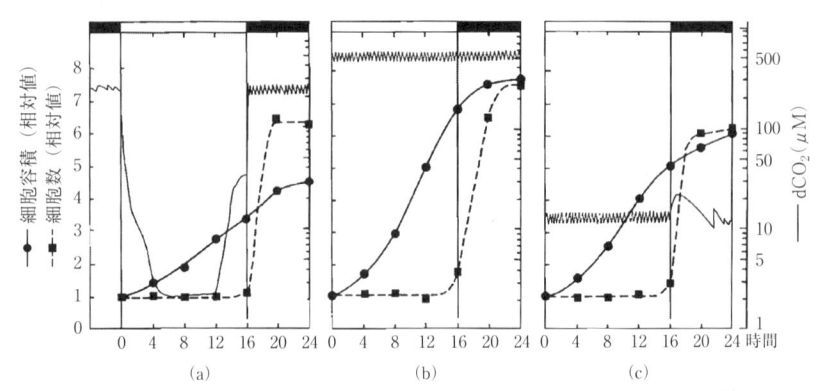

図 3-21 通気による二酸化炭素濃度の制御下における *Chlorella* の同調培養[54]
(a) 通常の空気を通気し,明期では溶存二酸化炭素濃度(dCO$_2$)を制御しない場合の同調培養.光合成による二酸化炭素の利用によりdCO$_2$が極端に低下し,増殖が制御された.(b) dCO$_2$ を 520 μM に制御した場合の同調培養.(c) dCO$_2$ を 11 μM に制御した場合の同調培養.

が対数増殖を維持するのに最も適した培養法である.それらの培養は,培養細胞の増殖に合わせて,それぞれ連続的もしくは間欠的に培養液を注入し,同量の懸濁液を流出させることにより希釈し,細胞の濃度を一定もしくはほぼ一定に維持する培養法である.

3) 連続培養

連続培養においては,細胞の増殖速度と同じ速度で新鮮培養液を注入し,それと同時に同じ容積の培養液(細胞懸濁液)を流出させることにより細胞濃度を一定に保つ.この培養では,増殖を規定する重要な要因が新鮮培地の添加により供給されることになる[51,53].

一定培養容積 V に流入速度 f で新鮮培地を添加した場合の希釈率を D とすると,

$$D = f/V$$

で表される.この値は 1 時間あたりに培養容器を流れる速度であり,その逆数 $1/D$ は,その培養系における細胞の平均滞在時間である.このとき,正味の細胞数 N の変化は,

$$dN/dt = \mu N - (f/V)$$

すなわち,

$$dN/dt = \mu N - DN$$

で表される.ここで,μは細胞増殖速度,Nは一定容積あたりの細胞数とする.
細胞数が一定の場合は,次の式が成り立つ.

　　$dN/dt = 0$　　および　　$\mu = D$

淡水性および海産性の微細藻類の培養に関して,平板型バイオリアクターを用いた研究において,高密度培養を達成したとの報告がなされており,バイオマス生産に関する効率や収率についてのモデル計算が多く報告されている[55-58].

4) 細胞周期

細胞の増殖は細胞周期の繰り返しで増殖する.バッチ培養では,種々の細胞ステージが混在するために,細胞周期の変化が増殖曲線に反映されることはない.同調培養においてはそれが繰り返す形で細胞数は階段状の変化を示す.真核細胞において,細胞周期は,S期(DNA合成期),M期(有糸分裂を行うステージ),そして2種のG(gapの意味)期(G1,G2)よりなる(図3-22).M期は,核膜が消失し染色体が形成される前期,染色体が中央に並ぶ中期,そして核膜が再形成され染色体が分離する終期,そして核分裂と細胞分裂と進行する.G1期は細胞分裂後からS期への移行過程であり,G2期はS期からM期への移行過程である.核膜は存在せず,有糸分裂もない原核細胞においても,真核細胞と同様の流れで細胞分裂が進行する.珪藻などでは,G2期が不明瞭な場合もあり,生物種により違いがある.細胞分裂中の細胞の時間が1日を超える場合の割合fおよび分裂時間t_dである場合,1細胞周期内での比増

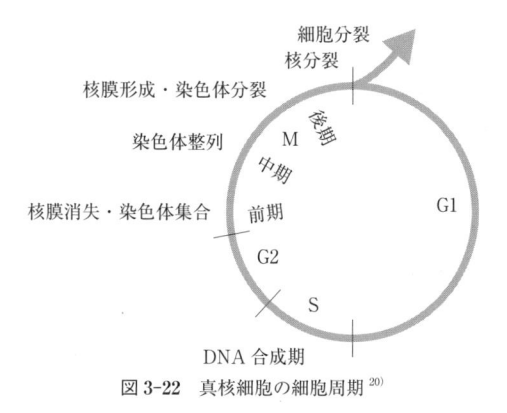

図3-22　真核細胞の細胞周期[20]

殖速度 μ_d（/日）は，以下の式で求められる．

$$\mu_d = \ln(1+f)/t_d$$

たとえば，非同調培養において，分裂時間が1秒，存在する細胞の2%が分裂中であるとすると，比増殖速度は1710/日となる．もし，分裂に1時間を要するとすれば，比増殖速度は0.46/日となる[20]．　　　　　　　　（白岩善博）

3-2　エネルギー資源としての微細藻類の潜在能力

植物と同様，微細藻類は太陽光を利用し，二酸化炭素を固定し，炭水化物を合成する光合成を営み，その副産物としてオイルを産生する．表3-6は，主要なオイル産生植物とともに微細藻類のオイル産生の潜在能力を算定したもので[60]，オイル産生量，世界の石油需要量48.8億 m^3 を満たすのに必要な土地面積，必要土地面積が地球上の耕作面積（約19億8200万ha）に対して占める割合を示す．

たとえば，トウモロコシの場合は年間haあたり172Lのオイルが生産されるが，これで世界の石油需要をすべてまかなうとしたら，世界の耕作面積の1430%（すなわち14.3倍）に当たる28343 Mha（メガヘクタール = 100万ha）

表3-6　各種作物・微細藻類のオイル産生能の比較

作物・藻類	オイル産生量 （L/ha/年）	世界の石油需要を満たすのに必要な面積（100万ha）	地球上の耕作面積に対する割合（%）
トウモロコシ	172	28343	1430.0
綿実	325	15002	756.9
ダイズ	446	10932	551.6
菜種	1190	4097	206.7
ヤトロファ	1892	2577	130.0
ココナッツ	2689	1813	91.4
パーム	5950	819	41.3
微細藻類①*	136900	36	1.8
微細藻類②**	58700	83	4.2

*バイオマス（乾燥重量）の70%が，**30%が，オイルの種あるいは培養株．
文献[60]を改変．

の土地が必要となる．同様に，オイル含有率の高いパームでは，5.95 kL のオイルが生産されるが，これで世界の石油需要をすべてまかなうとしたら，世界の耕作面積の 41.3% に当たる 819 Mha の土地が必要となる．これに対して微細藻類の場合は，年間 ha あたり 58.7〜136.9 kL のオイルが生産され，これで世界の石油需要をすべてまかなうとしたら，世界の耕作面積の 1.8〜4.3% の土地が必要となるだけである．

　このように，微細藻類のオイル生産の潜在能力はきわめて高いことがわかる．このような高い潜在能力をもつ微細藻類を，現在人類が直面しているエネルギー資源の枯渇と地球温暖化の解決に活用しない手はないが，これまで大規模な石油生産プラントを実現したところはどこにもなかった．その理由としては，下記のようなものがあげられる．

　① 対象となったほとんどの藻類の生育環境は pH の中性付近であり，この環境では他の藻類のコンタミネーション（汚染）や繁殖を防げることができないことから，大規模な屋外環境下での単独の石油産生藻類の繁殖が行えず，むしろ，高コストでエネルギー消費型のバイオリアクター製作へ走ったことで，オイル産生藻類の屋外大規模化は経済的にはほとんど成立しなくなったこと．

　② ある程度の細胞濃度になると，細胞同士での自己遮蔽により，光制限となることから，光条件が変動する野外では，室内実験結果から期待される増殖量が得られないこと．

　③ 得られるオイルの純度が低く，そのまま利用することができないことから，精製にエネルギーとコストがかかること．

　上記の問題を解決するには，下記のような特性をもった藻類を確保することが必要である．

　① 高アルカリ性の液中で高いオイル生産効率（藻体乾燥重量あたり約 50%）を有すること．

　② 光照射下で産業廃液など有機廃液を栄養素として，高いオイル生産効率を有し，特にこの場合，日照があまりなくても高い増殖とオイル生産効率を示すこと．

　③ 90% 以上の純度の高いオイルが得られること．特に現在の精製技術が活用できる炭化水素オイルであれば理想的である．

たとえば，現在筆者らの研究グループで有する *Botryococcus* は上記の性質を有している．後述するように，*Botryococcus* は年間約 120 t/ha のオイルを生産する潜在能力をもっていることから，1000 ha の培養池から年間約 12 万 t（約 75 万バレル）のほぼ純粋な炭化水素が得られることとなる．これは現在の石油価格 70 ドル/バレル（2009 年 7 月現在）(http://www.kakimi.co.jp/4kaku/4genyu.htm)，すなわち約 7000 円/バレルで換算すると，年間約 52 億円の石油生産量に匹敵する．わが国には，38 万 ha ほどの耕作放棄地があるとされているが，たとえばこれをすべて利用すれば石油生産量は 2.9 億バレル/年，あるいは約 80 万バレル/日となる．わが国の現在の石油消費量が約 400 万バレル/日であることを考えると，わが国の石油消費量の 1/5 を耕作放棄地で生産できることを意味するが，金額に換算するとこれは 2 兆円/年となる．もし，オイル生産効率を 1 桁上げることができれば，耕作放棄地の半分を使うだけで，わが国の現在の石油消費量をまかなうことができることとなり，地球温暖化防止はもちろん，経済効果も計り知れないものとなる．

Wijffels は，藻類バイオマスの生産コストについて，1 ha の面積では 1 kg の藻類バイオマスを得るのに 10.62 ユーロ（約 1397 円）かかるが，100 ha の面積で大量生産すると 1 kg の藻類バイオマス生産にかかる経費は 4.02 ユーロ（約 529 円）で済むと算定し，さらに潜在的には 0.4 ユーロ（約 53 円）まで下げることが可能であるとした．

さらに藻類バイオマス産物の価格を算定すると，表 3-7 に示すように，生産コストが 0.4 ユーロに対して 1.65 ユーロ（約 217 円）の経済的価値のある産物が得られるとしている[61]．

以上のように，藻類は燃料のみならず化学製品原料としても価値の高い生物であることがわかる．

このように，藻類のエネルギー資源としての潜在能力はきわめて高いことから，*Nature* 掲載の "Algae bloom again"[62] の記事が契機となって，欧米やその他の国では産学連携体制のもとで，政府やベンチャーキャピタルなどからの投資による藻類バイオマスプロジェクトが進行している．現在判明している限りでは，アメリカは藻類燃料開発にエネルギー省（DOE）や複数のベンチャーキャピタルが総額 600 億円を超える投資を行っており，イギリスでは 35 億円

表3-7 1000 kgの微細藻類から得られる化学製品と生物燃料の量と価格

化学製品/付随効果	量（kg）	単価（ユーロ/kg）	総額（ユーロ）
脂質			
化学産業の原料	100	2	200
運輸燃料	300	0.5	150
タンパク質			
食糧	100	5	500
飼料	400	0.75	300
多糖類	100	1	100
窒素除去	75	2	150
酸素産生	1600	0.16	256
獲得総額			1656 (1.65 ユーロ/kg)
生産コスト			0.4 ユーロ/kg

1ユーロ＝131.54円（2009年9月現在）.

の投資で藻類センターを構築，EU諸国では藻類の総合利用に関するプロジェクトが各国で推進されてきている．現時点では，欧米で開発対象とされている藻類が，われわれが開発した藻類のような性質をもったものではないために，生産効率は上がらず，もっぱら閉鎖系培養リアクターのコスト軽減技術開発に焦点を合わせているところが見受けられる．ただし，巨額の投資がなされたことで早晩この課題を克服するものと思われる．これに対して，日本における藻類燃料開発での政府からの投資は，欧米と比べて明らかに少なく，このままでは，今後のこの分野での激しい国際競争の中で，日本の優位とするところもなくなり，大きく立ち後れてしまう可能性がある．

日本では，（独）科学技術振興機構の戦略的創造研究推進事業（CREST）において，筆者らの研究グループ，神戸大学の研究グループ，東京農工大学の研究グループによる3本のプロジェクトが推進されている．今後，他の研究グループや産業界においても藻類燃料研究が活発になってくるであろう．藻類バイオマス技術開発への政府からの投資が望まれる．特に，石油生産能力を有する各種藻類の育成条件の包括的なサーベイランスを行い，このデータベースをわが国の知的財産として確保する必要がある．このデータベースより，世界の

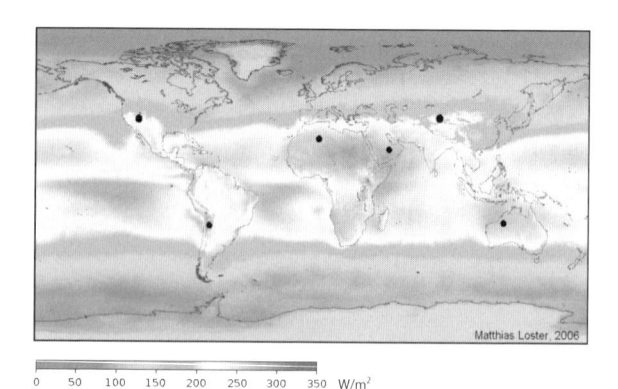

図 3-23 世界の日照分布【口絵 1 も参照】

他の場所での人工石油生産プラントの建設も容易に行えるようになることが期待される．世界ではわが国よりはるかに日照の強い，プラントに適した場所も多い．参考のため，世界の日照分布を図 3-23 に示しておく．

藻類エネルギー技術が開発されたときには，人類は，石油枯渇の問題からは解放され，さらに，この藻類石油の原料は，空気中の二酸化炭素と人間が排出する有機排水だけであることから，完全な炭素循環社会へ移行できる可能性がみえてくるであろう． （渡邉 信）

3-3 藻類バイオマス利用の国内外の研究開発—過去と現在—

a. 石油ショック以前の研究開発状況

ドイツの Corn（1859）が *Haematococcus* を彼の実験室で飼ったのが，藻類の培養の始まりであった．しかし，彼は培地を使ったわけではなく，また *Haematococcus* を他の生物から分離したわけでもなかった．ロシアの Famintizin（1871）が，1865 年に Knop が維管束植物のために開発した培地（Knop 液）を用いて，緑藻 *Chlorococcum* と *Protococcus* の培養を行ったのが，本格的な藻類培養の始まりといってよいだろう[63]．

藻類バイオマスの高度利用を目指した研究開発は，1940 年代ごろになされてきた．ここで，すべての主要な研究成果をまとめることはできないが，石油

ショック以前までの主要な藻類バイオマス技術開発研究の状況について，Terry の報告[64]をもとにまとめてみる．

1940 年代にドイツのエッセンとアメリカのスタンフォード研究所（Stanford Research Institute：SRI）において藻類の野外生産実験が始まるまでは，室内実験スケールの段階に限定されていた．当時のドイツのエッセンでの野外生産実験は，産業排ガスに含まれる二酸化炭素を利用する方向性で実施したものであり，一方，アメリカの SRI でのそれは食糧・飼料生産のためのタンパク質生産を目的としたものであった．どちらも *Chlorella* を材料に実施したもので，野外実験とはいえ，基礎的研究を主眼としたものであった．SRI の研究は 1950 年に終了するという短期的なものであったが，同時期にワシントンにあるカーネギー研究所が微細藻類バイオマス技術開発に乗り出しており，野外での大規模スケール培養における生物学的原理の把握，室内・野外での小規模実験システム開発に焦点を当てた研究開発を行った．この研究開発過程で微細藻類生理学や大量培養技術分野で多くの研究者を育成し，日本，イギリス，イスラエル，ドイツ，ベネズエラなどにおける微細藻類利用技術に大きな影響を与えた．特に田宮 博らによって（財）徳川生物学研究所で展開された *Chlorella* の光合成生理学・大量培養技術開発研究は，日本における微細藻類利用研究開発拠点となって多くの研究成果を発信した．田宮らは，*Chlorella* の大量培養システムとして開放系循環法と名づけた循環式ポンド培養システムや閉鎖系循環法を開発した．また，1940 年代後半にソビエト連邦（現ロシア）でも食糧・飼料生産を第一義的な目的として藻類大量培養装置がつくられ，多くの培養法が考案されたが，特に藻類培養におけるガス交換特性についても着目している．

1950 年から 1960 年代にかけてアメリカでは，微細藻類-バクテリアの混合系による排水処理技術の開発を推進するとともに，宇宙船や潜水艦において微細藻類を利用した二酸化炭素を酸素に変換する技術の開発を行っている．ドイツのドルトムントでもタンパク質源としての微細藻類の利用を主眼としつつ，微細藻類を利用した排水処理の検討を行っている．ドイツでの研究開発結果として，ドルトムントのような高緯度の温帯地域では年間を通じた藻類培養には限界があるとして，1970 年代からの低緯度地域（エジプト，インド，イスラエル，ペルー，タイなど）での生産システム開発プロジェクトを進めるに至

る．フランスでは，フランス石油研究所がスポンサーとなって，*Spirulina* を培養することによる二酸化炭素利用技術開発プログラムが推進され，フランス，アルジェリア，台湾，エジプト，マルティニーク島，メキシコで培養システムの試験研究がなされている．

b. 1970年代～2000年─石油ショック時代～地球温暖化への対応─

第四次中東戦争の勃発に伴うアラブ石油輸出国機構（OAPEC）の石油の減産・禁輸による第一次石油ショック（1973年10月），イラン革命に伴う原油価格急騰による第二次石油ショック（1979年2月），さらにイラン・イラク戦争の勃発に伴う両国の原油生産減による原油価格暴騰（1980年，第二次石油ショック時の2倍半），気候変動枠組条約の発効（1994年3月）および京都議定書締結（1997年12月）による二酸化炭素等温室効果ガス削減の法的拘束力のある数値目標設定という世界情勢を背景に，藻類を利用したエネルギー開発や二酸化炭素排出削減技術開発がさかんに行われた．ここでは，国家的プロジェクトして実施された代表的な研究を紹介する．

1) アメリカエネルギー省の Aquatic Species Program による藻類バイオディーゼル開発[65]

1978年から1996年にかけてアメリカエネルギー省（DOE）燃料開発局では藻類から再生可能な運輸燃料を開発するためのプログラム（Aquatic Species Program：ASP）を予算化し，国立再生エネルギー研究所（NREL）を中心に多くの大学・研究所が参加して研究開発がなされた．この成果は "A look back at the U.S. Department of Energy's Aquatic Species Program—Biodiesel from Algae"（1998）に "Program Summary"（22ページ）と "Technical Review"（294ページ）に分けて詳細に報告されている．この報告書に記述されているプログラム戦略，成果，今後の展望の内容は非常に優れたものであることがわかるが，意外にも日本には正確に伝わっていない．このままでは，関連する研究者の怠慢とのそしりを受けても仕方がないので，報告書の刊行から時間は大分経ったが，ここで可能な限りのページを割いて内容を紹介する．

(1) 微細藻類の選定

微細藻類を対象とした理由には，下記のようなものがあげられる．

① 藻類からエネルギー（特にメタンガス）を生産するアイディアは，1950年代からあったこと．

② 上記の経験と実績を基礎に，DOE は 1970 年代に藻類を利用した水処理とエネルギー生産のプロジェクトを推進したこと．

③ DOE は 1980 年代より，化石燃料の国家的消費に大規模な影響をもたらす技術開発に焦点を当てた政策にシフトし，この時期から DOE では "quad mentality"（1 quad = 10^{15} Btu（British thermal unit：英国熱量単位，1 Btu = 約1060 J））と呼ばれる構想，すなわち EJ（エクサジュール = 10^{18} J）レベルのエネルギー規模を与える可能性がある新エネルギー構想が中心となり，その可能性を秘める巨大藻類農場構想に高い関心をもつようになったこと．

④ 陸上植物の生育できないような環境下でも生育できることから，土地利用において競合しないこと．

⑤ 海藻類は炭水化物を蓄積するものがほとんどであるが，微細藻類にはオイルを蓄積するものが多いこと．

プログラムは，大きく室内での実験研究と屋外大量培養・システム解析（経済性評価を含む）に分けられ，20 年間で総額 2500 万ドルの予算額で実施された．その額はバイオマスエネルギー開発予算の 5.5％ でしかなかったが，成果はみるべきものがあった．以下，微細藻類の収集・スクリーニング，脂質合成誘導と品種改良，屋外大量培養とリソース解析，経済性評価の 4 点に分けてその成果を紹介する．

(2) 微細藻類の収集・スクリーニング

コロラド，ユタ，ニューメキシコなど，アメリカ南西部で藻類大量培養を行うことを想定し，それらの水域が一般に浅く，温度，塩分の変異が激しいことから，内陸塩水環境より微細藻類の収集を中心に行った．これらの州のほかに，フロリダ，ミシシッピー，アラバマなど，アメリカ南東部やハワイからも微細藻類の収集が行われた．収集・スクリーニングの主要な目的は，以下のようである．

① 単藻培養を行い，各培養株の生理生化学的特性が変化しない条件下で保存すること．

② 各種の生理的適応性，遺伝的変異を保存する技術を開発すること．

③生産物と性能のスクリーニングのためにコロラド，ユタ，ニューメキシコのような乾燥地域から微細藻類の単一種培養を確立し，それらの生産物と性能のスクリーニングを行うこと．

④増殖に適した培地を開発すること．

⑤温度・塩分耐性の評価，これらの耐性範囲における増殖速度とおおよその化学組成を定量すること．

1987年までに3000株を超える微細藻類が収集され，分離・培養された．多量のオイルを産生し，高温下あるいは温度変動環境下，塩水で生育するという観点で評価され，収集された最初の本格的なカルチャーコレクションであった．緑藻，珪藻，真正眼点藻，黄金色藻がほとんどで，オイルをあまり蓄積しないラン藻は不適切とされている．非常に貴重な藻類資源であったが，予算削減により多くの培養株が失われ，300株ほどがハワイ大学に移管され，保存されているという．また，開発した培地組成，主要な微細藻類のオイル産生力，増殖特性などについても詳細に説明されているが，紙面の関係で割愛する．

(3) 脂質合成誘導と品種改良

これまでの多くの研究において，窒素欠乏はオイルの濃度を増加させるとの報告があった．しかし，このプロジェクトにおける多くの研究結果から，緑藻においては窒素欠乏，珪藻においてはケイ酸欠乏が，確かに藻体乾燥重量あたりのオイル産生量を増加させること，特に珪藻ではケイ酸欠乏により油滴がミトコンドリア近傍に多量に蓄積することが明らかとなったが，一方では全培養体積あたりにするとほとんど増加していないことが判明した．これは窒素あるいはケイ酸欠乏により，タンパク質や炭水化物などの合成が抑えられて全細胞生産量が減少するが，オイル成分はほとんど減少しないことによるとされた．したがって，栄養塩欠乏による全細胞乾燥重量あたりでのオイル含量の増加が直ちに経済的効果をもつものではないとされ，効率的なオイル生産を達成するためには，培養容積あたりのバイオマス生産量とオイル合成の関係について，より詳細な動力学的研究が必要であるとしている．特に窒素欠乏については，光合成システムや体内の生化学的経路に多様な影響を及ぼしていると考えられ，より詳細な解析が必要とされた．

珪藻 *Cyclotella cryptica* おいて，ケイ酸欠乏下培養でのオイル蓄積がアセチ

ル補酵素 A（CoA）カルボキシラーゼ（以下，ACCase）をコードしている遺伝子発現の増加と明確に一致していた．この結果から，ACCase は他の植物や動物と同様に，オイル合成において鍵となる役割を果たしていることが明らかになった．その後，C.cryptica から ACCase 遺伝子のクローニングに成功している．また，C.cryptica はオイルのみならず，クリソラミナリンという炭水化物も乾燥重量あたり 20～30％ 程度合成する．このクリソラミナリンの合成を抑制し，オイル合成を促進させるという目的のもとで，クリソラミナリン合成に関わる遺伝子を解析したところ，その遺伝子は UGPase 遺伝子と PGMase 遺伝子が融合したものであることがわかり，*upp1* と名づけられ，特許取得となった．

増殖やオイル合成効率を増進することを目的とした品種改良のために，突然変異法や遺伝子導入系の開発が必要である．特に遺伝子導入系については，当時は，緑藻 *Chlamydomonas* でしか遺伝子導入系が確立されていなかったことから，本プロジェクトにおいて多くの参画研究者により，いくつかの藻類でその開発のための検討がなされた．突然変異については，UV 照射実験が *Nannochloropsis* で行われ，一部の脂肪酸が変化することが明らかとなったことで，オイル産生量や質が変異した品種改良の可能性はあるとした．しかし，スクリーニングなどに人手がかかるとして，言外に非効率であることを示唆している．遺伝子導入系については緑藻 *Chlorella* や珪藻 *Cyclotella cryptica* と *Navicula saprophila* で検討され，珪藻 2 種で成功している．*C.cryptica* より取得したオイル合成に関わる ACCase 遺伝子（*acc1*）をネオマイシン・リン酸伝達酵素遺伝子（*nptII*）と連結させたプラスミド pACCNPT10 と pACCNPT5.1 を使って行った結果，両プラスミドとも両種における遺伝子導入のベクターとして十分に機能し，プラスミド DNA はホストのゲノムに統合された．*nptII* DNA は，ネオマイシンを入れていない非選択培地においても，ホストゲノムに 1 年以上も安定的に存在していた．珪藻類での遺伝子導入系の開発はこれが最初であったことから，特許取得はもちろんとして，珪藻類の生物学へ波及した学術的影響は非常に多大なものとなった．

(4) 屋外大量培養とリソース解析

ASP は，前述したように実験室を中心とした藻類の収集・スクリーニング

と脂質合成制御・品種改良の研究開発とともに，野外での藻類大量技術・システム開発を実施した．しかし，ほとんどにおいては，実験室研究と野外研究が強い連携で統合実施されることはなかった．特にプロジェクトの初期の段階では，どの研究アプローチが，どの生産システムが，どの培養株がベストなのかが不明であったために，統合は困難な状況であった．実験室研究と野外生産研究が，基本的にはさほど連携がなく並行して動かされていたといえよう．

野外大量生産技術開発研究は，カリフォルニアで藻類レースウェイ生産システム（algae raceway ponds system：ARPS）を使って，ハワイでは高率培養池（high rate pond：HRP）を使って，ニューメキシコでは微細藻類野外試験施設（microalgae outdoor test facility：OTF）を使って実施された．

ARPS では 1980 年から 1986 年にかけて 6 回の実験がなされた．使用された藻類株は *Platymonas, Amphora, Cyclotella* などである．これらの実験の結果，高い藻類バイオマス生産には，ミキシングと一定の細胞濃度に 2 〜 3 日ごとに希釈することが重要であることを見出した．この方法によって 25 〜 50 g/m^2/日の藻類バイオマス生産を得ることができた．

HRP では，初期実験では緑藻 *Micractinium-Scenedesmus* 混合培養集団を使って行われ（1982 年），水理学的環境変化が藻類の構成・生産に大きな影響を及ぼすことを明らかにした．1983 年から 1984 年にかけて *Chlorella* を使って実験が行われ，ミキシング速度が重要であることがわかった．1985 〜 1986 年には培養収集・スクリーニング研究から得られた多数の微細藻類培養株を使って実験が行われ，多くの培養株がこのシステムで非常によく増殖したことを報告している．HRS は ARPS と比較して，低コスト，低エネルギー消費型であると評価されている．

OTF では 1000 m^2 の大規模培養池でプラスチックライニングが施されているものといないものの 2 基，3 m^2 の小規模培養池 6 基を使って実験が行われた．大規模培養池において，藻類生産は季節により 3 〜 18 g/m^2/日と変化したが，周年平均では 10 g/m^2/日（約 36 t/ha/年）となり，ASP の 1/3 の生産であった．しかし，ニューメキシコのように冬でも温暖で，季節における生産力の減少がないところでは 70 t の生産が期待されるとした．プラスチックライニングが施されているものといないものとでは，藻類生産，二酸化炭素利用

効率に差はなかった．小規模培養池では，珪藻 Cyclotella などで pH やケイ酸の影響が試験され，高 pH で生産がよくなること，ケイ酸添加は低ケイ酸要求の Cyclotella の生産を半減させることを明らかにした．本実験から，1000 m^2 のレースウェイ培養池はエネルギー，水，栄養塩，二酸化炭素の利用効率の点から最適のシステムであること，プラスチックライニングを施す必要がないことからコスト減となることなど，注目される成果を得ることができた．なお，藻類種のコントロールについては，いくつかの種で比較的長期的な培養が可能であったが，安定した種のコントロールのためには培養池内での藻類集団動態について把握する必要があるとしている．

屋外大量培養のために必要とされる土地，水，二酸化炭素などのリソースについては，アメリカ南西地域に限定したとしても潜在的に十分であることが示され，南西地域における適合区域マップが作成された．各区域で数 quad（数 TJ（テラジュール））のエネルギーが獲得できるとしている．特に土地は全く制限要因とはならず，アメリカの気候的に適した土地空間の 0.1％ 程度で 1 quad のエネルギーを獲得することができるとしている．

(5) 経済性評価

数人の研究者による経済性評価がなされた．いずれもさほど大きな違いがないことから，ここでは Benemann らが算定したものを紹介する[67]．藻類生産が年間 ha あたり 74.4 t，脂質生産がその 40％ とし，控えめに考えて計算すると，排気ガスと純粋二酸化炭素を使用した場合，それぞれで 127 ドル/バレルおよび 115 ドル/バレルとなり，楽観的に考えた場合では，65 ドルおよび 61 ドルとなる．これをさらに生産力が 30 g/m^2/日（＝約 43.8 t・オイル /ha/年）または 60 g/m^2/日（＝約 87.2 t・オイル/ha/年）と増加させた場合には，排気ガスと純粋二酸化炭素を使用した場合，それぞれで 69 ドル/バレルおよび 56 ドル/バレル，または 42 ドル/バレルおよび 39 ドル/バレルとした．現在の原油価格 78 ドル/バレルから考えると楽観的な数字かもしれないが，当時（1990〜1998 年）の原油価格はバレルあたり 12.7 〜 23.35 ドルを推移していたことから，実用化のためには一層の低コスト化が必要とされた．

これら 18 年に及ぶプログラムの結果，以下の結論を得ることができた．

① エネルギー投入，栄養塩利用，水利用，収穫技術の観点や総合システム

設計のいずれにおいても藻類培養の技術的可能性を制約するような基本的な工学的・経済的課題はないこと．

② ASP で得られた藻類バイオマスやオイル生産力は，これまでの研究で得られたものより高いが，理論的に得られたそれらの潜在能力や経済的活用のために必要とされるものよりまだ低いこと．

以上のことから，実用化のためにはより高い生産力をもつ藻類培養株の開発が優先的になされるべきとした．ただし，非常に高いオイル生産力をもつ培養株が開発されたとしても，競争力や捕食抵抗性，収穫容易性などの検討が必要であり，このためには藻類大量培養研究も並行してなされるべきとしている．また，短期的な課題としては，藻類燃料生産-藻類による排水処理を統合したシステム開発をあげている．閉鎖系培養システムであるバイオリアクターについては，コスト，スケールアップの点で非常にリスキーな技術であり，むしろ開放系培養のための種培養としての役割を果たすべきものと位置づけた．

ASP は，1990 年から 1996 年にかけて原油がバレルあたり 12〜24 ドルと安値安定となったことで社会的ニーズが低くなったことにより，1996 年に終了となった．

2) ニューサンシャイン計画「細菌・藻類等利用二酸化炭素固定化・有効利用技術研究開発」[66]

本プロジェクトは，1990〜1999 年度の 10 年間にわたり実施された．開発経費の総額は約 133 億円に上り，これはアメリカの ASP 以上の経費であり，当時の世界最大規模のプロジェクトであったといえよう．本プロジェクトは大きく下記の 3 テーマからなっていた．

① 高効率光合成細菌・微細藻類等の研究開発

② 二酸化炭素固定化・有用物質生産等高密度大量光培養システムの研究開発（当初計画の二酸化炭素固定化高密度大量光培養システムの研究開発，太陽光高効率集光・利用技術の研究開発，光合成生物からの有用物質等生産技術の研究開発，トータルシステム化技術の研究開発を統合）

③ 研究支援調査（技術文献調査，光合成微生物等 DNA 解析・情報処理技術の調査研究）

本プログラムにおいて定めた $50\,\mathrm{g}\cdot CO_2/m^2/$日 の吸収量を達成するという目

標については，200 L 規模のパネル方式フォトバイオリアクターで年間を通じて達成した．ここで生産される大量の藻体の有効利用の可能性も検討されている．この結果をもとに 100 万 kW 級の液化天然ガス（LNG）火力発電所を例に，排出される二酸化炭素の固定から有用物質の生産までのトータルシステムの概念を構築し，全プロセスでのエネルギー収支，二酸化炭素収支を計算したところ，獲得エネルギー量，二酸化炭素吸収量が消費量よりも多く，両収支が成立することを確認している．特に二酸化炭素固定量は，日本の代表的な発電所，製鉄所，セメント工場などの敷地 110 km^2 を想定すると，年間 200 万 t が見込まれ，代替効果を考慮した値は 270 万 t-C となり，太陽電池 500 万 kW や風力発電 30 万 kW の導入での代替効果 100 万 t-C, 10 万 t-C を大幅に上回る効果があることが推定された．このように藻類のもつ二酸化炭素吸収の潜在能力をわが国で初めて示したという点において，本プログラムはそれなりの成果をあげたといえる．

にもかかわらず，最終評価はかなり厳しいものであった．最終評価では，プロジェクトの過程で開発された個別技術や知的体系には価値があるとしつつも，現実性，市場性，経済性，影響の大きさに関する当初の分析が不十分で，トータルシステムとしての説得力に全く欠けるプロジェクトであったとされ，さらに，実用化の観点から，ブレークスルーすべき技術とその限界・目標を明確に設定し，より合理的な計画に反映できなかった政策当局にも責任があるとされた．

アメリカの ASP の報告書においても，日本の本プログラムについての批評が記述されている．そこでは，日本は限られた土地面積で効率よく生産するため，アメリカと違って閉鎖系のフォトバイオリアクターと光ファイバーを採用し，二酸化炭素吸収量と藻体生産性を増進し，燃料のみならず高価値の生産物を獲得することを目的としたものであろうと記されている．ただし，このプログラムは，低価値の燃料生産技術の革新にはさほど貢献しないだろうとしている．

閉鎖系のバイオリアクターを採用すると，トータルシステムでのコストは開放系のそれの 10 倍程度となる．低価値の燃料（当時 12〜20 ドル/バレル程度）の生産を目的とする限り，当時の技術では開放系ですら経済的に成立すること

はできず，ましてや閉鎖系では成立は不可能であった．その点で，日本の戦略が燃料のみならず，高価値の生産物も含めて全体として経済的に成立する道筋を探るという方向性を採用したのは，非常に正しい戦略であったといえる．この戦略は，現在欧米でもバイオリファイナリーという概念で復活しており，もう少し見識と先見性をもって評価され，プログラムが継続されていれば，現在間違いなく日本が世界をリードする立場になっていたはずと悔やまれてならない．

最終評価がかなり厳しいものであったことで，2000年以降，日本における藻類バイオマス研究はほとんど死滅期に近い状態となってしまい，蓄積されたはずの知見・技術も残らず，10年の研究開発の歴史が完全に失われてしまった．

c. 現在—藻類ブルームアゲイン—

BRICs（経済発展が著しいブラジル（Brazil），ロシア（Russia），インド（India），中国（China）の頭文字を合わせた4か国の総称）と呼ばれる新興国の経済発展による原油需要の増加，地政学的リスクを背景にした原油先物市場における思惑買い，原油産出国の生産能力の停滞，投機的資金の流入などの理由により，2004年ごろから2008年秋ごろにかけて，原油価格の高騰が続いた．2008年2月にはニューヨークの商業取引所の原油先物市場で1バレル＝100ドルを突破した（現在は2009年10月で78ドル/バレル）．世界の金融市場からみると原油の市場規模は相対的に小さいものだが，そこに住宅サブプライムローン問題に端を発したアメリカの不景気から投機的資金が原油市場に流れ込み，「先物」としての原油価格が急騰したとされている．そこにオバマ政権でのグリーンニューディール政策により2025年までに再生可能エネルギーの比率を現在の1%未満から25%まで引き上げることが謳われ，さらに日本でも2009年に当時の鳩山政権のもとで2020年までに1990年比で二酸化炭素排出25%削減が打ち出された．このような背景で，バイオマスエネルギー，特に，食糧と競合せずオイル生産効率が非常に高い藻類が再び注目されてきた．2007年の *Nature* 447(31) 掲載の "Algae bloom again" という記事[62]で，少数のパイオニアが藻類燃料を瀕死の状態から復活させようとしていることが紹介された．それ以来，藻類燃料研究開発は各国で非常に盛んになっている．

詳細については「日経バイオテク」674号[68)]や鷲見による文献[69)]およびつくば3E フォーラムホームページ（第3回フォーラム会議 (http://www.sakura.cc.tsukuba.ac.jp/~eeeforum/3rd3EF/index.html) および日蘭セミナー東京「持続可能性のための藻類」(http://www.sakura.cc.tsukuba.ac.jp/~eeeforum/JN-algae_seminar/index.html)) を参照されたい．特につくば3Eフォーラムのホームページには，2009年8月8日に開催した国際藻類燃料研究シンポジウムで招待講演した Blackburn 博士（オーストラリア連邦科学産業研究機構 (CSIRO)），Wijffels 教授（オランダ・ワーゲニンゲン大学）[61)]，Willson 教授（アメリカ・コロラド州立大学，SOLIX 社），Ji-Won Yang 教授（韓国科学技術院 (KAIST)），J.C. Yang 博士（アメリカ DOE）の講演スライドが公開されており，各国の動向が読み取れる．特に DOE ではバイオマス燃料について，2012年までにバイオエタノールのコストを1.76ドル/ガロンにすること，2017年までにバイオマス燃料の持続可能な生産を，費用対効果技術，十分なインフラ整備，適切な政策実現などで最大化すること，2022年までにはセルロース起源や藻類を含む革新的バイオマス燃料の供給を210億ガロン（=約0.8億t）にするとし，デンプン起源のバイオエタノールの供給量150億ガロンを超えることを謳っている．また，藻類燃料開発は重要であるとして，2009年には藻類燃料コンソーシアム構築に約50億円を投資した．2009年10月26～27日に日蘭セミナー「持続可能性のための藻類」が，筑波大学，オランダ王国大使館，ワーゲニンゲン大学，つくば3E フォーラムの共催，文部科学省の後援で開催され，藻類の総合利用を目指した両国での産学官連携の可能性が討議された．詳細は，先述のつくば3E フォーラムホームページを参照されたい．

　このように各国での藻類バイオマス研究開発が活発化する中で，日本では政府の関与が著しく遅れている．文部科学省のファンディング機関である（独）科学技術振興機構では，2008年度より戦略的創造研究推進事業（CREST）で研究領域「二酸化炭素排出抑制に資する革新的技術の創出」がスタートし，その中の一つの研究課題として「オイル産生緑藻類 *Botryococcus*（ボトリオコッカス）高アルカリ株の高度利用技術」（代表：渡邉 信筑波大学教授）が推進されている．さらに2009年度には藻類バイオマスで新たに「海洋性藻類からの

バイオエタノール生産技術の開発」(代表：近藤昭彦神戸大学教授) と「海洋微細藻類の高層化培養によるバイオディーゼル生産」(代表：田中 剛東京農工大学准教授) が採択され，研究が推進されている[70]．産業界の藻類への注目は非常に大きいことから，今後，目的基礎研究のみならず本格的な実用化を目指した政府からの研究投資が必要である． (渡邉 信)

文 献

1) 千原光雄 (1997)：藻類多様性の生物学．内田老鶴圃．
2) 千原光雄編 (1999)：藻類の多様性と系統．裳華房．
3) 井上 勲 (2007)：藻類30億年の自然史―藻類から見る生物進化・地球・環境―．東海大学出版会．
4) Ishida, K., Cao, Y., Hasegawa, M., Okada, N., Hara, Y. (1997)：The origin of chlorarachniophyte plastids, as inferred from phylogenetic comparisons of amino acid sequences of EF-Tu. J. Mol. Evol. **45**, 682-687.
5) Turmel, M., Gagnon, M.C., O'Kelly, C.J., Otis, C., Lemieux, C. (2009)：The chloroplast genomes of the green algae *Pyramimonas*, *Monomastix*, and *Pycnococcus* shed new light on the evolutionary history of prasinophytes and the origin of the secondary chloroplasts of euglenids. Mol. Biol. Evol. **26**(3), 631-648
6) 石田健一郎 (2009)：常識を超えた変わり者，渦鞭毛藻．p.170-181．西田 睦編．海洋の生命史―生命は海でどう進化したか―．東海大学出版会．
7) Ishida, K., Cavalier-Smith, T., Green, B.R. (2000)：Endomembrane structure and the chloroplast protein targeting pathway in *Heterosigma akashiwo* (Raphidophyceae, Chromista). J. Phycol. **36**, 1135-1144.
8) Allard, B., Casadevall, E. (1990)：Carbohydrate composition and characterization of sugars from the green microalga *Botryococcus braunii*. Phytochemistry **29**, 1875-1878.
9) Inui, H., Miyatake, K., Nakano,Y., Kitaoka, S. (1982a)：Wax ester fermentation in *Euglena gracilis*. FEBS Lett. **150**, 89-93.
10) Inui, H., Miyatake, K., Nakano, Y., Kitaoka, S. (1982b)：Production and composition of wax esters by fermentation of *Euglena gracilis*. Agric. Biol. Chem. **47**, 2669-2671.
11) 北岡正三郎 (1977)：ユーグレナの産業的利用．p.248-254．北岡正三郎編．ユーグレナ．学会出版センター．
12) Vazquezduhal, R., Arredondovega, B.O. (1991)：Haloadeaptation of the green alga *Botryococcus braunii* (race A). Phytochemistry **30**, 2919-2925.
13) 堀越弘毅監修，井上 明編 (2006)：ベーシックマスター微生物学，オーム社．
14) 塩井祐三，井上 弘，近藤矩朗編 (2009)：ベーシックマスター植物生理学．オーム社．
15) Teiz, L., Zeiger, E. 著，西谷和彦，島崎研一郎訳 (2004)：テイツ・ザイガー植物生理学．第3版．培風館．
16) Heldt, H.W. 著，金井龍二訳 (2000)：植物生化学．シュプリンガー・フェアラーク東京．
17) 佐藤公行編 (2002)：光合成．朝倉植物生理学講座3．朝倉書店．
18) Buchanan, B., Gruissem, W., Jones, R.L. 編，杉山達夫監訳 (2005)：植物の生化学・分子生物学．学会出版センター．
19) Blankenship, R.E. (2002)：Molecular Mechanism of Photosynthesis, Oxford, Blackwell Science.

20) Falkowski, P.G., Raven, J.A. (2007): Aquatic Photosynthesis, 2nd ed., Princeton and Oxford, Princeton University Press.
21) 真野純一, 浅田浩二 (2001): 光酸素ストレスを回避する分子機構. p.105-111, 篠崎一雄, 山本雅之, 岡本 尚, 岩渕雅樹編, 環境応答・適応の分子機構, 共立出版.
22) Raven, J.A., Beardall, J. (2003): Carbon acquisition mechanisms of algae: Carbon dioxide diffusion and carbon dioxide concentrating mechanism. p.225-244, In Larkum, A.W.D., Douglas, S.E., Raven, J.A. (eds.), Photosynthesis in Algae, Advances in Photosynthesis and Respiration, Vol. 14, Dordrecht/Boston/London, Kluwer Academic Publishers.
23) 白岩善博 (1999): 微細藻類の CO_2 順化・適応の分子機構. 生物工学, **77**, 154-157.
24) Shiraiwa, Y. (2003): Physiological regulation of carbon fixation in the photosynthesis and calcification of coccolithophorids. Comp. Biochem. Physiol. Part B **136**, 775-783.
25) Suzuki, E., Shiraiwa, Y., Miyachi, S. (1994): The cellular and molecular aspects of carbonic anhydrase in photosynthetic microorganisms. p.1-54, In Round, F.E., Chapman, P.J. (eds.), Progress in Phycological Research, Vol. 10, Bristol, Biopress.
26) Miyachi, S., Iwasaki, I., Shiraiwa, Y. (2003): Historical perspective on microalgal and cyanobacterial acclimation to low- and extremely high-CO_2 conditions. Photosynth. Res. **77**(2/3), 139-153.
27) Moroney, J.V., Ynalvez, R.A. (2007): Proposed carbon dioxide concentrating mechanism in *Chlamydomonas reinhatdtii*. Eukaryotic Cell **6**, 1251-1259.
28) Reinfelder, J.R., Kraepiel, A.M.L., Morel, F.M.M. (2000): Unicellular C_4 Photosynthesis in a marine diatom. Nature **407**, 996-999.
29) Tsuji, Y., Suzuki, I., Shiraiwa, Y. (2009): Photosynthetic carbon assimilation in the coccolithophorid *Emiliania huxleyi* (Haptophyta): Evidence for the operation of the C_3 cycle and the contribution of β-carboxylases to the active anaplerotic reaction. Plant Cell Physiol. **50**, 318-329.
30) 辻 敬典 (2010): ^{14}C トレーサー法による二次植物の炭酸固定経路の解析. Isotope News **670**, 17-19.
31) Adolph, S., Bach, S., Blondel, M., Cueff, A., Moreau, M., Pohnert, G., et al. (2004): Cytotoxicity of diatom-derived oxylipins in organisms belonging to different phyla. J. Exp. Biol. **207**, 2935-2946.
32) Andreou, A., Brodhun, F., Feussner, I. (2009): Biosynthesis of oxylipins in non-mammals. Progress Lipid Res. **48**, 148-170.
33) Banerjee, A., Sharma, R., Chisti, Y., Banerjee, U.C. (2002): *Botryococcus braunii*: a renewable source of hydrocarbons and other chemicals. Crit. Rev. Biotechnol. **22**, 245-279.
34) Blokker, P., Schouten, S., Van den Ende, H., De Leeuw, J.W., Damsté, J.S.S. (1998): Cell wall-specific ω-hydroxy fatty acids in some freshwater green microalgae. Phytochemistry **49**, 691-695.
35) Boonprab, K., Matsui, K., Akakabe, Y., Yotsukura, N., Kajiwara, T. (2003): Hydroperoxy-arachidonic acid mediated *n*-hexanal and (*Z*)-3- and (*E*)-2-nonenal formation in *Laminaria angustata*. Phytochemistry **63**, 669-678.
36) Bouarab, K., Adas, F., Gaquerel, E., Kloareg, B., Salaün, J-P., Potin, P. (2004): The innate immunity of a marine red alga involves oxylipins from both eicosanoic and octadecanoic pathways. Plant Physiol. **135**, 1838-1848.
37) Eichenberger, W., Bigler, P., Gfeller, H., Gribi, C., Schmid, C.E. (1995): Phosphatidyl-*O*-[*N*-(2-hydroxyethyl) glycine] (PHEG), a novel glycerophospholipid from brown algae

(Phaeophyceae). J. Plant Physiol. 146, 398-404.
38) Eichenberger, W., Gribi, C. (1997) : Lipids of *Pavlova lutheri* : cellular site and metabolic role of DGCC. Phytochemistry 45, 1561-1567.
39) Gerwick, W.H. (1994) : Structure and biosynthesis of marine algal oxylipins. Biochim. Biophys. Acta 1211, 243-255.
40) Guschina, I.A., Harwood, J.L. (2006) : Lipids and lipid metabolism in eukaryotic algae. Prog. Lipid Res. 45, 160-186.
41) Jiang, Z.D., Ketchum, S.O., Gerwick, W.H. (2000) : 5-lipoxygenase-derived oxylipins from the red alga *Rhodymenia pertusa*. Phytochemistry 53, 129-133.
42) Metzger, P., Largeau, C. (2005) : *Botryococcus braunii* : a rich source for hydrocarbons and related ether lipids. Appl. Microbiol. Biotechnol. 66, 486-496.
43) Miralto, A., Barone, G., Romano, G., Poulet, S.A., Ianora, A., Russo, G.L., et al. (1999) : The insidious effect of diatoms on copepod reproduction. Nature 402, 173-176.
44) Romano, G., Russo, G.L., Buttino, I., Ianora, A., Miralto, A. (2003) : A marine diatom-derived aldehyde induces apoptosis in copepod and sea urchin embryos. J. Exp. Biol. 206, 3487-3494.
45) Rontani, J.F., Beker, B., Volkman, J.K. (2004) : Long-chain alkenones and related compounds in the benthic haptophyte *Chrysotila lamellose* Anand HAP 17. Phytochemistry 65, 117-126.
46) Sajiki, J., Kakimi, H. (1998) : Identification of eicosanoids in the red algae, *Gracilaria asiatica*, using high-performance liquid chromatography and electrospray ionization mass spectrometry. J. Chromatogr. A. 795, 227-237.
47) Santiago-Vázquez, L.Z., Mydlarz, L.D., Pavlovich, J.G., Jacobs, R.S. (2004) : Identification of hydroxy fatty acids by liquid chromatography-atmospheric pressure chemical ionization mass spectrometry. J. Chromatogr. B. 803, 233-236.
48) Tosti, E., Romano, G., Buttino, I., Cuomo, A., Ianora, A., Miralto, A. (2003) : Bioactive aldehydes from diatoms block the fertilization current in ascidian oocytes. Mol. Reprod. Dev. 66, 72-80.
49) 田宮　博, 渡辺　篤編 (1965)：藻類実験法, 南江堂.
50) 西沢一俊, 千原光雄編 (1979)：藻類研究法, 共立出版.
51) 柳田友道 (1981)：成長・増殖・増殖阻害, 微生物科学2, 学会出版センター.
52) 白岩善博, 広川豊康 (1982)：藻類―クロレラ (クラミドモナス, セネデスムス). p.235-249, 江上信雄, 勝見允行編, 生物材料調整法, 実験生物学講座1, 丸善.
53) Becker, E.W. (1994) : Microalgae ; Biotechnology and Microbiology, Cambridge, Cambridge University Press.
54) Nara, M., Shiraiwa, Y., Hirokawa, T. (1989) : Changes in the carbonic anhydrase activity and the rate of photosynthetic O_2 evolution during the cell cycle of *Chlorella ellipsoidea* C-27. Plant Cell Physiol. 30, 267-275.
55) Hu, Q., Richmond, A. (1996) : Productivity and photosynthetic efficiency of *Spirulina platensis* as affected by light intensity, algal density and rate of mixing in a flat plate photobioreactor. J. Appl. Phycol. 8, 139-145.
56) Hu, Q., Guterman, H., Richmond, A. (1996) : A flat inclined modular photo, bioreactor for outdoor mass cultivation of photoautotrophs. Biotechnol. Bioeng. 51, 51-60.
57) Hu, Q., Kurano, N., Kawachi, M., Iwasaki, I., Miyachi, S. (1998) : Ultrahigh-cell-density culture of a marine green alga *Chlorococcum littorale* in a flat-plate photobioreactor. Appl. Microbiol. Biotechnol. 49, 655-662.
58) Zijffers, J-W.F., Schippers, K.J., Zheng, K., Janssen, M., Tramper, J., Wijffels, R.H. (2010) : Maximum photosynthetic yield of green microalgae in photobioreactors. Mar. Biotechnol. (open

access, on-line).
59) Tsuzuki, M., Shiraiwa, Y., Miyachi, S. (1980): Role of carbonic anhydrase in photosynthesis in *Chlorella* derived from kinetic analysis of $^{14}CO_2$ fixation. Plant Cell Physiol. **21**, 677-688.
60) Chisti, Y. (2007): Biodiesel from microalgae. Biotechnol. Adv. **25**, 294-306.
61) Wijffels, R.H. (2009): Microalgae for production of bulk chemicals and biofuels. 3rd Tsukuba 3E Forum, Tsukuba, 8 August, 2009 (http://www.sakura.cc.tsukuba.ac.jp/~eeforum/3rd3EF/index.html).
62) Haag, A.L. (2007): Algae bloom again. Nature **447**(31), 520-521.
63) Preisig, H.R., Andersen, R.A. (2005): Historical review of algal culturing techniques. p.1-12, In Andersen, R.A. (ed.), Algal Culturing Techniques, San Diego, Elsevier Academic Press.
64) Terry, K.L. (1985): System design for the autotrophic production of microalgae. Enzyme Microb. Technol. **7**, 474-487.
65) Sheehan, J., Dunahay, T., Benemann, J., Roessler, P. (1998): A look back at the U.S. Department of Energy's Aquatic Species Program—Biodiesel from Algae. Part 1: Program Summary, 22pp. and Part 2: Technical Review, 294pp.
66) 産業技術審議会評価部会・二酸化炭素固定化等技術評価委員会 (2000): ニューサンシャイン計画「細菌・藻類等利用二酸化炭素固定化・有効利用技術研究開発」最終評価報告書, 127pp.
67) Benemann, J.R., Oswald, W.J. (1996): Systems and economic analysis of microalgae ponds for conversion of CO_2 to biomass. Final Report, Pittsburgh Energy Technology Center, Grant No. DE-FG22-93PC93204.
68) 星 良孝, 長光大慈, 河田孝雄 (2009): 熱気帯びる藻類ビジネス 米国で500億円超投資も 微細藻類による物質生産の最前線. 日経バイオテク, 674号, 3-6.
69) 鷲見芳彦 (2009): 微細藻類 (マイクロアルジェ) が拓く未来—有用性とその利用—. 科学技術動向, 9月号 (http://www.nistep.go.jp/index-j.html).
70) (独) 科学技術振興機構: 平成21年度戦略的創造研究推進事業 (CREST) 新規採択研究代表者及び研究課題概要 (http://www.jst.go.jp/pr/info/info670/shiryou2-09.html).
71) Shiraiwa, Y., Miyachi, S. (1979): Enhancement of ribulose 1,5-bisphosphate carboxylation reaction by carbonic anhydrase. FEBS Lett. **106**, 243-246.

4. オイル産生藻類

4-1 総論―微細藻類のオイル含有量―

　高濃度でオイルを産生することで知られている主要な微細藻類を表4-1に示す．ここでオイルとは，脂質，炭化水素，ステロールなどを含んだものである．他の採油作物と違い，微細藻類はきわめて急速に増殖し，多くはオイル含有量が非常に高い．微細藻類は，一般に，24時間内で倍増する．対数増殖期におけるバイオマスの倍増時間は，短いもので3.5時間程度，通常で1日，長いもので10日程度である．微細藻類のオイル含有量は，多いもので乾燥重量の75%程度であるが，20〜50%のオイル含有量をもつものが比較的多く見つかっている．光合成を営む微細藻類のほかに，従属栄養性の原生生物である Schizochytrium も50〜77%の高い含有量でオイルを産生する（表4-1参照）．この種は有機炭素源で成長するので，二酸化炭素を吸収はしないが，オイル資源としては魅力的な生物である．

表4-1　微細藻類のオイル含有量

種名	オイル含有量 (乾燥重量%)	種名	オイル含有量 (乾燥重量%)
Botryococcus braunii	7〜75	Nannochloropsis sp-1.	20〜35
Chlorella sp.	28〜32	Nannochloropsis sp-2.	31〜68
Chrypthecodinium cohnii	20	Neochloris oleoabundans	35〜54
Cylindrotheca sp.	16〜37	Nitzschia sp.	45〜47
Dunaliella primolecta	23	Phaeodarctylum tricornutum	20〜30
Isochrysis sp.	25〜33	Schizochytrium sp.	50〜77
Monallanthus salina	>20	Tetraselmis sueica	15〜23

文献[1]を一部改変．

また，表4-2は窒素欠乏下での藻類の脂質蓄積を示したものであるが，ほとんどの藻類は窒素欠乏により脂質含有量が1.5～15倍に増加する．Botryococcusのみが窒素充足下と窒素欠乏下でも脂質含有量はほとんど変化しない．また，表4-1にあるようにBotryococcusの培養株によりオイル含有量は7～75%と異なっており，Botryococcusを対象とするときは培養株をしっかり選択しておくことが必要とされる．

このように微細藻類は，その種により，多くの異なる種類の脂質，炭化水素，その他の石油複合体を産生する．すべての藻類オイルのエネルギー燃料製造に適しているわけではないため，産生されるオイルの特性を十分に調べた上で，その製造に適したものが選択されるべきである．

たとえば，微細藻類バイオディーゼルは，既存の基準に合致する必要がある．アメリカの関連基準はASTMバイオディーゼル基準D6751[3]，そしてEUでは複数の基準，すなわち，自動車での使用に関する基準（基準EN14114）と暖房用オイルとしての使用に関する基準（基準EN14213）が存在する[3]．Botryococcusが産生する炭化水素オイルを除いて，ほとんどの藻類オイルは，

表4-2 微細藻類各種の増殖培地および窒素欠乏状態における脂質含有量（% 乾燥重量）

	藻類種名・株	増殖培地での含有量	窒素欠乏での最終含有量		藻類種名・株	増殖培地での含有量	窒素欠乏での最終含有量
淡水産藻類	Chlorella pyrenoidosa	13.8	32.0	海産藻類	Monolantus salina	46.0	43.0
		14.0	36.0			41.0	71.4
		16.4	31.6		Dunaliella tertiolecta	21.8	19.2
		25.7	33.6		Hymenomonas carterae	22.0	15.0
	C. ellipsoidea	13.6	27.6		Thalassiosira weissllogi	22.0	25.0
	C. vulgaris	12.0	40.0		T. pseudonana	25.0	27.0
		13.0	28.2		Skeletonema costatum	22.0	32.0
	Oocystis polymorpha	12.4	34.0			23.8	21.8
	Nannochloris sp.	20.4	48.0		Biddulphia aurita	20.0	17.4
	Ourocossus sp.	26.4	50.0			41.4	12.0
	Scenedesmus obliqus	19.0	40.2		Cyclotella cryptica	37.0	23.6
	Selenastrum gracile	20.2	37.8				
	Monodas subterraneus	0.0	10.8				
	Chlamydomonas oppolonata	18.0	32.3				
		16.0	28.0				
	Nitzschia palea	21.8	39.0				
	Navicula pellculosa	10.0	44.0				
	Synedra ulna	23.2	20.6				
	Botryococcus braunii	69.4	—				

文献[2]の図により作成．

4以上の二重結合をもつ多価不飽和脂肪酸（polyunsaturated fatty acid：PUFA）に富むことで，大部分の植物オイルとは異なる[4]．たとえば，エイコサペンタエン酸（EPA）やドコサヘキサエン酸（DHA）は，通常，藻類オイルに発生する．4以上の二重結合をもつ脂肪酸や脂肪酸メチルエステル（FAME）は，貯蔵中に酸化されやすい．これはバイオディーゼル利用への受け入れ可能性を減少させる．ある種の植物オイルは，この問題に直面している．たとえば，高オレイン菜種油のような植物オイルは，大量のリノール酸とリノレン酸を含んでいる．

これらの脂肪酸がDHAやEPAと比較して，ずっと高い酸化安定性を有しているが，EU基準EN14214は，自動車用のバイオディーゼルでのリノレン酸メチルエステル含有を12 M％までに制限している．暖房用オイルとしてのバイオディーゼルの使用にはこのような制限はないが，受け入れ可能バイオディーゼルは，オイルの全不飽和度の程度に関する他の基準に合致する必要がある．オイルの全不飽和度は，そのヨウ素値により示される．基準EN14214と基準EN14213は，バイオディーゼルのヨウ素値が，それぞれ，120と130 g/ヨウ素100 gバイオディーゼルを超えないよう規定している．さらに，両方のEUバイオディーゼル基準では，4以上の二重結合でFAMEの含有を最大で1％に制限している．このように，多くの微細藻類オイルの成分のほとんどは，EUのバイオディーゼル基準には合いそうにないが，これは重大なマイナス要因とはならない．微細藻類オイルの不飽和度の程度や4以上の二重結合をもつ脂肪酸の含有はオイルの一部の触媒水素化，すなわち植物オイルからマーガリンを製造する際に通常使用されるものと同じ技術により，簡単に削減することができる[5,6]．　　　　　　　　　　　　　　　　　　　　（渡邉　信）

4-2 各　　論

a. *Botryococcus braunii*

Botryococcus braunii は，群体性緑藻の一種で，重油相当のオイルを産生する．多くのオイル産生藻類が細胞内にオイルを蓄積するのに対して，*Botryococcus* は唯一オイルを細胞外に分泌して群体内の細胞間隙に蓄積する．

そのオイル含量は乾燥重量の75%に達することがある．*Botryococcus* は湖沼，ダムなどの陸水環境を中心に世界各地に分布しており，時に大量繁殖することが知られる．化石燃料の一種であるオイルシェールには，化石化した *Botryococcus* が認められており，化石燃料の原材料となった生物としても著名である．化石燃料は過去に蓄積したバイオマスが長い年月にわたる物理化学的変性プロセスを経て生成したと考えられるが，現存する *Botryococcus* の場合，現世において直接的に化石燃料に相当する炭化水素を産生する生物として近年注目されている．

1) 生息環境

Botryococcus は，世界各地のさまざまな陸水環境に生息するコスモポリタンな種として認識されている．Komárek と Marvan は，世界各地の湖沼で採取された固定試料の観察を行い，チェコ，デンマーク，エチオピア，フィンランド，ロシア，ニュージーランド，オーストラリア，カナダ，キューバ，ブラジル，パプアニューギニア，マレーシア，インドネシア，タイといった国々の試料から多様な形状の *Botryococcus* を報告した[19]．筆者らも日本国内各地の湖沼，湿原，溜め池やダムなどの多数の陸水環境において *Botryococcus* を確認している．筆者らの経験では，自然水界中の *Botryococcus* の細胞密度は低いことが多く，単に水をすくって観察するだけでは見つからないが，プランクトンネット（40～100 μm孔径）で水を濃縮することで容易に見つかることが多い．

炭化水素の特性に基づいて，*Botryococcus* を Race-A，Race-B，Race-L の3つに識別することがあるが，興味深いことに，Race-A と B は熱帯を含む世界各地に生息するのに対して，Race-L は熱帯域でのみ分布が確認されている[22]．また，世界各地の湖沼において *Botryococcus* の大量繁殖が報告されている（表4-3）．大量繁殖した状態の *Botryococcus* は，シアノバクテリアの大量繁殖（アオコ）のように水表面を被覆するが，色調は異なり，緑色，黄色，赤色を呈する．

2) 培養条件と分離方法

(1) 培地と培養条件

Botryococcus の培養には，Chu 13改変培地[11]や Chu 10培地[16]がよく使われている[20]．一方，Dayananda らは，Chu 13改変培地，BG 11，BBM，BBMa

で培養した際のバイオマス量を比較した結果，BG 11 が最も高く，次いでBBM，Chu 13 改変培地であり，Chu 13 改変培地が必ずしも Botryococcus に最適の培地ではないことを示した[17]．筆者らの経験では，培養株によって，最適な培地が異なることがあり，多くの株で安定した増殖を示すのが確認されたAF-6[18] を保存株確立のための分離培養や継代培養に用いている．参考までに，筆者らの分離と継代培養条件を以下に記しておく．

培地：AF-6，温度：22 ～ 25℃，光強度（蛍光灯）：40 ～ 50 μE/m^2/秒，12時間明期-12時間暗期の明暗周期．

(2) 自然界からの分離・培養

Botryococcus の分離培養はそれほど難しくない．試料中に Botryococcus が確認された場合，筆者らは以下の手順で培養株を確立している．まず，① 3 穴スライドガラスの 1 つ目の穴に試料，2 つ目に次亜塩素酸溶液（37％の原液を培地や滅菌水で 1/100 に希釈），3 つ目に培地または滅菌水を入れて，② 顕微鏡下で Botryococcus のコロニーをマイクロピペットにより分離，③ 次亜塩素酸溶液中に移して，コロニー表面に付着した他の微生物を殺菌除去，④ 5 ～ 30 秒以内に培地または滅菌水中に移して洗浄，必要に応じてこの洗浄作業を繰り返す，⑤ 培地の入った試験管あるいは 24 穴の滅菌培養プレートなどに移す，⑥ この作業を 1 つの試料につき 5 ～ 10 コロニーについて行い，上述の培

表4-3　Botryococcus の大量繁殖の報告例

場所	発生状況など	引用文献
Oak Mere（イギリス）	1964 年 6 月～ 1965 年 2 月に優占．9 月の最大時には 1400 コロニー /mL． 1965 年の 7 ～ 8 月に 1600 コロニー /mL のブルーム．Race-B が優占．	27)
Darwin River Dam（オーストラリア）	緑色と黄色のコロニーが水表面を被覆． 1976 年 10 月のピーク時に 8300 コロニー /L，pH7.5 ～ 8.5．水温 32℃．高濃度の鉄で水が着色． 前年にサイクロンによる攪拌あり．Race-B が優占．	28)
Liyu Lake（台湾）	1999 年 10 ～ 11 月にブルーム，最大で 23675 細胞 /mL． ブルーム時に淡水魚（特にティラピア）の斃死を確認．	14)
Lake Kinneret（イスラエル）	2000 年 1 月，オレンジ色のコロニーが湖表層を被覆．	*)

*) http://www.aslo.org/photopost/showphoto.php/photo/156/title/botryococcus-bloom/cat/516

養条件下で培養する．約1〜2か月後に，分離した細胞の増殖や他の微生物の混入を確認して，必要に応じて再分離を行う．なお，次亜塩素酸溶液に長時間 *Botryococcus* を浸すと，細胞がダメージを受けるため，できるだけ短時間で処理した方がよい．また，次亜塩素酸溶液の処理と洗浄の過程でコロニーが断片化したり，コロニーから細胞が飛び出したりすることがあり，こうした細胞を洗浄，分離することで無菌株を確立できる．

Botryococcus の培養株は，現在，以下の公的なカルチャーコレクションから入手可能である．なお，CCAP 807/1 と SAG 807-1 と UTEX 572 と NIES-2199 は，株番号は異なるが同一起源の株である．

・（独）国立環境研究所微生物系統保存施設（NIES）(http://mcc.nies.go.jp)： NIES-836，NIES-2199 の2株

・Culture Collection of Algae and Protozoa（CCAP）(http://www.ccap.ac.uk/index.htm)： CCAP 807/1，CCAP 807/2，CCAP807/3 の3株

・The Culture Collection of Algae at the University of Göttingen, Germany（SAG）(http://epsag.uni-goettingen.de)： SAG 30.81，SAG 807-1 の2株

・The Culture Collection of Algae at the University of Texas at Austin（UTEX）(http://web.biosci.utexas.edu/utex/)： UTEX 572，UTEX 2441 の2株

3) 形態的特徴

本種の細胞は，緑色を呈しており，細胞サイズは細胞幅 $5〜14\,\mu m$，細胞長 $8〜20\,\mu m$ で，くさび状の細胞形から倒卵形，楕円形の形状が認められている（図4-1 (a)，(d))．

コロニーはブドウの房状で，球形〜楕円形が基本で（同図 (j)，(k))，サイズは $30〜200\,\mu m$，時に肉眼でも確認できるほどのサイズ（$500\,\mu m〜1\,mm$）に達することがある（同図 (j))．コロニーの色調は，緑色が基本だが，カロテノイド系色素がコロニー内に蓄積することで，オレンジ色や赤色を呈することがある（同図 (k))．

球状のコロニーでは，その周縁部に沿って細胞は放射状に配列する（同図 (h))．細胞のくびれ部分（同図 (a) 矢印）はコロニー内に埋没する部分で，その反対側の半球状部分はコロニー外に露出する．細胞状態や培養条件，ある

132 4. オイル産生藻類

いは培養株の違いによって，コロニー内における細胞の露出の程度は異なり，表面がスムーズなコロニーや凹凸が顕著なコロニーが認められる．

　細胞は細胞壁で囲まれており，細胞内には，核，葉緑体，オイル顆粒，ミト

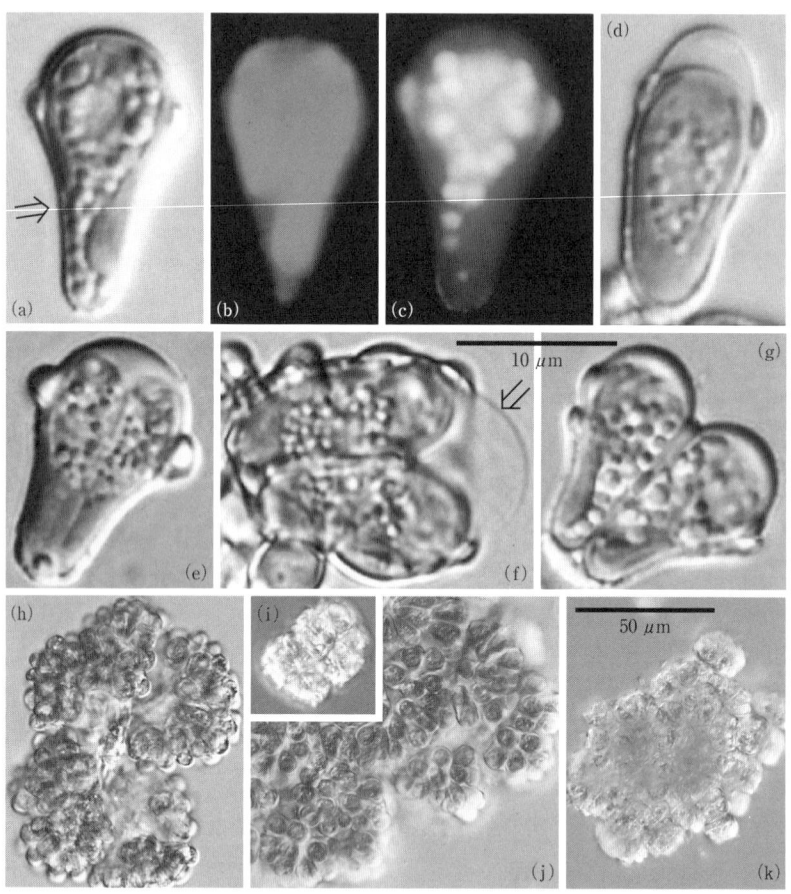

図 4-1　*Botryococcus* の細胞およびコロニーの光学顕微鏡像【口絵 4 も参照】
(a) くさび状の細胞．矢印は細胞のくびれ部分でコロニー内に埋没する部分．(b) (a) の蛍光像．蛍光は葉緑体内のクロロフィル *a* の蛍光．(c) オイルを特異的に染色するナイルレッドで染色した後の (a) の蛍光像．蛍光はオイル顆粒．(d) 楕円形の細胞．(e) 分裂中の細胞．(f) 分裂後の細胞．矢印は残存する母細胞壁の一部．(g) 分裂後の細胞．半球状の母細胞壁はすでに剝離．(h)〜(k) さまざまな形状のコロニー．コロニーの形状や色調は比較的安定した形質．(h) 緑色で中型のサイズのコロニーを形成する株．(i) コロニーおよび細胞サイズが小型の株．(j) 大型のコロニーを形成する株．(k) カロテノイド系の色素をコロニー内の細胞間隙に蓄積する株．スケールは (a)〜(g) 10 μm, (h)〜(k) 50 μm.

コンドリア，ゴルジ体が認められる．葉緑体にはデンプン粒およびピレノイドが存在する．細胞は細胞壁内で長軸方向に二分裂することで増殖する（同図 (e)～(g)）．分裂後に母細胞の細胞壁の一部（コロニー外に面する半球状の部分，同図 (f) 矢印）は剥離するが，残りはコロニー内に蓄積する．細胞分裂が繰り返し行われるのと同時に，炭化水素や他の脂質などが分泌され，細胞間隙を埋めていき，扇状に広がりながら最終的には球状のコロニーが形成される．球状のコロニーでは，単一の細胞の放出や小さなコロニーの乖離が観察される．また，大型の不定形のコロニーに発達することもある．

葉緑体は細胞周縁部に存在しており（同図 (b)），切れ込みが発達して，網目状になることもある．オイル顆粒は細胞中央部，葉緑体と核の間に分布しており（同図 (a)，(c)），そのサイズや数は細胞状態や培養条件で変化する．こうした細胞内のオイル顆粒および細胞外に分泌された炭化水素は，ナイルレッドなどの蛍光染色剤で染色することで，蛍光顕微鏡で容易に観察できる（460～490 nm の励起フィルターと 510 nm の吸収フィルターを使用）（同図 (c)）．細胞外に分泌されたオイルは，コロニー内部に蓄積，保持されており，コロニーをカバーガラスで押し潰すことでコロニー外に染み出す様子を観察することができる．

4) 分類と系統

B. braunii は，Kützing により緑藻の一種として記載された[20]．その後，現在の分類系でいうところの黄緑藻（不等毛植物）として扱われた[31]時期もあったが，18S rRNA 遺伝子の分子系統解析では，緑色植物門のトレボキシア藻綱に所属することが明らかにされている[25]．

Botryococcus 属にはタイプ種の *B. braunii* 以外にどのような種が存在するのだろうか．Kützing の記載以降にも，細胞やコロニーの形状の違いに基づいて，*B. protuberans* などの種が記載されている[30]．また，Komárek と Marvan は，光学顕微鏡によるさまざまな自然試料の観察から，*Botryococcus* の形態変異について解析を行い，細胞サイズやコロニーの形状などの特徴に基づいて，*B. australis*，*B. pila* といった5新種の記載を含む *Botryococcus* 属構成種の整理を試みている[19]．しかし，1つのクローン培養株でも，培養条件しだいでコロニーの形状が大きく変化すること，そして Komárek と Marvan は別種とし

て扱った[19] 形状のコロニーが同一株で観察されること[24] などから，B. braunii 以外の種は，広く受け入れられているとはいえない状況にある．Botryococcus の分類には，培養株を確立した上で，形態的特徴の安定性や形態変異の程度について，詳細に確認することに加えて，分子系統学的アプローチによる相互検証が必要といえる．

炭化水素を細胞外に分泌して，コロニーを形成する緑藻には，Botryococcus のみが知られる．Senously らの分子系統樹において Botryococcus に最も近縁な Choricystis minor は，h 項でも取り上げるが，細胞内に炭素数の短い軽油相当の炭化水素を産生する．さまざまなオイル産生藻類の炭化水素生合成系に関する比較研究や，細胞外にオイルを分泌するに至る進化プロセスなど，興味深い研究テーマが未解決のまま残されている．

5) 炭化水素

Botryococcus の培養株は，炭化水素の生合成経路の違いや構造上の特徴に基づいて，Race-A，Race-B，Race-L の3つに識別されている[8,22,23]．Race-A は，多くが C_{23} ～ C_{33} の奇数個の炭素鎖で，アルカジエンやトリエンといった炭化水素を合成する．脂肪酸であるオレイン酸に炭素が2つずつ縮合した後，脱カルボキシル反応により生成する．Race-B では，C_nH_{2n-10}（$n = 30$ ～ 37）の分岐型トリテルペンのボトリオコッセンやメチル化スクアレンが知られる．この Race-B では，非メバロン酸経路で合成されるイソペンテニルピロリン酸（IPP）やジメチルアリルピロリン酸（DMAPP）がもととなって炭化水素が合成される．Race-L では，$C_{40}H_{78}$ のリコパジエンが基本構造である炭化水素が合成される．これはクロロフィルの成分フィトール，あるいはリコピンやカロテンが縮合して生成すると考えられているが，生合成経路の詳細は不明である．

多くの微細藻類では，バイオマスあたりの脂質含量が対数増殖期を過ぎた定常期などの窒素制限下で増加するのに対して，Botryococcus では，窒素やリン制限の影響を受けずに，対数増殖期において炭化水素の生産は最大となる[21,20]．このことから Botryococcus の物質・エネルギー代謝系において，炭化水素合成は重要な意味をもつと考えられている[12]．

Botryococcus の乾燥試料をヘキサンで抽出すると，炭化水素を含む細胞外脂質がまず抽出され，その残渣をクロロホルムで抽出すると，より粘度の高いゴ

ム状物質が抽出される.さらにその残渣をクロロホルム-メタノールで抽出すると,細胞を構成する脂質が抽出され,後には脂質フリーのバイオポリマーが残る.このバイオポリマーは,細胞外に分泌された炭化水素が酸化的重合することにより合成され,有機溶媒,酸,アルカリに対してきわめて安定である.また,バイオマスの約9%に達することが報告されている[9].

6) 細胞外多糖

*Botryococcus*はオイルだけでなく,大量の多糖類を培養液中に分泌して,培養液の粘度を高めることが知られる.分泌量は培養条件や株によって異なるが,最大で約1g/Lに達することがある[7].この細胞外多糖を構成する単糖類の中で最も多いのは,ガラクトース(最大で70%)で,次いでフコース,そしてラムノース,キシロース,グルコース,アラビノースといった糖が検出されている[7].

7) 増殖特性

多くの微細藻類と同様,*Botryococcus*の培養・増殖には,二酸化炭素,光,栄養塩類,水,適度な温度が必要である.筆者らは*Botryococcus*培養株の保存に試験管による静置培養(培地:AF-6,温度:20℃,光強度:40〜50 μE/m^2/秒)を用いているが,このときの倍加時間は7〜20日であり,植え継ぎは1〜3か月の間隔で行っている.*Botryococcus*の増殖は他の微細藻類と比べて極端に遅く,実用化に向けての大きな課題となっており,増殖向上のためのさまざまな研究が行われている.Chiracらは,1%二酸化炭素の通気培養が,*Botryococcus*の増殖に効果的で,倍加時間が7日から2日に短縮されるだけでなく,炭化水素生産量が5倍増えることを報告している.*Botryococcus*は,幅広い照度条件(15〜180 W/m^2)で増殖するが,炭化水素生産には,40〜90 W/m^{2}の中程度の照度が効果的であること[13],そして通気培養下で光条件を最適化することでバイオマスと炭化水素生産が倍増するという報告もある[10].また,*Botryococcus*の培養試料に*Flavobacterium aquatile*(ATCC 11947株)などの特定菌株を添加することでバイオマス生産と炭化水素生産が増大したという報告[15]やマンノースやグルコースなどの糖類を添加することで増殖が促進されたという報告[29]もある.

*Botryococcus*の増殖速度や炭化水素の生産量は,培養株やRaceによって異

なることが指摘されており[23],コスモポリタンな種としてさまざまな自然環境に広く生息することを考えると,固有の生理生態的特性を示す株,増殖速度の速い株,炭化水素生産により優れた株などが自然界に潜在している可能性がある.実用化に向けて増殖およびオイル生産に優れた培養株を自然界から探索する活動は,今後も必要に違いない. 　　　　　　　　　（河地正伸・田野井孝子）

b. *Nannochloropsis*

Nannochloropsis 属は不等毛植物門・真正眼点藻綱・ユースティグマトス目・モノドプシス科に属する微細な単細胞性藻類である（図4-2）.時に「海産クロレラ」と呼ばれるが,*Chlorella*（緑藻植物門・トレボキシア藻綱）とは系統的に全く異なる.細胞は球形～楕円形,直径 $2～4\,\mu m$ ほどで,薄い細胞壁（主にセルロース性か）に覆われている.葉緑体を1個もち,細胞内にはほかに核,ゴルジ体,ミトコンドリアなどが存在する.葉緑体は自身の二重膜に加えて葉緑体小胞体（ER）で囲まれ,この葉緑体 ER は核膜と連続している.チラコイドは三重ラメラを形成し,不等毛植物に一般的なガードルラメラを欠く.クロロフィルは a のみが見つかっており,光合成色素としてはほかに,ビオラキサンチン,ゼアキサンチン,ボウケリアキサンチンなどがある.多くの不等毛植物がもつフコキサンチンを欠くため,葉緑体は緑色を呈する.細胞質中にはラメラ小胞と呼ばれる層状物質を含む小胞がみられる.ラメラ小胞の存在は真正眼点藻の特徴の一つであり,この層状物質は貯蔵多糖（β-1,3 グルカンか）だと考えられているが,組成などは明らかになっていない.ラメラ小胞は光学顕微鏡下でも反射性の顆粒として認識できる.また,細胞質中に

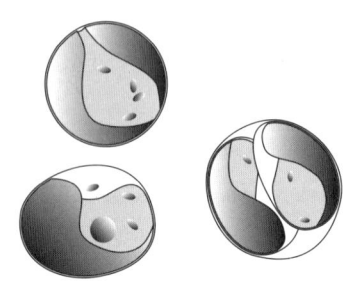

図 4-2 *Nannochloropsis*
左2つは栄養細胞,右は自生胞子を形成している細胞.

は大きな脂質顆粒がしばしばみられる．2個または4個の自生胞子形成による無性生殖のみが報告されており，遊走子形成や有性生殖は知られていない．

　Nannochloropsis 属のタイプ種である *N. oculata* はもともと *Nannochloris*（緑藻植物門・トレボキシア藻綱）に分類されていたが，光合成色素組成や細胞構造などの違いから新属 *Nannochloropsis* が設立され，真正眼点藻綱に移された[32,38]．現在までに *Nannochloropsis* には6種が記載されている[42]．細胞の外形などにある程度の変異がみられるものの，形態的特徴から種を判別するのは困難である．正確な同定にはDNA塩基配列データ（特に *rbc*L）が必要となっている．ほとんどが海産であり，世界中に広く分布する．しかし近年になってヨーロッパやシベリア，北アメリカの湖沼や河口域から淡水種 *N. limnetica* が報告されている．*N. limnetica* は比較的低温期（時に氷の下）に多く，時に自然下で 5.7×10^9 細胞/L に達すると報告されている[35,41]．また，*Nannochloropsis* の海産種も比較的低塩分濃度で増殖が可能だとされる．*Nannochloropsis* 以外の真正眼点藻はすべて淡水または土壌に生育しており，*Nannochloropsis* のみが海産種を含む．おそらく真正眼点藻は本来は淡水性であるが，*Nannochloropsis* のみが海に進出し，さらにその中で *N. limnetica* が淡水に戻ったと考えられている．

　Nannochloropsis は比較的多量の脂質を産生することが知られており，脂質量は乾燥重量あたり68%以上になることがある．そのヨウ素価は52g I_2/100g という価が報告されており，バイオディーゼルに適している[37]．脂質の割合としては，ガラクト脂質やリン脂質が各20%ほど，トリアシルグリセロールが10〜20%ほどであり，定常期にトリアシルグリセロールの割合が増加する[39]．また，脂肪酸量は，乾燥重量あたり40%に達することがある[40]．脂肪酸組成としてはミリスチン酸（14:0）やパルミチン酸（16:0）などの飽和脂肪酸に加えてパルミトレイン酸（16:1 n-7），オレイン酸（18:1 n-9），リノール酸（18:2 n-6），アラキドン酸（20:4 n-6），EPA（20:5 n-3）などの不飽和脂肪酸が多い（表4-4）．特にEPAを多量に生成することが特徴であり，その商業的利用が試みられている．

　他のオイル産生藻類と同じく，*Nannochloropsis* は定常期や低窒素培養下で脂質量が増加する．*N. oculata* CCAP 849/1株では長期培養によって脂質量が

増加し（細胞重量あたり 20 → 80%），また，それに伴ってパルミチン酸の増加と EPA の減少がみられる[39]．また，*Nannochloropsis* sp. PP 983 株では，硝酸ナトリウム量を 3 mM から 150 μM に減らすと，バイオマス量は若干低下するが（乾燥重量で 305 → 220 mg/L），タンパク質量が減少し，代わりに脂質量が大幅に増大することが報告されている（乾燥重量あたり 13 → 62%）[40]．このときパルミチン酸やパルミトレイン酸，オレイン酸が増加，リノール酸やアラキドン酸，EPA が減少する（表 4-4 参照）．また，リン減量，塩分濃度減

表 4-4　*Nannochloropsis* の脂肪酸組成

種名	*N.limnetica*	*N.salina*	*N.oculata*	*N.oculata*		*N.* sp.	
				CCAP 849/1		PP 983	
株名	SAG18.99	CS-190	CS-179	0 時間	360 時間	150 μM NaNO$_3$	3000 μM NaNO$_3$
14:0	7.8	5.0	4.6	4.1	3.6	3.5	3.6
15:0	0.9	0.5	0.5	–	–	–	–
16:0	20.2	27.8	14.2	17.1	27.4	38.2	22.7
17:0	0.4	–	–	–	–	–	–
18:0	0.7	1.0	0.6	0.7	1.4	–	–
14:1 n-3	0.5	–	–	–	–	–	–
16:1 n-7	30.1	31.8	29.4	25.7	25.4	28.3	22.7
16:1	0.3	0.6	0.7	0.9	0.8	–	–
17:1 n-8	–	0.2	0.8	–	–	–	–
18:1 n-6	0.3	–	–	–	–	–	–
18:1 n-7	0.5	0.2	0.3	–	–	–	–
18:1 n-9	5.4	8.3	6.3	3.8	7.5	16.4	4.1
16:2	0.5	0.4	0.9	0.4	0.2	–	–
16:3	–	0.1	0.2	–	–	–	–
18:2 n-6	3.2	1.5	2.0	2.8	3.4	2.7	7.0
18:3 n-3	0.3	0.2	0.1	–	–	–	–
18:3 n-6	0.3	0.4	0.3	–	–	–	–
20:3	0.3	0.9	0.5	0.6	1.5	–	–
20:4 n-6	4.1	4.0	8.8	5.1	3.4	1.1	3.6
20:5 n-3	24.4	16.1	28.8	30.6	15.4	7.9	29.9
文献	41)	45)	45)	39)	39)	40)	40)

少，温度上昇などによっても脂肪酸量増加がみられる[40]．ただし，異なる株では培養条件による異なる脂肪酸組成変化も報告されており[34]，培養条件や株，種による生理的特性の違いがあるのだろう．さらに N. oculata NCTU-3 株では 2% 二酸化炭素の通気による培養でバイオマス量，脂質量とも最大になることが報告されており，15% 二酸化炭素でも増殖しうるとされている[33]．また，Nannochloropsis の細胞壁には耐性物質であり，少なくとも一部の石油の原料となったと考えられているアルジナンが乾燥重量あたり 1～2% ほど含まれている[36]．N. oculata CS-179 株では expressed sequence tag（EST）が解析されており，今後，脂質代謝における遺伝子レベルでの解析が進むものと思われる[44]．また，変異体や同位体を用いた脂質合成系の研究も行われている[43]．

Nannochloropsis は上記のような特異な脂肪酸組成をもち，増殖がよいことから，魚介類の養殖において，稚魚やその餌となるワムシの飼料として以前から広く利用されている．そのため，大量培養のための培養条件や培養装置など，さまざまな研究が報告されている．Nannochloropsis の培養株は NIES, NBRC, CCMP, CCAP, SAG, CSIRO などの株保存施設で維持されており，購入できる．また，水産飼料用として大量培養したものが市販されている．

（中山　剛）

c. Neochloris oleoabundans

Neochloris oleoabundans は，オイル産生藻類として知られる緑色藻類の一種である．近年，アメリカ，カナダ，ポルトガルなど，各地でオイル源としての潜在能力が検討され始めており，web などでも紹介されるようになっている．

1）生息環境と培養条件

実験などによく用いられている N. oleoabundans の培養株は，UTEX 1185 という本種のタイプ株で，テキサス大学の藻類培養株保存施設（http://web.biosci.utexas.edu/utex/）から入手可能である．この株は 1960 年ごろにサウジアラビア内陸の砂丘から分離されたもので，同施設では土壌抽出培地（soil extract medium）で維持されているようである．その他，Bristol 培地や改変 BBM 培地などでも培養されている[46-48]．生育温度域は詳細な報告はないが，

25〜30℃でよい成長を示している[46-48]. 生育可能な pH の範囲もよくわかっていないが, pH 7.5 前後でよく増殖するようである[48]. Bristol 培地で 30℃, 5%（v/v）二酸化炭素通気, 150 μE/m/秒の連続照射下で 18 日間培養した増殖試験では, 倍加時間が平均で 1.4 となることが確認されている[47].

2) 形態的特徴と分類

本種の細胞は, 球形で細胞壁に囲まれており, 1 個の核と緑色の葉緑体をもつ. 本種は 1962 年に Chantanachat と Bold によって *Neochloris oleoabundans* S. Chantanachat & H.C. Bold として記載された[37,49]. しかし, *Neochloris* 属のタイプ種である *N. aquatica* Starr は多核性の種として記載されていたため[50], Komárek は *Neochloris* 属の種の中で単核性のものをまとめて新属 *Ettlia* を設立し, 本種をそこに所属させている[51]. したがって現在の本種の正式な学名は *Ettlia oleoabundans* (S. Chantanachat & H.C. Bold) Komárek であり, 現在オイル産生藻類として知られている *N. oleoabundans* という名称はこのシノニム（異名）である. しかしながら, 本種の微細構造観察と分子系統解析は未だに行われておらず系統的位置が不明であるため, *Ettlia* 属への所属が妥当かどうかについても今後検証が必要である（S. Watanabe 私信）.

3) オイル

N. oleoabundans は, 窒素欠乏下で脂質含有量が増大することが報告されており, 細胞乾燥重量あたり 35〜54% に達する[52]. 蓄積された脂質の約 80% がトリグリセリドで, 残りは脂肪族炭化水素, ステロール類, 色素類, 糖脂質, リン脂質などで占められる[52]. 　　　　　　　　　　（石田健一郎）

d. *Phaeodactylum*

Phaeodactylum は, 不等毛植物門・珪藻綱に属する単細胞性の藻類で, 細胞が被殻と呼ばれるケイ酸質の細胞壁で覆われていることが特徴である. 珪藻は熱帯から極地まで多様な環境の海水・陸水域に生息しており, 今日までに約 1000 属が記載され, その種数は 10 万を超えると推定されている. また, 海水域で最も優先している珪藻は, 海の一次生産の約 40% を占めているともいわれている. 珪藻は, 被殻の形態から大きく 2 つのグループに分類されている. 一つは放射相称の被殻をもつ中心珪藻, もう一つは左右対称の被殻をもつ羽状

珪藻である．中心珪藻はプランクトン性で主に表層から光の届く有光層で生育しているのに対して，多くの羽状珪藻は底生性で堆積物上や，岩や海藻に付着して生育している．本項で紹介する *Phaeodactylum* は，海産の羽状珪藻である（図4-3）．

現在，珪藻はさまざまな用途で産業的に利用されている．例をあげると，ケイ酸質の被殻を原料としたシリコンの生産や，水産養殖での餌資源として活用されている．さらに身近なところでみてみると，珪藻被殻の化石堆積物である珪藻土は，耐火性と断熱性を必要とする七輪の原料や，断熱材や研磨剤，また，ろ過助剤としても利用されている．そして商業的利用価値が高いとして着目されているのが，珪藻の細胞内で合成されるPUFAの一つ，EPAである．ヒトにとってEPAは必須脂肪酸の一つで，血小板を凝集させる物質の生成を抑え，悪玉コレステロールを減らす働きがある．疫学調査により動脈硬化，脳卒中，高血圧などの病気の予防・改善に効果があるとされ，世界でのEPAの需要は年間で300 tを超えると推定されている．一般的にイワシやアジなどの背の青い魚はEPAを体内に蓄積していることが知られているが，魚油からのEPAの精製には高いコストがかかり，安定した大量供給が望めない．一方，珪藻を用いればEPAを安定供給できると考えられており，代替供給源として注目されている．珪藻の一種 *P. tricornutum* はEPAを多く含む種であることが知られており，その含有率は全脂肪酸の約30％に相当する．本項では，EPAを安定に大量供給するために必要な *P. tricornutum* の大量培養法と新品

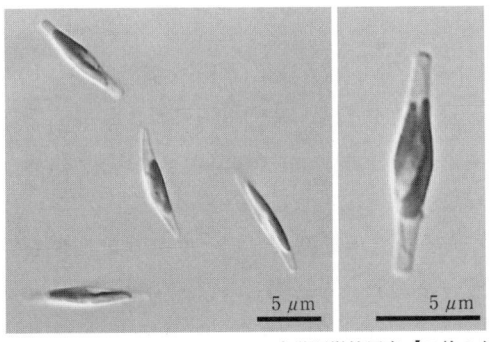

図4-3 *Phaeodactylum tricornutum* の光学顕微鏡写真【口絵2も参照】
ケイ酸質の被殻で覆われた細胞の中央に褐色の葉緑体を1つもっている．

種の開発について述べる.

1) *Phaeodactylum* の培養

微細藻類を培養する際,最も重要となるのが光である.実験室レベルで *P. tricornutum* を培養する場合は,恒温培養器内で,光制御のもと,1L程度のフラスコを用いて行う.しかし少しスケールを大きくした500L以上の培養系では光制御が難しくなる.その理由として,高密度に細胞が増殖した場合,培養槽(バイオリアクター)内で光条件が不均一になることがあげられる.そのため,さまざまな大きさ・形状のバイオリアクターの開発が行われており,*P. tricornutum* ではバイオコイルと呼ばれる螺旋状のプラスチックチューブ型のリアクターで700Lの培養に成功している[58].光以外にも培地中の栄養塩,pH,温度などの条件が細胞の成長やEPAの含有率に大きく関わってくる.例をあげると,*P. tricornutum* は20～25℃で最大成長速度を示し[57],培地中にグルコースを添加した場合,細胞濃度や生産量が8～9倍に増加することが報告されている[55].また,本種でのEPAの生産に最も適したpHは8.5で,培地中の硝酸塩や尿素の濃度を高くするとEPAの含有量が増加することも知られている.

2) *Phaeodactylum* の遺伝子組み換え

遺伝子組み換えに関する研究は,動物や植物,酵母,バクテリアなど,多様な生物で進んでいる.この技術は基礎研究以外にも,医療や工業,農業など,さまざまな分野で応用されており,植物ではダイズやトウモロコシ,菜種などで脂肪酸やアミノ酸の含有量が異なる遺伝子組み換え作物がすでに開発・生産されている.

P. tricornutum への遺伝子導入技術は1996年に確立され,パーティクルガン(particle gun)法によりDNAを細胞内に導入して抗生物質遺伝子や緑色蛍光タンパク質(green fluorescent protein:GFP)を発現させることに成功している[54].加えて2008年に *P. tricornutum* の全ゲノム配列の解読が行われ,ごく最近,遺伝子の発現を抑えるノックダウン技術も開発された[56].*P. tricornutum* の遺伝子組み換えを応用した研究では,2001年に2つのグルコース輸送タンパク質遺伝子を細胞内に導入・発現させることで,暗黒条件下で増殖する遺伝子組み換え体の開発に成功している[59].この組み換え体を用いれ

ば，屋内で大量培養する際の膨大な光エネルギーを削減することができると期待されている．また，UV を用いた突然変異体の開発では，野生株と比較してEPA 含有率が 44% 高い変異株の作出に成功しており[53]，今後これらの新品種を用いた大量培養系の確立が期待される．　　　　　　　　　　　　（平川泰久）

e. *Dunaliella*

Dunaliella 属は，海水環境で普通にみられる，緑藻綱・ドナリエラ科に属する単細胞性の藻類である．分裂で増殖する栄養世代は，鞭毛を 2 本もつ球形あるいは桿形の遊泳細胞であり，細胞サイズは 10 μm 程度である．微細構造的には，細胞壁をもたないという，緑藻としてはユニークな特徴を有する．有性生殖においては，2 つの細胞の接合により厚壁の接合子が形成され，これより最大 32 個の遊走細胞が放出される．種によっては休眠胞子（シスト）を無性的につくるという報告もある[60]．

本属に属する種で最も有名なものは *D. salina* である．*D. salina* は世界各地の塩田や塩湖で増殖がみられるという事実から容易にわかるように，好塩性であり（20〜25% の塩濃度が最適生育環境），世界中の高塩濃度環境における一次生産の大部分を担っていると考えられている．「シオヒゲムシ」というこの種の和名も好塩性質に由来する．本種は，緑藻であるにもかかわらず，高塩濃度環境では通常，ピンク色を呈する．これは，細胞内の葉緑体内に高濃度のカロテノイドを蓄積するためであり，このカロテノイドによって，細胞壁のない細胞を高塩濃度による高浸透圧環境から守っていると考えられている．カロテノイドは抗酸化活性をもつことから，*D. salina* は古くから健康食品としての利用価値が認められており，本種を利用したカロテノイドの工業的生産は，1960 年代から行われている（図 4-4）．

Dunaliella 属の中でオイル産生藻類としての利用価値が注目されているのは *D. tertiolecta* である（図 4-5）．本種は海域に生息するが，前述の *D. salina* ほどの極端な好塩性は示さず，海水より少し低い塩濃度が最適生育環境である．形態的には，細胞内に屈折性の顆粒が散在するという特徴から他の *Dunaliella* 属と識別できる[61]．特定の培養条件下の成長速度として，対数増殖期において 1.15 回/日という分裂回数が報告されている[62]．また，有機物ベースで換算し

て37%程度までオイル成分を蓄積することが報告されている[63]．

GouveiaとOliveiraらが最近行った実験によると，ポリエチレンバッグを用いた培養実験下での同種のバイオマス収量は平均2.6 g/L，最大で3.6 g/Lに達するようである[37]．この収量は日あたりに換算すると0.12 g/Lになる．この研究でのオイル含有量は17%程度と見積もられている．*D. tertiolecta*に含まれるオイル成分は，他の藻類に比べて不飽和脂肪酸の割合が高いのが特徴であり，特にリノレン酸の割合が顕著に高い．脂肪酸組成自体は対数増殖期と定常期で変わらないようである[62]．一方で，脂肪酸の細胞内組成は摂取される二酸化炭素量によって若干変わるという報告もある[64]．

同種のオイル産生の工業的利用を目指すため，培養条件の改良によるオイル収量の効率化を図る研究も行われている．Takagiらは高塩濃度下（1.0 M）の培養で同種細胞内に蓄積される脂肪酸量の若干の増加を見出したが，この条件下ではバイオマス収量は落ちてしまうようである[65]．この種にみられるバイオマス生産量とオイル生産量の負の相関傾向は他の藻類でもよくみられ，オイル生産の効率化を図る研究を難しくしている部分でもある．

単純にオイル収量効率の観点からみれば，*D. tertiolecta*は本節の他項で紹介している*Botryococcus*などの藻類に比べて，オイル産生藻類としての応用価値が劣るようである[66]．しかしながら，実質的に淡水産藻類を用いたオイル生

図4-4 イスラエルにおける*Dunaliella salina*の工業的生産を行うための大規模培養プール
（河地正伸氏提供）
迷路状の形状を示すプールには1区画ごとに流れをつくるための水車型パドルが備えられており，この種のプールは一般にレースウェイ培養池（raceway pond）と呼ばれる．本種が特徴的なピンク色を呈するゆえにプールも紅色にみえる．

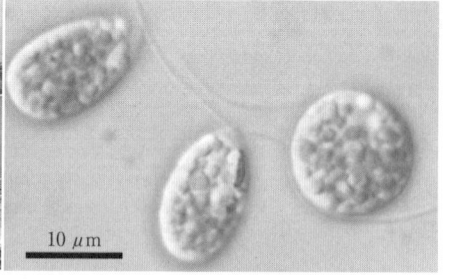

図4-5 *Dunaliella tertiolecta* NIES-2258株の光学顕微鏡写真【口絵7も参照】
（河地正伸氏提供）
本種を特徴づける細胞内顆粒が顕著にみられる．

産産業の展開が困難である．淡水資源に乏しい国・地域においては，本藻類のもつ「好塩性」というユニークな性質に唯一無二の利点を見出すことができる．この意味において，本種を用いたオイル生産の効率化を図る研究に関しては，今後も研究する価値が十分にあるといえよう．

前述のとおり，*D. salina* についてはすでに工業的な大量培養生産が行われているため，同属の *D. tertiolecta* の大量培養システムは *D. salina* のそれを転用可能であることが容易に予想される．微細藻類の大量培養については，単純な培養器のスケールアップによって数値計算上のバイオマス収量を得られるケースが少ないため，大量培養スキームが未開発の（あるいは困難な）他のオイル産生藻類と比べれば，これは非常に大きな利点の一つであるといえよう．

(田辺雄彦)

f. *Aurantiochytrium limacinum*

ラビリンチュラ類は，綱のレベルでまとめられる生物群で，褐藻類や珪藻類などの黄色藻類の起源的位置から分岐したことが示唆されている．このような系統的位置が示されていることから，従属栄養性藻類というように呼称されることもあるが，葉緑体をもたず，光合成は行わない．

この綱に属する生物は総じて，ドコサヘキサエン酸（DHA），ドコサペンタエン酸（DPA），エイコサペンタエン酸（EPA），アラキドン酸などの高度不飽和脂肪酸を高濃度に蓄積することが知られており，これらの応用的な生産に関する技術や知見などが特許として認められている（例：文献[80]）．特に，*Aurantiochytrium* 属，*Schizochytrium* 属，*Thraustochytrium* 属，*Ulkenia* 属については，比較的知見が蓄積しつつある．

Aurantiochytrium limacinum は，その中でも高い増殖速度や脂質蓄積能で注目される種である．この種は *Schizochytrium limacinum* として記載され[67]，さらに新属 *Aurantiochytrium* 属に移された経緯がある[78]．このようなことから，特許などでは「シゾキトリウム」として表記されている場合も多い．

1）生育環境と培養条件

ラビリンチュラ類は，世界中の沿岸〜外洋，極域，深海から分離された報告があるが，特に亜熱帯〜熱帯のマングローブ域には豊富に存在することが知ら

れており，1 L あたり数千～数十万の細胞が存在したという報告がある．

遊走細胞には，ペクチンなどの植物性多糖類に対して走化性があることが確認されている．これを利用して，マツ花粉を釣り餌にすると選択的に分離株を得ることができる．具体的には，採取した海水にマツ花粉を浮かべ，2～7日ほど放置し，抗生物質を添加した dGPY 寒天培地（海水と蒸留水を1：1に合わせた半海水に，0.2% ブドウ糖，0.1% ポリペプトン，0.05% 酵母エキス，1.5% 寒天を溶かしたもの）にマツ花粉と塗布すると，1～3日後にはマツ花粉のまわりに形成されたコロニーや遊走細胞を観察することができる．なお，マツ花粉は，95℃，8時間の処理を繰り返すことで，酵母や糸状菌などを死滅させて使用することができる．筆者らは，兵庫県西宮市の夙川河口域において，春から夏にかけて 10 mL の海水からでも高確率に存在を確認している．このことから，他の温帯域でも同様の状況であると思われる．なお，*A. limacinum* の種のタイプ由来株である IFO 32693（= NIBH SR21, ATCC MYA-1381）株は，ミクロネシア連邦ヤップ諸島のマングローブ域の表層海水から分離されたものである[67]．

培養では，葉緑体をもたない従属栄養性であるため，特に光を必要としないが，炭素源や窒素源となる有機物を培地に添加する必要がある．糖類の資化性については，分類群によって特徴のある可能性が示唆されている．*A. limacinum* IFO 32693 株では，いずれも単糖である D-グルコース，D-フルクトース，D-マンノース，D-ガラクトース，さらにグリセロールを効率よく資化できることが示されている[67]．また，高いグルコース濃度（10～15%）の培地でも増殖阻害を受けないという特徴も合わせ持ち，15% のグルコースを用いた培養条件で，約5日間で乾燥細胞重量が1 L あたり約 60 g に達したことが報告されている[76]．

2） 形態的特徴と分類

ラビリンチュラ綱は，細胞体の表面に分布するボスロソーム（＝サゲノジェネトソーム，サゲノゲン）から外質ネットを形成すること，ゴルジ体由来の硫酸多糖類を含む薄板状の鱗片構造が重なった外被構造をもつことで特徴づけられる．そして，少なくとも科のレベルで2つの分類群が認識されている．

一方はラビリンチュラ科であり，この科には *Labyrinthula* 属のみが含まれ

る. 細胞は紡錘形で細胞体に複数のボスロソームを形成し, 外質ネットによって細胞体が包まれていることが特徴である.

もう一方はヤブレツボカビ科であり, *Althornia, Aplanochytrium, Aurantiochytrium, Botryochytrium, Japonochytrium, Oblongichytrium, Parietichytrium, Schizochytrium, Sicyoidochytrium, Thraustochytrium, Ulkenia* の11属が含まれる. この科の生物の細胞は卵形～球形で, 1つのボスロソームから外質ネットを仮足状に展開する特徴を共有している. ただし, *Althornia* 属は例外的に外質ネットを形成しない. 各属は, 生活史の中に現れる光学顕微鏡レベルの形態形質をもとに, 脂肪酸組成, カロテノイド色素組成, 分子系統関係などを総合的に考慮して分類されている[74,79].

複数の遺伝子による分子系統解析によると, ラビリンチュラ綱は少なくとも4つの系統群から構成されていることが示唆されている[75]. すなわち, *Labyrinthula* 属と *Aplanochytrium* 属は, それぞれ独立した系統群となり, 両者の単系統性は統計学的に高く支持されている. *Oblongichytrium* 属も独立した系統群を形成している可能性が高い. その他のヤブレツボカビ科の各属は, まとまった大きな系統群を形成している. これらの系統関係は, 分類体系に完全には反映されていないのが現状である. 各属のより詳細な比較解析や, 興味深い系統的位置を占める未同定株の情報などを蓄積した上で, 上位分類群の総合的な再整理が必要であると思われる.

Aurantiochytrium 属は, 栄養細胞が二分裂して増殖すること, 比較的コロニーは小さく, 外質ネットもあまり発達しないこと, 蓄積する高度不飽和脂肪酸のうちDHAの占める割合が大きく, カロテノイド色素としてアスタキサンチンをもつことで特徴づけられる. この属には, 基準種の *A. limacinum* のほかに, *A. mangrovei* が記載されている. *A. limacinum* は薄い細胞壁に包まれた遊走子嚢の中で遊走細胞が形成されるが, *A. mangrovei* は特に遊走子嚢を形成せず, 栄養細胞が分裂を繰り返して遊走細胞へと変化するという点で区別される. *A. limacinum* の細胞は 7～15 μm の球形で, 遊走子嚢となるときは 12～24 μm となり, 16～64 個の遊走細胞が形成される. 遊走細胞は 6～8.5×5～7 μm の卵形で, 細胞の側方から長短2本の鞭毛を生じる. また, ナメクジ状 (limaciform) の運動性のある不定形細胞 (12～20×5～8 μm) を放

出することがしばしば観察される[67]．

3) オイル

(1) 細胞内オイルの観察と産生条件

図4-6は，*A. limacinum* の栄養細胞をナイルレッドで蛍光染色したものである．この色素は親油性であるため，落射蛍光顕微鏡下では，細胞内の油滴を橙黄色の蛍光として観察することができる．増殖の定常期に達した細胞では，この顕微鏡像のように細胞内が多数の油滴で占められる様子が観察される．細胞乾燥重量に対する脂質の含有率は80％を超える場合もあり，そのような分析データと呼応している．また，透過型電子顕微鏡によって栄養細胞を観察すると，黒く染まった油滴が細胞内に散在している様子が観察される（図4-7）．また，油滴の周辺には小胞体が位置しており，脂質の生合成と分解に関与しているものと考えられている[71]．

A. limacinum IFO 32693株の脂質産生量および産生性は，他のラビリンチュラ類の実験結果と比較しても非常に高い．12％グルコースを含む培地で92時間培養したときの脂質産生量は37.3 g/L，産生性は9.7 g/L/日であり，15％グルコースの場合は125時間後の脂質産生量は41.6 g/L，産生性は8.0 g/L/日であったことが示されている[76]．また，*A. limacinum* として同定された

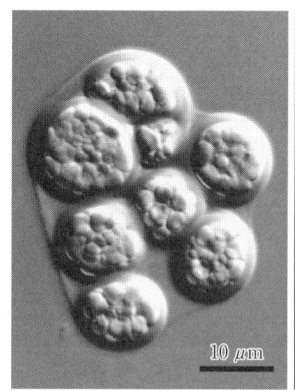

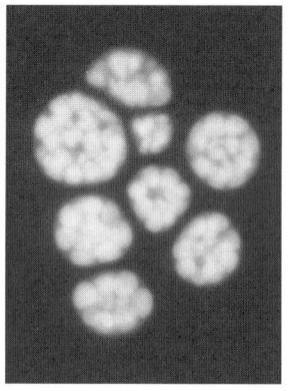

図4-6 ナイルレッドにより蛍光染色した*Aurantiochytrium limacinum*
IFO 32693株（= SR 21株）の栄養細胞【口絵8も参照】
透過光による微分干渉像（左）と同じ細胞の落射蛍光像（右）．蛍光を発する多数の油滴が細胞内を埋め尽くしている様子が観察できる．この写真の8つの細胞は，全体が薄い細胞壁で覆われており，もともとは1つの栄養細胞が二分裂を繰り返すことで形成されたことを示している．

別の mh 0186 株では，6% グルコースを含む培地を用いたときに，約 30 時間で全量のグルコースを吸収することも示されており，このときの脂質産生性はグルコース濃度が比較的低いにもかかわらず，9.9 g/L/日を記録している[72]．

(2) オイルの組成

A. limacinum IFO 32693 株では，この高度不飽和脂肪酸の 93% がトリアシルグリセロールの形で存在しており，膜脂質ではなく，蓄積脂質が豊富に観察されることと矛盾しない[73]．さらに脂肪酸は，約 50% のパルミチン酸（$C_{16:0}$），約 30% の DHA（$C_{22:6n-3}$），約 5% の DPA（$C_{22:5n-6}$）という組成になっている．この組成比は，培地中の炭素源や窒素源を変えても基本的には変化しない[77]．

一方，高度不飽和脂肪酸の組成をラビリンチュラ綱の中で比較した場合，系統群ごとに組成の傾向が一致し，それぞれを特徴づけることができる．たとえば，狭義の *Schizochytrium* 属ではアラキドン酸（$C_{20:4n-6}$）の含有率が比較的高く，*Parietichytrium* 属ではドコサテトラエン酸（DTA）（$C_{22:4n-6}$）の含有率が比較的高いといった特徴がある[78,79]．また，これまでに知られているほとんどのラビリンチュラ類の高度不飽和脂肪酸の最終産物は DHA だが，*Labyrinthula* sp. L 59 株の最終産物は DPA であることが報告されており[68]，生合成系が途中で終了しても致死とはならないことをうかがわせている．これらの組成は生合成経路そのものの違いか，酵素活性などの違いを反映している

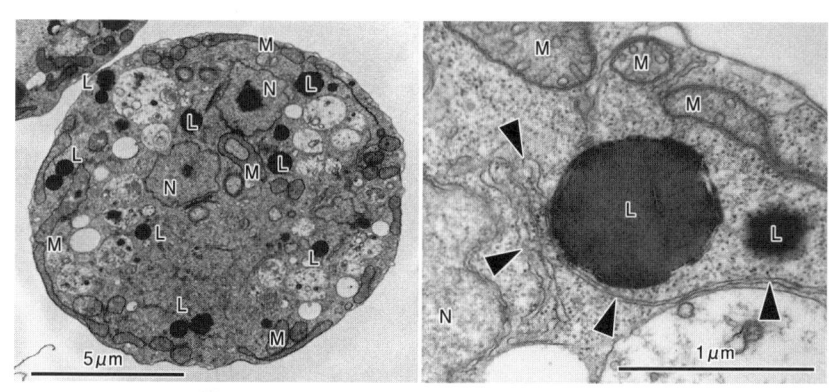

図 4-7 ヤブレツボカビ類の栄養細胞の電子顕微鏡像
左の全体像には多数の油滴（L）が観察される．右の拡大像では脂質分解に関与すると思われる小胞体（▶）が油滴の近傍に明瞭に観察される．なお，培養開始からあまり経過していないので，この細胞ではまだ油滴の占める割合はまだ小さい．N：核，M：ミトコンドリア．

ものと思われる．なお，真核生物に一般的にみられる鎖長延長と不飽和化反応を繰り返す高度不飽和脂肪酸の合成経路に加え，*Aurantiochytrium* 属ではポリケタイド合成酵素（polyketide synthase：PKS）が関与することが示唆されている[70]．

4） 展　望

Aurantiochytrium 属の株を用いて，形質転換系の構築に関する技術も発表され[69]，脂質合成に関係する遺伝子の情報も蓄積されつつある．また，ラビリンチュラ類4種（*Aurantiochytrium limacinum* IFO 32693株，*Aplanochytrium kerguelense*，*Labyrinthula terrestris* ATCC MYA-3074株，*Schizochytrium aggregatum* ATCC 28209株）を対象とする比較ゲノム解析プロジェクトが，アメリカのエネルギー省共同ゲノム研究所で進行中である（参考：http://syst.bio.konan-u.ac.jp/labybase/）．これらの研究が統合されることで，新たなモデル生物として展開され，ラビリンチュラ類の脂質合成に関する理解の深化はもちろん，さまざまな分野に関するアプローチが可能になるものと期待される．

（本多大輔）

g. *Chlorella*
1） クロレラとは

クロレラ属（*Chlorella*）[81]は，単細胞・不動性微細緑藻類の代表格である．過去100種以上が記載され，従来は形態観察を主な基礎として，緑藻綱・クロロコックム目に分類されていたが（例：文献[90]），18S rRNA 遺伝子の塩基配列を用いた分子系統解析の結果をもとに分類体系が見直され，現在は地衣類の共生藻を含む新たなグループであるトレボキシア藻綱の中に位置づけられるようになっている[82]．データの蓄積に伴い，系統樹上でのクロレラの多系統性が客観的なものとして広く支持されるようになると，タイプ種 *C. vulgaris* を含むわずか数種によって構成される1系統のみが「真の（狭義の）クロレラ」として認められるようになったが[85]，ここでは便宜上，それ以外の系統を含んだ従来の「広義のクロレラ」について主な共通項を概論していくこととする．

2） クロレラの特徴

細胞は直径 2～15 μm 程度までの球形ないし長球形，外表はセルロースな

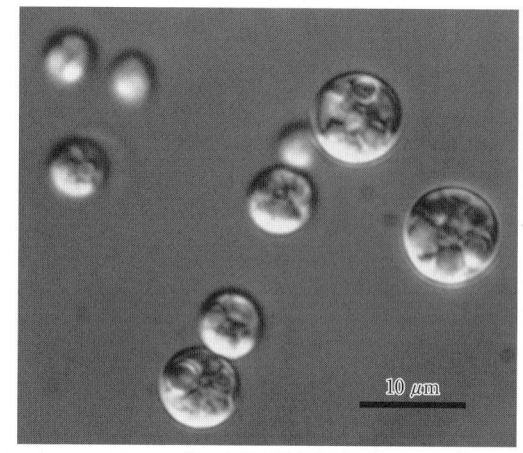

図4-8 *Chlorella* sp. NIES-2171 株の光学顕微鏡像【口絵9も参照】(河地正伸氏提供)

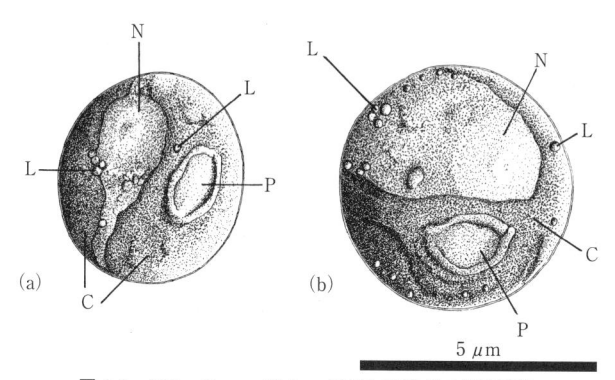

図4-9 *Chlorella sorokiniana* NIES-2169 株の細胞構造
光学顕微鏡観察に基づき,(a) 長球形を呈する個体と (b) 球形に生育した個体の2例を示す.
C:葉緑体,N:核,L:オイル顆粒,P:ピレノイド.

どの多糖類を主成分とする細胞壁で覆われている.側壁性もしくは鍋底型を呈する葉緑体を1つもち,通常,その中にデンプン鞘で覆われた1個のピレノイドを認める(図4-8, 4-9).親の細胞が壁内で二,四,または八分裂して形成する自生胞子による無性生殖のみが知られており,遊走子の形成や有性生殖は確認されていない.そのため,光学顕微鏡のみを用いた古典的な比較形態観察だけでは,細胞形態の単純さも災いして,種間における形態的差異の認識や,

似た形態の別属との区別が非常に困難なことが多く,しばしば誤同定や主観に基づく人為的分類がなされてきた.

こうした生物から客観的な識別形質を見出して正確に再同定・再分類するためには,細胞壁構造の生化学的特徴や,電子顕微鏡下における微細構造の相違に着目するなど,より近代的な実験設備と高度の解析技術に基づく調査が必要となる(例:文献[88,96,99]).淡水,海水,土壌のいずれにも分布し,ミドリゾウリムシなどの,異なる生物の体内に共生する種類もある[84].

3) クロレラの資源活用

クロレラは食物繊維やビタミン,カロテノイド,タンパク質,リン脂質に加え,さまざまな脂肪酸,特にリノール酸やリノレン酸,パルミチン酸などの有用成分を多く含んでいる(例:文献[83,89,95]).それゆえに栄養摂取の要となるばかりでなく,化粧品や洗剤などにも応用可能な生物資源であり,産業面では古くからその活用を目的として大量生産が試みられてきた.また,藻類は陸上植物より優れた光合成能力と繁殖能力をもつだけでなく,微小な作地面積で,トウモロコシやダイズなどの油脂植物が産出するものと同等量以上のオイルをつくり出す可能性を秘めている[1].そこで近年特に注目されているのが,バイオディーゼルに代表される生物燃料の供給源としての利用である(例:文献[86,94,97]).

4) オイル産生条件

クロレラの一般的な傾向として,生育によい条件下ではさほどの脂質の蓄積をみず,さまざまな種類の環境ストレス付加や培養成分の調節を行うことで,顕著なオイル産生能を発揮することが多くの研究から明らかとなっている.たとえばクロレラが窒素制限下で,細胞内のオイル蓄積量を大幅に増加させることは1940年代からすでに知られている[98](図4-10).生育温度の低下に伴い脂肪酸の量を増大させること[87,95],投与する二酸化炭素濃度を増加させることでオイル産生量が増加すること[87]もわかっており,そのほかにも C. vulgaris への特定量の鉄イオン付加が,細胞内中性脂質を乾燥重量の56.6%(無処理の約7倍)まで上昇させたという報告[93]や,バクテリアとの共存に伴う脂質蓄積の増加に関する知見[91]などがある.また,クロレラの従属栄養培養は,独立栄養培養に比べて高いバイオマスを導くと同時に,往々にしてオイル産生量を

4-2 各 論　　153

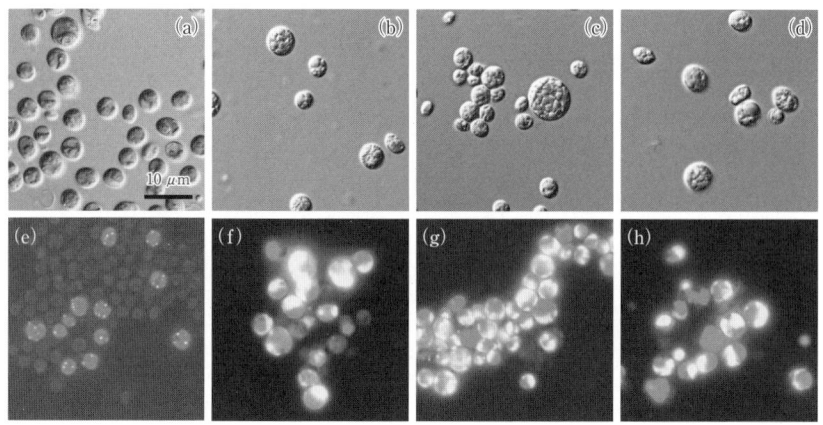

図4-10　異なる生育環境下でのChlorella sorokiniana NIES-2169株のオイル蓄積【口絵6も参照】
(a, e) MG培地（文献[18]参照）での液体培養，(b, f) N-free MG培地での液体培養，(c, g) MG培地 with 1%（w/v）グルコースでの液体培養，(d, h) N-free MG培地 with 1%（w/v）グルコースでの液体培養．(a)〜(d) は通常の光学顕微鏡像，(e)〜(h) は蛍光顕微鏡像で，白色光源下（約100 μE/m^2/s），明暗周期12時間 -12時間，25℃で振盪培養1週間後の細胞を，ナイルレッドで染色して観察したもの．オイルは蛍光染色により黄色く輝いてみえ，葉緑体は自家蛍光により赤く映る．一般的な培地組成（ここではMG培地）で生育させたときにはほとんどオイルを産生しないが (e)，窒素欠乏，1%グルコース付加時のいずれにおいても細胞内貯留物が増加し，オイル蓄積率の著しい上昇がみられる (f〜h)．スケールはすべて10 μm.

も増加させるため（例：文献[92,94]）（図4-10参照），産物の効率のよい獲得という観点から注目される．グルコースなど炭素源の添加と培養条件の調整しだいでは，藻類細胞のオイル産生量を無添加時の10数倍にも向上させることが示されているので[92]，こうした種々の技術を相互利用してより高度なオイル収率を目指す試みも広く行われている．　　　　　　　　　　　　　　（中沢　敦）

h. Pseudochoricystis ellipsoidea

本種は，正式にはまだ記載されていない緑色藻類の一種である．しかしながら，記載準備中であるその種名とともに分類学的情報や炭化水素産生能などに関する情報が国際特許として公開されていること（国際公開番号：WO 2006/109588 A1，出願人：藏野憲秀ら，2006），そして新聞やwebなどのメディア，学会などを通じて周知され始めているオイル産生藻類であることから，ここでも取り上げることにした．本項の大部分は，藏野らの特許文書[100]

で記述された内容に基づいている.

1) 生息環境と培養条件

P. ellipsoidea は，温泉水試料からこれまでに 2 株（MBIC 11204, MBIC 11220）が分離培養されている．分離用培地には，pH 8.0 に調整した脱塩水ベースの IMK 培地（日本製薬（株））を用いて，20℃ の光条件下で予備培養した後，増殖した細胞を顕微鏡下で分離培養することで培養株を確立している．生育温度域は 15 〜 30℃ で至適温度は 25℃，生育 pH 域は pH 6.0 〜 10.0 で至適 pH は 7.0 である．温度 28℃，pH 7.5，白色蛍光ランプ照射，3% 二酸化炭素通気条件下で行った増殖試験では，対数増殖期の比増殖速度が 0.079 μ/時間で，8.8 時間に 1 回の細胞分裂を行うのが確認されている．

2) 形態的特徴と分類

本種の細胞は緑色を呈しており，細胞サイズは 1 〜 2 μm×3 〜 4 μm，楕円形またはやや湾曲した腎臓型の細胞形である（図 4-11）．細胞は細胞壁に囲まれており，細胞内には，核と緑色の葉緑体が 1 個ずつ存在する．他の細胞構造として，ミトコンドリア，ゴルジ体，液胞，油滴が観察されている．葉緑体内にはピレノイドは存在しないようである．二分裂による増殖と 4 個の内生胞子形成（同サイズの細胞が栄養細胞内に均等に形成）による増殖を行い，鞭毛性の細胞は確認されていない．

上述の本種の形態的特徴は，緑色植物門・トレボキシア藻綱の *Choricystis* 属と類似する．しかしながら 18S rRNA 遺伝子の塩基配列情報をもとに構築した分子系統樹では，本種は *Choricystis* 属と *Botryococcus* 属からなるクレードと姉妹群の関係にあること，そして *rbc*L 遺伝子の分子系統樹では，緑色植物全体の根元に位置することが判明した．この系統解析の結果をもとに，本種は *Choricystis* 属からは区別されることになり，新属新種として記載準備が進められている．本種の分類学的位置は，調査された 2 遺伝子の系統的位置の不一致から，現段階では不明であるが，別遺伝子の解析を加えることで明らかになることだろう．詳細については記載論文を待つ必要がある．

3) オイル

(1) 細胞内オイルの観察と生産条件

細胞内の炭化水素は，ナイルレッドなどの蛍光染色剤で染色することで容易

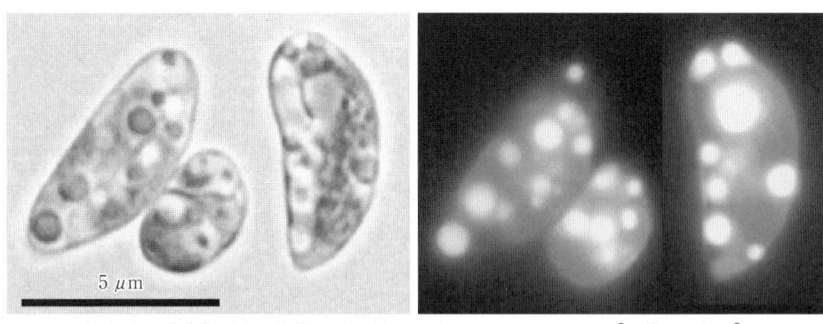

図4-11 窒素制限下で培養された *Pseudochoricystis ellipsoidea*【口絵3も参照】
（藏野憲秀氏（株式会社デンソー）提供）
右は蛍光顕微鏡像で，ナイルレッドで染色されたオイル顆粒は黄色の蛍光，葉緑体内のクロロフィルの蛍光は赤色の蛍光にみえる．

に観察できる．本種の場合，まずジメチルスルホキシド（DMSO）を最終濃度20%になるように添加して，細胞の前処理を行い，5分後にナイルレッドを最終濃度5 μg/mLになるように添加する．これにより細胞内油滴はよく染色され，蛍光顕微鏡下で容易に観察できるようになる（460～490 nmの励起フィルターと510 nmの吸収フィルターを使用）．このように処理した試料の蛍光強度を測定（励起波長488 nm，蛍光波長580 nm）することで，培養試料中の炭化水素量を簡易的に計測することも可能である．

　本種は，窒素欠乏条件下で細胞内油滴が著しく増大する（図4-11参照）．この特性を利用したオイル生産が特許で明記されている．まず窒素が十分な条件下で細胞を増殖させ，遠心により集菌して窒素欠乏培地で洗浄した後に，窒素欠乏培地で培養を行う．すると時間経過とともに細胞内の油滴が顕著に増大する．細胞内のオイルの回収は，集菌した細胞を凍結乾燥，あるいはフレンチプレスなどを用いて細胞を破砕した後に，n-ヘキサンなどの有機溶媒で抽出する方法がとられている．最終的には，抽出後の溶媒を揮発させることで目的のオイルを得ることができる．

　なぜ窒素欠乏下で細胞内にオイルが蓄積されるようになるのか，今のところ明らかではない．窒素欠乏状態で増殖できなくなった細胞が，光合成で得た余剰エネルギーでオイルを産生・蓄積しておいて，これを細胞維持のためのエネルギーとして利用，あるいは次の増殖の機会に備えている可能性などが考えら

(2) オイルの組成

ガスクロマトグラフィー/質量分析法（gas chromatography/mass spectrometry : GC/MS）による分析から，本種の MBIC 11204 株の産生する主要なオイルはトリグリセリドであるが[101]，そのほかに n-ヘプタデセン（$C_{17}H_{34}$），n-ヘプタデカン（$C_{17}H_{36}$），n-オクタデセン（$C_{18}H_{36}$），n-オクタデカン（$C_{18}H_{38}$），n-ノナデセン（$C_{19}H_{38}$），n-ノナデカン（$C_{19}H_{40}$），n-エイコサジエン（$C_{20}H_{38}$）などの炭化水素があると推定されている．別の MBIC 11220 株では，炭化水素組成が若干異なっていて，n-ヘプタデセン，n-ヘプタデカン，n-ノナデカンが確認されている．特許文書の中で，藏野らは別の緑藻 Choricystis minor（SAG 251-1 株，SAG 17.98 株）を用いたオイル生産についても取り上げており，興味深いことに，n-ヘプタデカンや n-ノナデセンといった P. ellipsoidea と共通する炭化水素も確認されている．これらの炭化水素は，Botryococcus で確認されている重油相当の長鎖の炭化水素（a 項参照）とは異なり，炭素数の短い軽油相当の炭化水素であることから，ディーゼル燃料の代替としての利用が期待されている．

4) 展　望

現在，本種に関する研究は，（株）デンソーと慶應義塾大学先端生命科学研究所の 2 機関が共同で実施している．実用化に向けて，大量培養に関わる技術開発，そして代謝物質の網羅的解析からオイル産生やその制御に関わる代謝経路を明らかにするための研究などが行われており，今後の進展が楽しみである．

現時点では，本種を公的なカルチャーコレクションから入手することは難しいようである．しかしながら，本種と類似の性質をもつ可能性のある緑藻として，藏野らの特許でも取り上げられた C. minor（SAG 251-1 株，SAG 17.98 株）は，ドイツのゲッティンゲン大学のカルチャーコレクションから入手可能である（http://epsag.uni-goettingen.de/cgi-bin/epsag/website/cgi/show_page.cgi?kuerzel=start）．また別の緑藻 Neochloris oleoabundans（UTEX 1185 株）でも窒素制限下で脂質含量が高まることが報告されている[7]．この N. oleoabundans の主要な脂質は，大部分が炭素数 16 ～ 20 の脂肪酸で構成されており[8]，C. minor や P. ellipsoidea と同じオイルを産生している可能性がある．N.

oleoabundans は，アメリカのテキサス大学のカルチャーコレクションから入手可能である (http://web.biosci.utexas.edu/utex/default.aspx). (河地正伸)

文　献

1) Chisti, Y. (2007) : Biodiesel from microalgae. Biotechnol. Adv. **25**, 294-306.
2) Schfrin, N.S., Chisholm, S.W. (1981) : Phytoplankton lipids : interspecific differences and effects of nitrate, silicate and light-dark cycles. J. Phycol. **17**, 374-384.
3) Knothe, G. (2006) : Analyzing biodiesel : standards and other methods. J. Am. Oil Chem. Soc. **83**, 823-833.
4) Belarbi, E-H., Molina Grima, E., Chisti, Y. (2000) : A process for high yield and scaleable recovery of high purity eicosapentaenoic acid esters from microalgae and fish oil. Enzyme Microb. Technol. **26**, 516-529.
5) Jang, E.S., Jung, M.Y., Min, D.B. (2005) : Hydrogenation for low trans and high conjugated fatty acids. Comp. Rev. Food Sci. Saf. **4**, 22-30.
6) Dijkstra, A.J. (2006) : Revisiting the formation of trans isomers during partial hydrogenation of triacylglycerol oils. Eur. J. Lipid Sci. Technol. **108**(3), 249-264.
7) Allard, B., Casadevall, E. (1990) : Carbohydrate composition and characterization of sugars from the green microalga *Botryococcus braunii*. Phytochemistry **29**, 1875-1878.
8) Banerjee, A., Sharma, R., Chisti, Y., Banerjee, U.C. (2002) : *Botryococcus braunii* : renewable source of hydrocarbons and other chemicals. Crit. Rev. Biotechnol. **22**, 245-279.
9) Berkaloff, C., Casadevall, E., Largeau, C., Metzger, P., Peracca, S., Virlet, J. (1983) : Hydrocarbon formation in the green alga *Botryococcus braunii*. Part 3. The resistant polymer of the walls of the hydrocarbon-rich alga *B. braunii*. Phytochemistry **22**, 389-397.
10) Brenckmann, F., Largeau, C., Casadevall, E., Core, C., Berkaloff, C. (1985) : Influence of light intensity on hydrocarbon and total biomass production of *Botryococcus braunii*. Relationships with photosynthetic characteristics. p.722-726, In Palz, W., Coombs, J., Hall, D.O. (eds.), Energy from Biomass, London, Elsevier.
11) Brown, A.C., Knights, B.A. (1969) : Hydrocarbon content and its relationship to physiological state in the green alga *Botryococcus braunii*. Phytochemistry **8**, 543-547.
12) Casadevall, E., Dif, D., Largeau, C., Gudin, C., Chaumont, D., Desanti, O. (1985) : Studies on batch and continuous cultures of *Botryococcus braunii* : hydrocarbon production in relation to physiological state, cell structure, and phosphate nutrition. Biotechnol. Bioeng. **27**, 286-295.
13) Cepak, V., Lukavsky, J. (1994) : The effect of high irradiances on growth, biosynthetic activities and the ultrastructure of the green alga *Botryococcus braunii* strain Droop 1950/807-1. Arch. Hydrobiol. Suppl. **101**, 1-7.
14) Chiang, I.-Z., Huang, W.-Y., Wu, J.-T. (2004) : Allelochemicals of *Botryococcus braunii* (Chlorophyceae). J. Phycol. **40**, 474-480.
15) Chirac, C., Casadevall, E., Largeau, C., Metzger, P. (1985) : Bacterial influence upon growth and hydrocarbon production of the green alga *Botryococcus braunii*. J. Phycol. **21**, 380-387.
16) Chu, S.P. (1943) : The influence of the mineral composition of the medium on the growth of planktonic algae. Part II. The influence of the concentration of inorganic nitrogen and phosphate phosphorus. J. Ecol. **31**, 109-148.
17) Dayananda, C., Sarada, R., Usha Rani, M., Shamala, T.R., Ravishankar, G.A. (2007) : Auto-

trophic cultivation of *Botryococcus braunii* for the production of hydrocarbons and exopolysaccharides in various media. Biomass Bioenergy 31, 87-93.
18) Kasai, F., Kawachi, M., Erata, M., Mori, F., Yumoto, K., Sato, M., Ishimoto, M. (2009) : NIES-Collection List of Strains, 8th ed. Jpn. J. Phycol. (Sôrui) 57, Suppl., 1-350.
19) Komárek, J., Marvan, P. (1992) : Morphological differences in natural populations of the genus *Botryococcus* (Chlorophyceae). Arch. Protistenkd. 141, 65-100.
20) Kützing, F.T. (1849) : Species Algarum, Leipzig, F.A. Brockhaus.
21) Largeau, C., Casadevall, E., Berkaloff, C., Dhamelincourt, P. (1980) : Sites of accumulation and composition of hydrocarbons in *Botryococcus braunii*. Phytochemistry 19, 1043-1051.
22) Metzger, P., Largeau, C. (1999) : Chemicals of *Botryococcus braunii*. p.205-260, In Cohen, Z. (ed.), Chemicals from Microalgae, London, Taylor & Francis.
23) Metzger, P., Largeau, C. (2005) : *Botryococcus braunii* : a rich source for hydrocarbons and related ether lipids. Appl. Microbiol. Biotechnol. 66, 486-496.
24) Plain, N., Largeau, C., Derenne, S., Couté, A. (1993) : Variabilité morphologique de *Botryococcus braunii* (Chlorococcales, Chlorophyta) : corrélations avec les conditions de croissance et la teneur en lipides. Phycologia 32, 259-265.
25) Senousy, H.H., Beakes, G.W., Hack, E. (2004) : Phylogenetic placement of *Botryococcus braunii* (Trebouxiophyceae) and *Botryococcus sudeticus* isolate UTEX 2629 (Chlorophyceae). J. Phycol. 40, 412-423.
26) Shifrin, N.S., Chisholm, S.W. (1981) : Phytoplankton lipids : interspecific differences and effects of nitrate, silicate and light-dark cycles. J. Phycol. 17, 374-384.
27) Swale, E.M.F. (1968) : The phytoplankton of Oak Mere, Cheshire, 1963-1966. Br. Phycol. Bull. 3, 441-449.
28) Wake, L.V., Hillen, L.W. (1980) : Study of a "bloom" of the oil-rich alga *Botryococcus braunii* in the Darwin River Reservoir. Biotechnol. Bioeng. 22, 1637-1656.
29) Weetall, H.H. (1985) : Studies on the nutritional requirements of the oil-producing alga *Botryococcus braunii*. Appl. Biochem. Biotech. 11, 377-391.
30) West, W., West, G.S. (1905) : A further contribution to the freshwater plankton of the Scottish Lochs. Trans. Roy. Soc. Edinburgh 41, 477-518.
31) West, G.S. (1916) : Algae, Cambridge, Cambridge University Press.
32) Antia, N.J., Bisalputra, T., Cheng, J.Y., Kalley, J.P. (1975) : Pigment and cytological evidence for reclassification of *Nannochloris oculata* and *Monallantus salina* in the Eustigmatophyceae. J. Phycol. 11, 339-343.
33) Chiu, S.-Y., Kao, C.-Y., Tsai, M.-T., Ong, S.-C., Chen, C.-H., Lin, C.-S. (2009) : Lipid accumulation and CO_2 utilization of *Nannochloropsis oculata* in response to CO_2 aeration. Bioresour. Technol. 100, 833-838.
34) Converti, A., Casazza, A.A., Ortiz, E.Y., Perego, P., Del Borghi, M. (2009) : Effect of temperature and nitrogen concentration on the growth and lipid content of *Nannochloropsis oculata* and *Chlorella vulgaris* for biodiesel production. Chemical Engineering and Processing 48, 1146-1151.
35) Fawley, K.P., Fawley, M.W. (2007) : Observations on the diversity and ecology of freshwater *Nannochloropsis* (Eustigmatophyceae), with descriptions of new taxa. Protist 158, 325-336.
36) Gelin, F., Boogers, I.M., Noordeloos, A.A.M., Sinninghe Damsté, J.S., Riegman, R., De Leeuw, J. W. (1997) : Resistant biomacromolecules in marine microalgae of the classes Eustigmatophyceae and Chlorophyceae : geochemical implications. Org. Geochem. 26, 659-675.

37) Gouveia, L., Oliveira, A.C. (2009) : Microalgae as a raw material for biofuels production. J. Ind. Microbiol. Biotechnol. **36**, 269-274.
38) Hibberd, D.J. (1981) : Notes on the taxonomy and nomenclature of the algal classes Eustigmatophyceae and Tribophyceae (synonym Xanthophyceae). Bot. J. Linn. Soc. **82**, 93-119.
39) Hodgson, P.A., Henderson, R.J., Sargent, J.R., Leftley, J.W. (1991) : Patterns of variation in the lipid class and fatty acid composition of *Nannochloropsis oculata* (Eustigmatophyceae) during batch culture. I. The growth cycle. J. Appl. Phycol. **3**, 169-181.
40) Hu, H., Gao, K. (2006) : Response of growth and fatty acid compositions of *Nannochloropsis* sp. to environmental factors under elevated CO_2 concentration. Biotechnol. Lett. **28**, 987-992.
41) Krienitz, L., Hepperle, D., Stich, H.B., Weiler, W. (2000) : *Nannochloropsis limnetica* sp. nov., a new picoplankton from small freshwater bodies. Phycologia **39**, 219-227.
42) Suda, S., Atsumi, M., Miyashita, H. (2002) : Taxonomic characterization of a marine *Nannochloropsis* species, *N. oceanica* sp. nov. (Eustigmatophyceae). Phycologia **41**, 273-279.
43) Schneider, J.C., Livne, A., Sukenik, A., Roessler, P.G. (1995) : A mutant of *Nannochloropsis* deficient in eicosapentaenoic acid production. Phytochemistry **40**, 807-814.
44) Shi, J., Pan, K., Yu, J., Zhu, B., Yang, G., Yu, W., Zhang, X. (2008) : Analysis of expressed sequence tags from the marine microalga *Nannochloropsis oculata* (Eustigmatophyceae). J. Phycol. **44**, 99-102.
45) Volkman, J.K., Brown, M.R., Dunstan, G.A., Jeffrey, S.W. (1993) : The biochemical composition of marine microalgae from the class Eustigmatophyceae. J. Phycol. **29**, 69-78.
46) Li, Y., Horsman, M., Wang, B., Wu, N., Lan, C.Q. (2008) : Effects of nitrogen sources on cell growth and lipid accumulation of green alga *Neochloris oleoabundans*. Appl. Microbiol. Biotechnol. **81**, 629-636.
47) Gouveia, L., Marques, A.E., da Silva, T.L., Reis, A. (2009) : *Neochloris oleabundans* UTEX #1185 : a suitable renewable lipid source for biofuel production. J. Ind. Microbiol. Biotechnol. **36**(6), 821-826.
48) Pruvost, J., Van Vooren, G., Cogne, G., Legrand, J. (2009) : Investigation of biomass and lipids production with *Neochloris oleoabundans* in photobioreactor. Bioresour. Technol. **100**(23), 5988-5995.
49) Chantanachat, S., Bold, H.C. (1962) : Phycological studies. II. Some algae from arid soils. Univ. Texas PuN. No. 6218, 1-75
50) Starr, R.C. (1955) : A comparative study of *Chlorococcum* Meneghini and other spherical, zoosporeproducing genera of the *Chlorococcales*. Indiana Univ. Publ. Sci. Ser. No. 20, 1-11 I.
51) Komárek, J. (1989) : Polynuclearity of vegetative cells in coccal green algae from the family Neochloridaceae. Arch. Protistenk. **137**, 255-273.
52) Tornabene, T.G., Holzer, G., Lien, S., Burris, N. (1983) : Lipid composition of the nitrogen starved green alga *Neochloris oleoabundans*. Enzyme Microb. Technol. **5**, 435-440.
53) Alonso, D.L., Del Castillo, C.I.S., Grima, E.M., Cohen, Z.J. (1996) : First insights into improvement of eicosapentaenoic acid content in *Phaeodactylum tricornutum* (Bacillariophyceae) by induced mutagenesis. J. Phycol. **32**, 339-345.
54) Apt, K.E., Kroth, P.G., Grossman, A.R. (1996) : Stable nuclear transformation of the diatom *Phaeodactylum tricornutum*. Mol. Gen. Genet. **252**, 572-579.
55) Céron Grima, E., Fernández Sevilla, J.M., Acien Fernández, F.G., Molina Grima, E., García Camacho, F. (2000) : Mixotrophic growth of *Phaeodactylum tricornutum* on glycerol : growth rate and fatty acid profile. J. Appl. Phycol. **12**, 239-248.

56) De Riso, V., Raniello, R., Maumus, F., Rogato, A., Bowler, C., Falciatore, A. (2009) : Gene silencing in the marine diatom *Phaeodactylum tricornutum*. Nucleic Acids Res. **37**, e96.
57) Kudo, I., Miyamoto, M., Noiri, Y., Maita, Y. (2000) : Combined effects of temperature and iron on the growth and physiology of the marine diatom *Phaeodactylum tricornutum* (Bacillariophyceae). J. Phycol. **36**, 1096-1102.
58) Lebeau, T., Robert, J.M. (2003) : Diatom cultivation and biotechnologically relevant products. Part I : cultivation at various scales. Appl. Microbiol. Biotechnol. **60**, 612-623.
59) Zaslavskaia, L.A., Lippmeier, J.C., Shih, C., Ehrhardt, D., Grossman, A.R., Apt, K.E. (2001) : Trophic conversion of an obligate photoautotrophic organism through metabolic engineering. Science **292**, 2073-2075.
60) Oren, A. (2005) : A hundred years of *Dunaliella* research : 1905-2005. Saline Systems **1**, 2.
61) Borowitzka, M.A., Siva, C.J. (2007) : The taxonomy of the genus *Dunaliella* (Chlorophyta, Dunaliellales) with emphasis on the marine and halophilic species. J. Appl. Phycol. **19**, 567-590.
62) Lombardi, A.T., Wangersky, P.J. (1995) : Particulate lipid class composition of three marine phytoplankters *Chaetoceros gracilis*, *Isochrysis galbana* (Tahiti) and *Dunaliella tertiolecta* grown in batch culture. Hydrobiologia **306**, 1-6.
63) Minowa, T., Yokoyama, S., Kishimoto, M., Okakura, T. (1995) : Oil production from algal cells of *Dunaliella tertiolecta* by direct thermochemical liquefaction. Fuel **74**, 1735-1738.
64) Tsuzuki, M., Ohnuma, E., Sato, N., Takaku, T., Kawaguchi, A. (1990) : Effects of CO_2 concentration during growth on fatty acid composition in microalgae. Plant Physiol. **93**, 851-856.
65) Takagi, M., Karseno, Yoshida, T. (2006) : Effect of salt concentration on intracellular accumulation of lipids and triacylglyceride in marine microalgae *Dunaliella cells*. J. Biosci. Bioeng. **101**, 223-226.
66) Sawayama, S., Minowa, T., Yokoyama, S-Y. (1999) : Possibility of renewable energy production and CO_2 mitigation by thermochemical liquefaction of microalgae. Biomass Bioenergy **17**, 33-39.
67) Honda, D., Yokochi, T., Nakahara, T., Erata, M., Higashihara, T. (1998) : *Schizochytrium limacinum* sp. nov., a new thraustochytrid from a mangrove area in the west Pacific Ocean. Mycol. Res. **102**, 439-448.
68) Kumon, Y., Yokoyama, R., Yokochi, T., Honda, D., Nakahara, T. (2003) : A new labyrinthulid isolate, which solely produces n-6 docosapentaenoic acid. Appl. Microbiol. Biotechnol. **63**, 22-28.
69) Lippmeier, J.C., Crawford, K.S., Owen, C.B., Rivas, A.A., Metz, J.G., Apt, K.E. (2009) : Characterization of both polyunsaturated fatty acid biosynthetic pathways in *Schizochytrium* sp. Lipids **44**, 621-630.
70) Metz, J.G., Roessler, P., Facciotti, D., Levering, C., Dittrich, F., Lassner, M., Valentine, R., Lardizabal, K., Domergue, F., Yamada, A., Yazawa, K., Knauf, V., Browse, J. (2001) : Production of polyunsaturated fatty acids by polyketide synthases in both prokaryotes and eukaryotes. Science **293**, 290-293.
71) Morita, E., Kumon, Y., Nakahara, T., Kagiwada, S., Noguchi, T. (2006) : Docosahexaenoic acid production and lipid-body formation in *Schizochytrium limacinum* SR21. Mar. Biotechnol. **8**, 319-327.
72) Nagano, N., Taoka, Y., Honda, D., Hayashi, M. (2009) : Optimization of culture conditions for growth and docosahexaenoic acid production by a marine thraustochytrid, *Aurantiochytrium limacinum* mh0186. J. Oleo Sci. **58**, 623-628.
73) Nakahara, T., Yokochi, T., Higashihara, T., Tanaka, S., Yaguchi, T., Honda, D. (1996) : Produc-

tion of docosahexaenoic and docosapentaenoic acid by *Schizochytrium* sp. isolated from Yap Island. J. Am. Oil Chem. Soc. **73**, 1421-1426.
74) Porter, D. (1990)：Phylum Labyrinthulomycota. p.388-398, In Margulis, L., Corliss, J.O., Melkonian, M., Chapman, D.J. (eds.), Handbook of Protoctista, Boston, Jones and Barlett.
75) Tsui, C.K.M., Marshall, W., Yokoyama, R., Honda, D., Lippmeier, J.C., Craven, K.D., Peterson, P.D., Berbee, M.L. (2009)：Labyrinthulomycetes phylogeny and its implications for the evolutionary loss of chloroplasts and gain of ectoplasmic gliding. Mol. Phylogenet. Evol. **50**, 129-140.
76) Yaguchi, T., Tanaka, S., Yokochi, T., Nakahara, T., Higashihara, T. (1997)：Production of high yields of docosahexaenoic acid by *Schizochytrium* sp. strain SR21. J. Am. Oil Chem. Soc. **74**, 1431-1434.
77) Yokochi, T., Honda, D., Higashihara, T., Nakahara, T. (1998)：Optimization of docosaheaenoic acid production by *Schizochytrium limacinum* SR21. Appl. Microbiol. Biotechnol. **49**, 72-76.
78) Yokoyama, R., Honda, D. (2007)：Taxonomic rearrangement of the genus *Schizochytrium* sensu lato based on morphology, chemotaxonomic characteristics, and 18S rRNA gene phylogeny (Thraustochytriaceae, Labyrinthulomycetes)：emendation for *Schizochytrium* and erection of *Aurantiochytrium* and *Oblongichytrium* gen. nov. Mycosci. **48**, 199-211.
79) Yokoyama, R., Salleh, B., Honda, D. (2007)：Taxonomic rearrangement of the genus *Ulkenia* sensu lato based on morphology, chemotaxonomical characteristics, and 18S rRNA gene phylogeny (Thraustochytriaceae, Labyrinthulomycetes)：emendation for *Ulkenia* and erection of *Botryochytrium*, *Parietichytrium* and *Sicyoidochytrium* gen. nov. Mycosci. **48**, 329-341.
80) Barclay, W.R. (1992)：Process for the heterotrophic production of microbial products with high concentrations of omega-3 highly unsaturated fatty acids. US Patent No. 5130242.
81) Beijerinck, M.W. (1890)：Culturversuche mit Zoochlorellen, Lichenengonidien und anderen niederen Algen. Bot. Zeitung **48**, 725-739, 741-754, 757-768, 781-785.
82) Friedl, T. (1995)：Inferring taxonomic positions and testing genus level assignments in coccoid green lichen algae：a phylogenetic analysis of 18S ribosomal RNA sequences from *Dictyochloropsis reticulata* and from members of the genus *Myrmecia* (Chlorophyta, Trebouxiophyceae cl. nov. J. Phycol. **31**, 632-639.
83) Grigorova, S., Surdjiiska, S., Banskalieva, V., Dimitrov, G. (2006)：The effect of biomass from green algae of *Chlorella* genus on the biochemical characteristics of table eggs. J. Cent. Eur. Agr. **7**, 111-116.
84) Hoshina, R., Kamako, S., Kato, Y., Imamura, N. (2006)：Studies on endosymbiotic algae in green *Paramecium* from Japan. Jpn. J. Protozool. **39**, 173-188.
85) Huss, V.A.R., Frank, C., Hartmann, E.C., Hirmer, M., Kloboucek, A., Seidel, B.M., Wenzeler, P., Kessler, E. (1999)：Biochemical taxonomy and molecular phylogeny of the genus *Chlorella* sensu lato (Chlorophyta). J. Phycol. **35**, 587-598.
86) Illman, A.M., Scragg, A.H., Shales, S.W. (2000)：Increase in *Chlorella* strains calorific values when grown in low nitrogen medium. Enzyme Microb. Technol. **27**, 631-635.
87) Widjaja, A., Chien, C-C., Ju, Y-H. (2009)：Study of increasing lipid production from fresh water microalgae *Chlorella vulgaris*. J. Taiwan Inst. Chem. Eng. **40**, 13-20.
88) Kessler, E., Huss, V.A.R. (1992)：Comparative physiology and biochemistry and taxonomic assignment of the *Chlorella* (Chlorophyceae) strains of the Culture Collection of the University of Texas at Austin. J. Phycol. **28**, 550-553.
89) Khomova, T.V., Gusakova, S.D., Glushenkova, A.I., Travkina, I.A. (1986)：Lipids from extracts of *Chlorella vulgaris*. Khim. Prir. Soedin. **3**, 284-288.

90) Komárek, J., Fott, B. (1983) : Chlorophyceae (Grünalgen). Ordnung : Chlorococcales. *Das Phytoplankton des Süßwassers* 7(1). In Thienemann, A. (ed.), Die Binnengewässer 16, 1044pp., Stuttgart, Schweizerbart.
91) Lebsky, V.K. (2004) : Lipid defence response of *Chlorella* as theoretical background in wastewater treatment for pollutants. Rev. Mex. Fís. **50**(Suppl. 1), 4-6.
92) Liang, Y., Sarkany, N., Cui, Y. (2009) : Biomass and lipid productivities of *Chlorella vulgaris* under autotrophic, heterotrophic and mixotrophic growth conditions. Biotechnol. Lett. **31**, 1043-1049.
93) Liu, Z-Y., Wang, G-C., Zhou, B-C. (2008) : Effect of iron on growth and lipid accumulation in *Chlorella vulgaris*. Bioresour. Technol. **99**, 4717-4722.
94) Miao, X., Wu, Q. (2006) : Biodiesel production from heterotrophic microalgal oil. Bioresour. Technol. **97**, 841-846.
95) Nagashima, H., Matsumoto, G.I., Ohtani, S., Momose, H. (1995) : Temperature acclimation and the fatty acid composition of an Antarctic green alga *Chlorella*. Proc. NIPR Symp. Polar Biol. **8**, 194-199.
96) Nozaki, H., Katagiri, M., Nakagawa, M., Aizawa, K., Watanabe, M. M. (1995) : Taxonomic re-examination of the two strains labeled "*Chlorella*" in the Microbial Culture Collection at the National Institute for Environmental Studies (NIES-Collection). Microbiol. Cult. Coll. **11**, 11-18.
97) Scragg, A.H., Morrison, J., Shales, S.W. (2003) : The use of a fuel containing *Chlorella vulgaris* in a diesel engine. Enzyme Microb. Technol. **33**, 884-889.
98) Spoehr, H.A., Milner, H.W. (1949) : The chemical composition of *Chlorella* ; effect of environmental conditions. Plant Physiol. **24**, 120-149.
99) Takeda, H. (1993) : Taxonomical assignment of chlorococcal algae from their cell wall composition. Phytochemistry **34**, 1053-1055.
100) 藏野憲秀, 関口弘志, 佐藤 朗, 松田 諭, 足立恭子, 熱海美香 (2006)：新規微細藻類及び炭化水素の生産方法. 世界知的所有権機関国際事務局, 国際公開番号：WO 2006/109588 A1 (http://www.wipo.int/pctdb/en/wo.jsp?wo=2006109588).
101) Kurano, N. (2009) : Novel microalgae for biofuel production. Japan-Netherland Seminar in Tokyo, Algae for Sustainability, Oct. 26-27, 2009.

5. 藻類の大量培養と収穫・回収

5-1 藻類集団の増殖の数理

　本節では，藻類の大量培養装置に入る前に，その大量培養装置の設計，運転などの基礎となる藻類の増殖に関する見方に一貫性をもたせるため，生物集団の生態系に関する数理モデルを簡単に紹介し，大量培養装置について重要と思われる点などを説明する．

a. 藻類が1種類の場合

　藻類の大量培養系は，一般的には，池のように環境に対して開放的な系と，太陽光が透過する透明容器に入れ，外部から，培養液と二酸化炭素を含む空気を注入する閉鎖系のフォトバイオリアクターとに分類される[1]．

　3-3節で述べた，アメリカ国立再生エネルギー研究所（NREL）の Aquatic Species Program（ASP）プロジェクトの最終報告[9]では，次のような結論を出している．

① フォトバイオリアクターは高価すぎる．

② 開放系では異種混入の問題があり，今後，非常に強い藻種の発見，開発が重要である．

　実際，これまで，スピルリナ，ヘマトコッカスなど，栄養，ビタミンなどの採取のための微細藻類の培養は，開放的な環境でも行われているが[10]，バイオディーゼル用のオイル分を多量に含む藻類の大量培養を開放系で行って，成功した例はこれまでもほとんど聞かない．その理由として，オイル産生性の高い藻類種は増殖率があまり高くないものが多く，外部からの異種混入による培養系の破壊などが大きな障壁となったようである．

藻類の増殖は素過程的には細胞分裂によって増えると考えられている[3]．集団としてのこのようなタイプの増殖の時間変化は，個体の数を N，時間を t とし，時間あたりの個体の増殖率を表す定数を α と考えると（より詳しくは文献[4,5,8] などを参照されたい），

$$\frac{dN}{dt} = \alpha N \tag{1}$$

という微分方程式で表され，その解 N は，

$$N = e^{\alpha t} \tag{2}$$

で表される．時間に対する指数関数となる．

実際に個体が増えすぎると，そのために環境が悪化するなどの影響が現れ，増加を抑える要因が現れる．これを表現する一番簡単なステップとして，増殖率を改めて r と書き，r が N の増加とともに線形に減少していくと考え，

$$r = \alpha \left(1 - \frac{1}{K}N\right), \quad r, \frac{1}{K} > 0 \tag{3}$$

と書く．ここで，$1/K$ は1つの個体が全体の増殖率にどれだけの変化を与えるかの割合を与える定数で，1個体が N まで増えると，それに比例して，N/K だけ体全体の増殖率が減少すると考える．話が後先になるが，後の式 (5) で記述される微分方程式の解である N は時間が経っても無限に増えるわけでなく，$N \to K$ となる．つまり，K はその系で N が存在できる最大量である．K は環境収容力と呼ばれる[4,5,8]．式 (3) の ( ) 内を少し変形すると，

$$r = \alpha \left(\frac{K-N}{K}\right) \tag{4}$$

と書き替えられる．これは，環境内に N 個の個体がすでに存在しているため，その環境での，個体の残りの増殖可能数 ($K-N$) と環境収容力の比だけ，実効的な系全体の増殖率が下がっているとも解釈できる．

微分方程式 (1) は，この場合，

$$\frac{dN}{dt} = rN = \alpha \left(1 - \frac{1}{K}N\right) N \tag{5}$$

と書くことができる．この方程式はロジスティック方程式と呼ばれ，人口の増加や群集生物学などにおいて，ある個体群の数の増減を考える上で基本的な，また，より単純化されたモデルを表す微分方程式である．

この微分方程式は厳密に解け，個体数の初期値を N_0 と書くと，

$$N = \frac{1}{\frac{1}{K} + \left(\frac{1}{N_0} - \frac{1}{K}\right)e^{-\alpha t}} \tag{6}$$

で与えられる．

　十分時間が経って，N が飽和するときには必ず増殖率 r は 0 に近づく．すなわち，初期値 N_0 がどのような値であろうと，N は $t \to \infty$ のとき，$N \to K$ となる．式 (4)，(5) は，

$$\frac{1}{N}\frac{dN}{dt} = r\left(1 - \frac{N}{K}\right) \tag{7}$$

と変形できるが，横軸に N を，縦軸に $(1/N)(dN/dt)$ をとってプロットすると，このグラフは N に関して直線のグラフとなる．縦軸の切片はすなわち $N=0$ で，r が縦軸の切片 $(1/N)(dN/dt) = \alpha$ となり，また，$N=0$ では，横軸の切片は $N=K$ となる．ロジスティック方程式の解の様子を図 5-1 示す．

　図 5-2 (a) には，初期の個体数を N_0 とすると，$N_0 = 1$，環境収容力 $K = 1500$，式 (1)，(2) 中の増殖率 α を 2 日で 2 倍になるような値，すなわち $\alpha = 3.47 \times 10^{-1}$ として，30 日にわたり培養した場合の，具体的に計算した例を示す．図中には参考のため，初期値 $N_0 = 2000$ とした場合の例も示す．解は初期値のいかんにかかわらず，環境収容力に収束する．すなわち，ある時点でその系の環境収容力以上の個体数があれば個体数は減少し，逆に個体数が少なければ環境収容力までその個体数は増殖することである．参考のために，指数関数的に増殖している場合も書き入れてある．図から，指数関数とロジスティック方程式の解（以降，ロジスティック関数と呼ぶ）は 15 日目くらいからその値も異なってくる．このとき，$N = 100 \sim 120$ ほどで，まだ環境収容力の 1/10 以

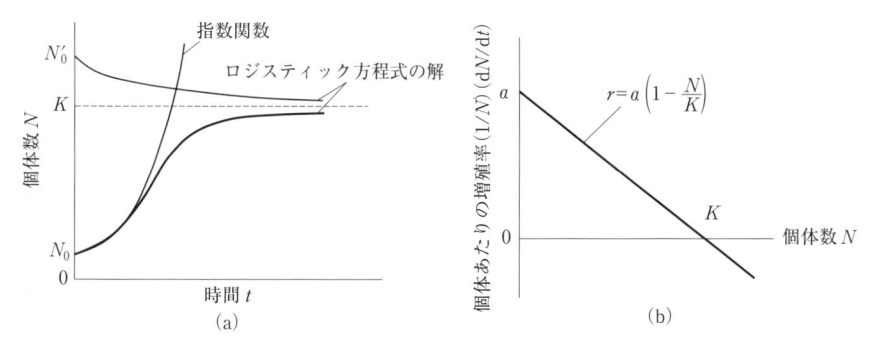

図 5-1　ロジスティック方程式の解の様子
(a) ロジスティック方程式の解は，初期値 N_0 の値にかかわらず環境収容力 K に近づく．(b) 個体あたりの増殖率と個体数 N の関係．単位個体あたりの増殖率の変化 $(1/N)(dN/dt)$ と全体個数 N のグラフは直線となる．

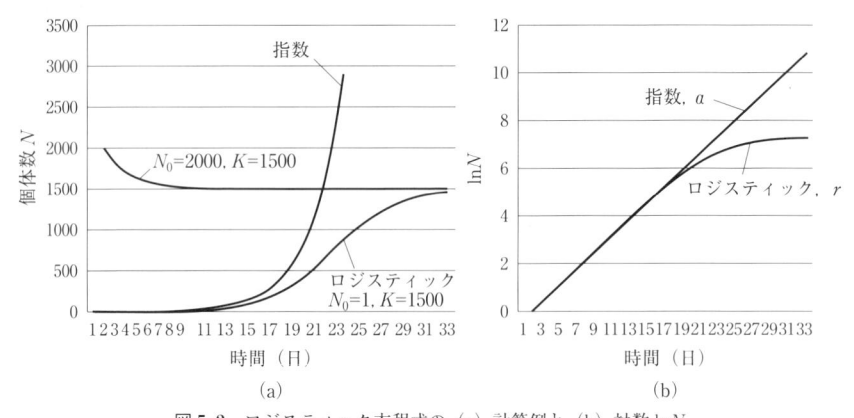

図 5-2 ロジスティック方程式の (a) 計算例と (b) 対数 $\ln N$
(a) 初期値 N_0 をそれぞれ 1, 2000 として, $K=1500$, 2 日で倍増する増殖率 α を有する生物系につきロジスティック方程式を計算した例. 参考として, 指数関数的に増殖する場合も示してある. (b) (a) で得られた N の自然対数をとった $\ln N$ のグラフ.

下程度である.

図 5-2 (b) には, 指数関数とロジスティック関数の対数 $\ln N$ のグラフを示す. これでも 15 日目くらいからはその対数は異なってくる.

このような簡単な計算例でも, 大量培養をしようとするときによい示唆を与えてくれる.

上の計算例では, 初期値を, 環境収容力の 3 桁少ない量とした. 相当増殖した環境で, 藻類の個数は $10^6 \sim 10^7/\mathrm{cm}^3$ 程度の個数密度であるとして, 計算に使った環境収容力 $K=1500$ が 10^6 個に対応すると仮定すると, 上の計算例では, 初期値 $N_0=1$ がおおよそ 10^3 個程度の密度に対応する状況をシミュレートしたことになる. 日常的な経験でいえば, 細胞サイズが $10\,\mu\mathrm{m}$ 程度の緑藻類などの場合, 10^4 個程度以上の密度にならないと, 培養液はほとんど透明にみえる. したがって, 計算の場合の $N=10$ 以上にならないと, 肉眼では藻類の存在はなかなか判別しにくい.

一方, 計算では, N が 10 倍から 100 倍に増えるに従い, 実効的な増殖率は漸減していく. 実験室などで, 高価な高感度計測器のある環境は別として, 大量培養を考える場合, その運転制御などには, ある程度培養液中に藻類の存在が目視できる環境が運転員などには必要と思うが, 目視できるほどの密度に

なった場合，仮に増殖率 α の情報を得ていたとしても，すでに実効的な増殖率は大分下がっているという状況が起きている．この問題は，大規模な培養装置を計画する場合，意外と見落とされている点である．

環境収容力についてであるが，今，微細藻類の直径が約 $10\,\mu m$ ほどだとすると，これは 1 cm に 1000 個並べられるので，この藻類を $1\,cm^3$ に詰め込んだとしたら，個数密度の機械的な限界は $10^9/cm^3$ 辺りとなろう．よく観察されている環境収容力の $10^6/cm^3$ の場合，1 辺 1 cm あたり平均 100 個の個体が並ぶような要領で藻類が 3 次元的に存在すると考えられ，1 個体あたりの占有の長さは平均 $100\,\mu m$ 程度となる．これは自分の占有している長さのほぼ 10 倍である．10^7 の環境収容力では，自分の体長の数倍足らずしか占有空間がないことになる．大量培養を目指す場合，装置の大規模化と合わせて，環境収容力の大きな培養系を目指したいのであるが，環境収容力の決定要因には，このように，機械的にもどこまで藻類同士が近づいて生きていられるかということも大きな要因かもしれない．

このロジスティック方程式は，人口問題，生物集団の生態学を扱う群集生態学などでよく使われる方程式であるが，微細藻類の培養装置の製作に利用するという観点で，その物理的意味をさらに考えてみよう．

まず注意しておきたいのは，この N という量は，集団の個体数という意味である．個体数 N は背景に，

$N=$ (それまでの個体数) + 新しく生まれる個体数 − 捕食された個体数　　(8)

という関係があることで，実際には，それぞれの個体の分裂（あるいは生殖）可能になるまでの時間や捕食圧など，それぞれ特有の時定数を有するということである．このような，簡単なモデル的な方程式を実際に使う場合には注意が必要である．

次に，式 (1), (3) 中の増殖率 α についてであるが，この増殖率についても，定数とはいえ，実際には，培養系の温度，培養液の成分および量，pH，溶存気体の成分と量，光量とその波長分布などで，その培養系の状態により変わるものである点に注意しておきたい．

α と r の違いについてであるが，α は微細藻類のもつ固有の増殖率，あるいは増殖性能と一般に考えられている．実験的には，藻類の増殖を観測して得ら

れた N の自然対数 $\ln N$ からこの数値は求められる.これが r である.先ほども述べたように, $\ln N$ が線形になる領域の N は,それが小さいときに限られる.

これは,文献などで書かれている実験値としての藻類の増殖率が,図5-2(b)中のどこでとられた値なのか,必ずしも明確に書かれていないことがあるからである[1,3].さらに,実験式のフィットから得られた α の値でも, K の場合と同様に,その系の培養条件により変わってくる可能性がある.微細藻類の実験は今のところ小さなフラスコなどの中で行われることがほとんどであるが[3],そのデータをもとに大型培養装置を設計する場合,特にこれらの点にも留意する必要がある.

環境収容力 K について,これはその培養系で個体群が増殖できる最大値と考えられるが,環境収容力がどのような要素で決まるかということに対しても,その培養系の温度,培養液中の成分と濃度,pH,溶存気体の成分と濃度,光量とその成分などで決まるものである.実験室で,フラスコなどで微細藻類の培養実験を行うと,その濃度が飽和してくることが観察されるが,このときの個体数が環境収容力と解釈されている.多くの場合,栄養素となるミネラルなどについては十分な量の培地で実験が行われている.微細藻類は葉緑体を有するため,これが光を吸収する.外部からの光は,分光学でよく知られたLambert-Beer の法則に従い,この媒質中で減衰する.したがって,光路がある厚さ以上になると,それ以上光が届かなくなる.つまり,大量培養をしようとして,どんなに大きな培養槽をつくっても,真ん中辺りは光が届かなくなる.5-2節で述べるが,培養系の中では,空気注入などが行われるため,ある程度かき混ぜられており,真ん中で光が届かない場所だけに微細藻類がとどまることはないと考えられるが,それでも流体力学的なよどみ点[6]などが光のあまり届かないところに生じると,そこでの増殖は著しく低下する.これは,培養槽の設計上,留意しなければならない点である.

また,個体数が光制限領域に達しても,微細藻類の種類によっては,新たにグルコースや酢酸アントリウムなどの有機栄養物を加えると,さらに増殖が続くという現象も観測されている.このような点から考えても,環境収容力という概念にはその背後に多くの微細藻類特有の生理学的な現象が控えており,むしろそれをいかに大きくするかが,大型の培養装置設計の中心課題である.

b. 藻類が2種類の場合

次に，培養系の中に2種類の藻類が存在する場合を考える．この場合は，2種類が栄養分を奪い合うなどの競争が起きる．一般に異種の生物集団の間には，共生と競争が起きる．競争には大きく分けて，消費型競争と干渉型競争の2つのタイプがある．消費型競争では，ある個体が資源を消費することで，別の個体の取り分が少なくなることにより起きる．a項で述べた例は同一種類内の消費型競争である．干渉型競争では，個体同士が直接干渉的作用をする競争で，動物の縄張り争い，植物の場所取り，化学物質の放出による植物間の干渉などがそれに当たり，微細藻類の場合にもこれが起きているはずであり，開放系などでの藻類培養が可能かどうかに関しては，最も重要な知見となる．ここでは，消費型競争の場合だけについて述べる．

a項で述べたロジスティック方程式は，LotkaとVolterraによって，競争のある異種間の固体群のシステムの記述に拡張されたが，これはLotka-Volterra微分方程式と呼ばれている．この方程式に沿って，2種の集群が同じ系に存在する場合の挙動について考えてみよう．

今，競争関係にある種1と種2を考える．培養槽などに種1，種2が単独に存在するときは，それぞれの増殖を表す方程式は，

・種1の増殖率：
$$r_1 = \alpha_1 \left(1 - \frac{1}{K_1} N_1\right), \qquad r_1, \frac{1}{K_1} > 0 \tag{9}$$

・種2の増殖率：
$$r_2 = \alpha_2 \left(1 - \frac{1}{K_2} N_2\right), \qquad r_2, \frac{1}{K_2} > 0 \tag{10}$$

・種1のロジスティック方程式：
$$\frac{dN_1}{dt} = r_1 N_1 = \alpha_1 \left(1 - \frac{1}{K_1} N_1\right) N_1 \tag{11}$$

・種2のロジスティック方程式：
$$\frac{dN_2}{dt} = r_2 N_2 = \alpha_2 \left(1 - \frac{1}{K_2} N_2\right) N_2 \tag{12}$$

と書ける．ここで，添字1，2はそれぞれの種を表す．ここで，N_1，N_2，α_1，α_2，r_1，r_2，K_1，K_2のそれぞれの意味は，1，2の種について，それぞれ式(1)〜(5)の中で使われたのと同じである．

次に，系に種1と種2が同時に存在している状態を考えよう．まず種1からみれば，種2の存在のために，その資源が実質的に奪われてしまう．したがっ

て，自分自身の個数は N_1 であっても，実際に増殖できる資源の残余の量の寄与は，N_2 の存在の影響で，式 (9) で示した量より少なくなっているであろう．このような効果を入れるためには，種2の1個体が，種1の a_2 個に相当すると考え，式 (9) の N_1 を $N_1 + a_2 N_2$ に置き換えて考える．

種2からみた場合も同様に考えると，式 (9) 〜 (12) は，

$$r_1 = \alpha_1 \left(1 - \frac{1}{K_1}(N_1 + a_2 N_2)\right), \quad r_1, \frac{1}{K_1} > 0 \tag{13}$$

$$r_2 = \alpha_2 \left(1 - \frac{1}{K_2}(N_2 + a_1 N_1)\right), \quad r_2, \frac{1}{K_2} > 0 \tag{14}$$

$$\frac{dN_1}{dt} = r_1 N_1 = \alpha_1 \left(1 - \frac{1}{K_1}(N_1 + a_2 N_2)\right) N_1 \tag{15}$$

$$\frac{dN_2}{dt} = r_2 N_2 = \alpha_2 \left(1 - \frac{1}{K_2}(N_2 + a_1 N_1)\right) N_2 \tag{16}$$

と書ける．種1と種2は式 (13) 〜 (16) を満たすところで，両種が系の中で安定に存在すると予想される．a_1, a_2 は競争係数と呼ばれ，それぞれの種が他の種の何個分に対応するかを表す．1より小さければ他の種に対するより自分の中で与える影響が大きく，逆に1より大きければ自分の種の中より他の種に対する競争が大きいことを意味する．

式 (13) 〜 (16) の解としての N_1, N_2 などの時間変化はコンピュータを使わないとなかなか追えないが，少なくとも安定した状態がどのようになるかは推測できる．そのためには，定常状態になれば式 (13)，(14) の実効的な増殖率が0になるであろうことに着目すると，

・式 (13) より，

$$N_1 = K_1 - a_2 N_2 \tag{17}$$

・式 (14) より，

$$N_2 = K_2 - a_1 N_1 \tag{18}$$

をそれぞれ得る．これらの式は N_1, N_2 を2軸とする2次元平面上でそれぞれ直線となるが，この直線上では N_1, N_2 の増殖率が0となるため，「ゼロ等値線」と呼ばれる．これらの様子の模式図を図5-3に示す．どちらも横軸を N_1，縦軸を N_2 にとってある．

図5-3 (a) は式 (17) から得られたゼロ等値線で，このグラフでは N_2 を従属変数とみていただきたい．この線より原側に N_1 がある場合は，式 (5) の1種類の場合と同じように個体数 N_1 はゼロ等値線に近づくまで増えようとす

5-1 藻類集団の増殖の数理

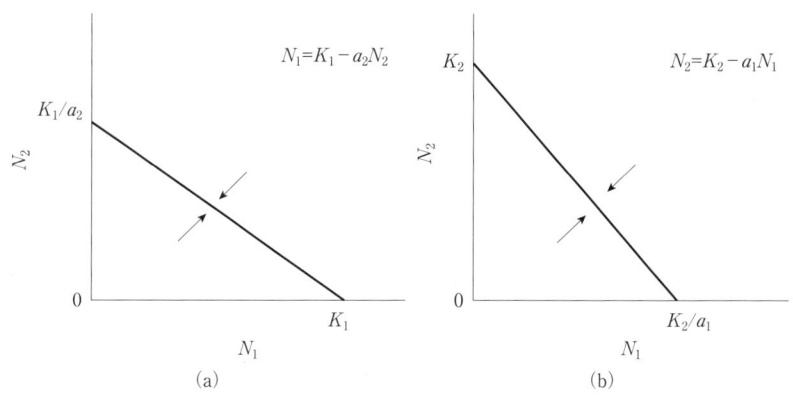

図5-3　ゼロ等値線
競争関係にある2種類の生物 N_1, N_2 の，系全体としての増殖率が0になる直線．系は (N_1, N_2) のどこから始まっても，時間の経過とともにこのゼロ等値線に近づく．2種類の生物種競争の結果として，2つの直線が交わるところか，あるいはどちらかの種類の個数が0になる．

る．ゼロ等値線の外側にある場合，個体数は減少しようとし，ゼロ等値線に近づこうとする．この動きを矢印で示してある．また，図5-3 (b) は式 (18) から得られたゼロ等値線である．この場合，N_1 を従属変数とみていただきたく，このゼロ等値線から離れた場所の個体数の動きをやはり矢印で示しておいた．

さて，これまでは N_1 と N_2 を別々に考えたが，両者がともに存在して定常状態になっている条件は，式 (13) と式 (14) が両立するところにあるはずである．この2つのグラフの相対位置は，a_1, a_2, K_1, K_2 の大きさで4つのパターンに分けられる．それを図示したものが図5-4である．

領域はゼロ等値線からの位置によりいくつかの領域に分かれるが，そのそれぞれの位置 (N_2, N_1) に，2種の個体数があったときにその後の増殖の時間変化の方向がどちらに向くかを矢印で示してある．

図5-4 (a) の場合はスタート点 (N_2, N_1) がどこであれ $N_1 = K_1$ に，(b) の場合には $N_2 = K_2$ に時間が経つと収束する．この場合，どちらか環境収容力の大きな種だけが生き残り，他は絶滅してしまう．(c) の場合はゼロ等値線が交点をもつが，ほんの少しそこから離れた点では，変化の方向は逆となっており，結局 $N_1 = K_1$ か $N_2 = K_2$ に収束する．ここは，数学でいういわゆる不安定平衡点である．(d) の場合も同様に交点をもつが，この場合，増殖の方向か

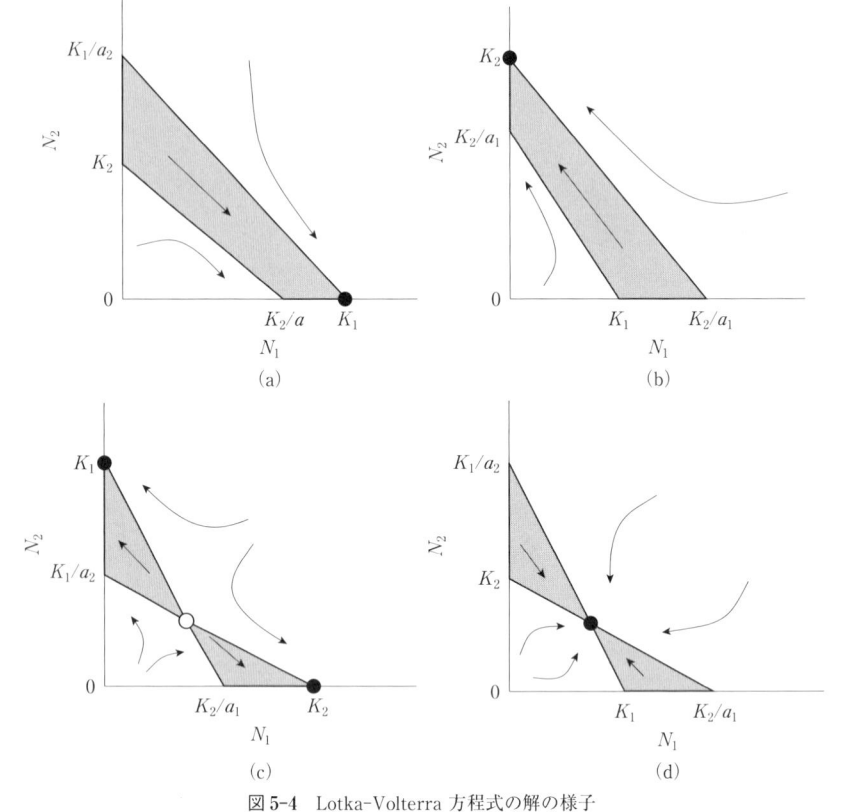

図5-4 Lotka-Volterra 方程式の解の様子
2種類の競争関係にある生物群の挙動をモデル化した Lotka-Volterra 方程式の解は，その環境収容力と競争係数の大小関係により4つの場合が存在する．(a) 種1が卓越，(b) 種2が卓越，(c) 不安定平衡，(d) 安定平衡．

らみて，平衡点のそばの擾乱に対して安定な，いわゆる安定平衡点となっている．この場合の条件は，

$$\frac{1}{a_1} > \frac{K_1}{K_2} > a_2 \tag{19}$$

であるが，これから2つの種の共存できる必要条件として，

$$a_1 a_2 < 1 \tag{20}$$

を得る．

この条件は，たとえば K_1 が K_2 より大きい場合には $a_1 < a_2$，すなわち環境収容力の大きな種の異種に対する影響が1より小さい場合は安定平衡が得ら

れ，また，K_1 と K_2 がほぼ等しいときには $1 > a_1$，$1 > a_2$ のときに安定平衡が得られることを示す．すなわち，環境収容力が大きな種の異種に対する影響力が小さいときか，環境収容力がほぼ同じのような種でも，異種に対する影響が小さいとき，安定平衡が得られる．直観的にわかりやすいように，この辺りの様子を図5-5の模式図に示しておく．

特に，2種のうちどちらかが死滅してしまうような場合，これは「生態的に類似した2つの種は同じ場所に共存できない」という競争排除の法則として知られている．湖沼などの広大な自然界では，このような場合，2種は別々の場所に生息するなどしてそれぞれが生きることになる．大型の培養装置を考える場合，湖沼と違い，その中は，常に栄養液や空気の注入などのためかき混ぜられており，かえって2種が別々の場所に住み分けることができにくい環境になっている．この辺りは，十分留意する必要がある．

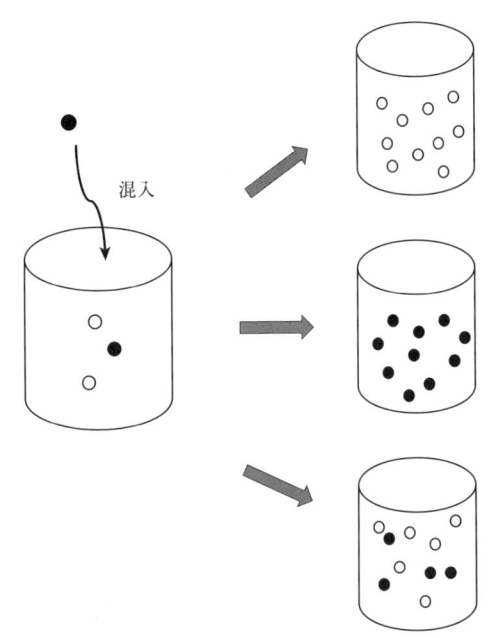

図5-5 異種の混入とその後の様子
ある生物種（種1：○）に異種の生物種（種2：●）が混入すると，Lotka-Volterra方程式に従い，図のような状態が現れる．

c. 藻類が3種類以上の場合

　実際に，ある培養系に異種が混入する場合，系の種は2種類以上となるであろう．このような系について，微細藻類でどうなるかはほとんど研究がなされていないのが現状である．

　藻類の場合，実際の培養系内で，完全なモニター下でこのようなことが実験されたという話は，あまり聞いたことがないが[1,3]，異種混入が起こり，培養系がおかしくなるような場合，培養系崩壊が起きたなどと表現されている．この問題は，5-2 節に説明するように，大規模な培養施設を計画するときに閉鎖系と開放系の選択の重要な分かれ道で，最も大きな情報を与えてくれるはずである．1つだけ留意したいのは，変数が3つ以上（たとえば N_1, N_2, N_3）の場合，この力学系は一般的にはカオスになる可能性があるということである[2,11,12]．このような場合，生物集団の挙動は決定論的には追えなくなる．

　藻類以外に微生物の多種類の混合系を扱う分野として，活性汚泥を用いる浄水工学などの分野があるが，この分野では，70種類以上の微生物が混在している系を扱う．増殖などについて，すでに，世界共通のモデル[7]をつくろうという努力が積み重ねられているが，今後，微細藻類の分野でもこのような共通モデルの構築へ向けての努力が必要であろう．　　　　　　（志甫　諒）

5-2　フォトバイオリアクター

　藻類の閉鎖系大型培養装置を，フォトバイオリアクターと呼んでいる．細菌や菌類などの微生物の大量培養で使われているジャーファーメンターと原理的には同じで，その中の温度，溶存気体，pH，培地成分などを制御しながら培養を行う．藻類培養の場合，太陽や人工光からの光の採取が光合成のための必要条件となるため，容器は透明な材質でつくられ，光を意味する「フォト」という接頭語をつけて，フォトバイオリアクターと呼ばれている．

　図5-6に，ASPプロジェクトで行われた，マサチューセッツ工科大学の発電所からの排ガスを原料として微細藻類からオイルをとる実験時にGreenFuel Technologies Corp.（アメリカ）によって使われた，フォトバイオリアクターを示す[9,14]．この場合，バイオディーゼル生産がその目標として置かれていた．

マサチュー
セッツ工科
大学発電所
での大型培
養

アリゾナ州での
テストプラント

図 5-6 GreenFuel Technologies Corp.（アメリカ）のフォトバイオリアクター
ASPプロジェクトで使われた．マサチューセッツ工科大学での実験では，微細藻類の高い生産性を証明するのに使われたが，それに続くアリゾナ州でテストプラント実験は，理由は不明だがあまりうまくいかなかった．

図5-7に，栄養，ビタミンなどの生産に使われているチューブ型（同図(a)：長さ100 m，直径5 cm）およびドーム型（同図(b)：直径1 m）のフォトバイオリアクターの例を示す．

両方の例とも，藻類としては *Haematococcus pluvialis* の大量培養を行っている．これらは，その産物が，ビタミンEの約1000倍ほどの抗酸化力があるといわれるアスタキサンチンという高価な栄養製品，化粧品，薬品などの原料となる[14,15]．

また，図5-8にはAlgaeLink社製のバイオリアクター例を示す[13]．これは，現在市販されている大型のバイオリアクターで，どのような藻類にも対応できると会社側は述べている．

このような閉鎖系システムは，後ほど述べるように，開放された池（オープンポンド）よりもずっと高価で，設計や操業上の課題（過熱，付着物，ガス交換限界など）を抱えている．最も重要なことは，それらが設置面積で100 m^{2}以上の培養装置としてのスケールアップが難しいことである．数百エーカー（1エーカー＝4046 m^2）の大規模システムが必要なバイオ燃料製造は，数万組

の装置からなり，膨大な投資コストと操業コストを伴うことになる．事実，図5-6で示したような大型のバイオリアクターは，マサチューセッツ工科大学での実験後，アリゾナ州でさらに大型のプラント規模の実験に用いられたが，これは失敗に終わった．理由は明らかにはされていないが，5-1節で述べたような異種混入や設備全体にわたる温度などの制御が完全にはうまくいかなかったようである．現在，完全な意味での屋外フォトバイオリアクターは図5-7のような栄養製品，薬品原料の生産に向いた藻類で行われているだけで，産業レベルでのバイオ燃料生産には使われてはいない．

図 5-7 (a) Algatechnologies 社（イスラエル）と（b）富士化学工業（株）（日本）のフォトバイオリアクター
　　　いずれも *Haematococcus pluvialis* の生産に使用されている．

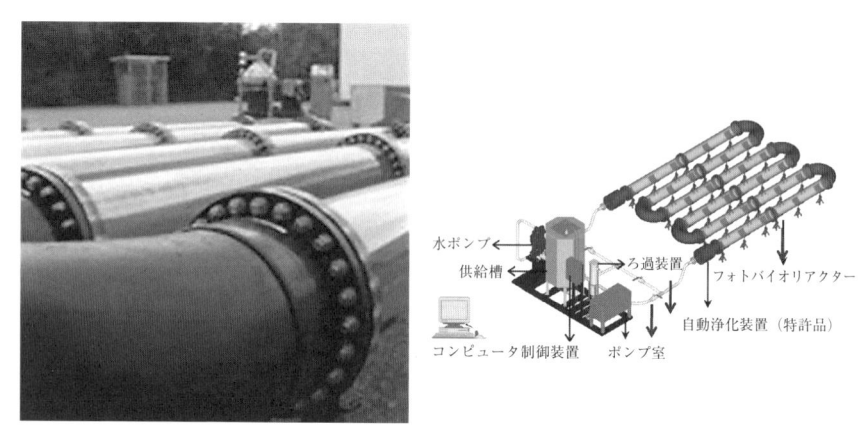

図 5-8　AlgaeLink 社の大型フォトバイオリアクターとそのシステム図

確かに，フォトバイオリアクターは，いわば密閉系に近い状態をつくり出すには便利であるし，これまで微細藻類のオイル産生量などで高い数値を示されているようなデータは，ほとんど，温室など半屋外条件でフォトバイオリアクターを使って得られたものであった[1,3,13]．しかし，いったん完全な屋外でこれを用いると，いくつかの問題が出てくる．① 光の調節，② 温度の調節，である．その様子を図5-9に模式的に示す．

閉鎖系である透明バイオリアクターを屋外に置く場合，光の強さの制御が意

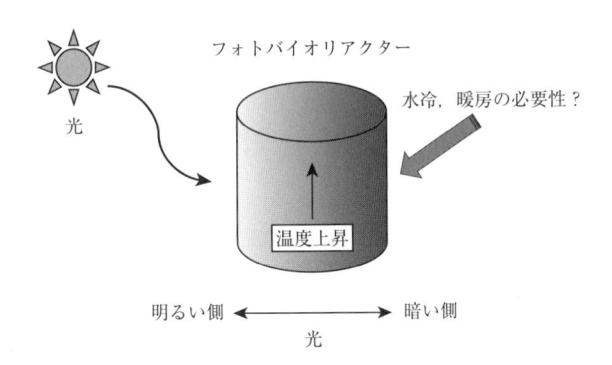

図5-9 フォトバイオリアクターの光・温度などの制御の模式図
内部の温度上昇を制御するのが意外と難しい．

図5-10 Solix社の柔構造フォトバイオリアクター
点滴の液体バッグを大きくしたような構造をもち，水中にも入れられるので，温度制御が楽になると同社は説明している．

外と難しい．よく知られているように，藻類には光阻害などと呼ばれる現象があり，種類により強光下でその成長が阻害されるものがある[1,3]．また，光が強すぎると，密閉系であるために水分蒸発などで水温が制御されるメカニズムが効きにくくなり，水温が上がれば当然，培養液中の二酸化炭素の溶存量も減る．このような場合，外から水などをかけて水温のコントロールをしてやる必要性も生じてくる．これはコスト上昇の要因にもなってくる．

最近，アメリカのChevronグループのSolix社は，従来のチューブ型の方式より，ポリエチレンバッグのような容器袋をプールのような場所に浸し，この問題を解決しようとしている（図5-10）．この方法では，内容積あたりのコストもかからない．将来のバイオ燃料の大量生産をフォトバイオリアクターで目指したものであり，実験段階を終え，現在大型装置を建設中であるので，楽しみである． 　　　　　　　　　　　　　　　　　　　　　　　　　（志甫　諒）

5-3　開放系システム

開放系システムは，簡単にいえば池，あるいは屋外のプールを思い浮かべればよい．以下，これをオープンポンドと呼ぶ．開放系での藻類の培養は，5-1節で説明したように系の中への異種の混入が多いと思われるにもかかわらず，世界各地で，小規模ではあるが産業レベルで操業が行われている．また，その規模はすでに数百エーカーの規模のものまで存在している．現在，バイオ燃料の数百倍以上の価格で販売されている高価値栄養製品でさえ，微細藻類の商業生産の98%以上が，建設コストの安いオープンポンドで行われている．使われている微細藻類は，主として，*Spirulina, Dunaliella salina, Haematococcus pluvialis, Chlorella vulgaris*である．これらの藻類は自然の湖沼にもよくみられ，むしろ環境的には生存力が強い種類である．これらが最も早く商業的生産レベルに達したのもうなずける．

しかしながらその生産システムに関する設計，操業，生産，その他の重要な側面に関する詳細情報は，ほとんど見当たらない状態である．$0.01 \sim 1 \text{ m}^3$ほどの閉鎖系のフォトバイオリアクターでの，バイオ燃料を想定した藻類培養に関する研究情報が，学会や国立研究所からの数百に上る出版物として出ている

のと比較すると，奇異な印象すら受ける[1,3]．

現在，開放系でのバイオ燃料を想定したプラント事例はほとんどないが，近い将来，数百エーカー，あるいはそれ以上の規模となることを想定し，参考として，すでに産業レベルとして成り立ちつつある食品産業などの開放系での藻類培養状況をみていこう[10,14,17]．

微細藻類の産業規模は年間にして100～数百t規模の小規模の生産システムで，世界中で数十の企業により人間用の栄養製品の原料として培養されている．世界の商業用微細藻類バイオマスの総生産量は，年間でおおよそ1万tと推定されている．栄養製品用としては，今日，光合成培養されている主たる微細藻類は，*Spirulina*, *Chlorella*, *Dunaliella*, *Haematococcus* などである．微細藻類の半分以上は中国本土で培養されており，残りは日本，台湾，アメリカ，インド，オーストラリア，その他で行われている．これらの地域においても，前述の藻類種が開放系でも卓越する地域，環境条件があると推測される．

図5-11に，カリフォルニア州およびインドでの*Spirulina*の開放系培養システムであるオープンポンドの例を示す．

オープンポンドでは水流をつくり，さらに撹拌をし，系に空気を入れるなどの工夫をしている場合がある（図5-12）．この例での藻類は*Haematococcus*であり，インドもこの種は開放系で十分培養可能である．これらの情報は，新しく起業をしようとする者にとっては重要な地域情報である．

(a) (b)

図5-11 (a) Earthrise社（アメリカ）と (b) Parry Neutracoutical社（インド）のオープンポンド（各社ホームページより）
いずれも*Spirulina*の生産に使用されている．

図 5-12 Parry Neutracoutical 社（インド）の *Haematococcus pluvialis* 生産用オープンポンドでのパドルによる池の攪拌（同社ホームページより）

図 5-13 Cognis 社（オーストラリア）の *Dunaliella salina* 培養用オープンポンド（同社ホームページより）各区画は 100 エーカー程度である．

以上の例は 1 エーカーほどの例であったが，数百エーカーのどの規模のものもすでに存在している．図 5-13 に全部で 500 エーカーほどのオープンポンドの例を示す．藻類種は *Dunaliella salina* である．

ここでもう一つの例を紹介する．ハワイで行われているやはり数百エーカーの規模の例であるが，*Haematococcus pluvialis* 用のポンドと，*Spirulina* 用のポンドが隣り合わせになっている（図 5-14）．一般的に，異種混合を嫌がる藻類の開放系培養にも，このような例がある．

食品，化粧品原料などのための限られた種類の藻類の生産規模をみてきたが，これまで，バイオ燃料用に適した藻類の屋外培養に成功していない．その

理由は，一般的な傾向ではあるがオイル成分の高い藻類の増殖性能が，そうでないものより劣る傾向があるためと考えられている．

しかし，自然界には，今後の前向きなバイオ燃料開発のヒントになるような例がある．それは，通常，乾燥重量の約50％以上のオイル成分を有する*Botryococcus*という種類の緑藻類に関しての野外観測結果である．この藻類の量は，おおよそ2倍ほどになるのに1週間ほどかかり，*Chlorella*などが1日で4倍ほどに増殖する[17]よりはるかに増殖率は低い．しかし，このような藻類が，突然，湖の表面にいわゆる「水の華」（water bloom）とでも呼ぶべき状態で大繁殖をする現象がある（図5-15）．

世界でもまだ数例であるそうだが，工業的なバイオ燃料開発の過程では，まだまだ自然から学ばねばならないことが多いようである．

将来，バイオ燃料生産を考える場合，当然ながら開放系システムの近隣に処理などの施設も必要で，種となる藻類のその土地の適応性だけでない条件も満たさなくてはならない．これらの大規模開放系の培養システムの立地の必要条件として何があるかを，想定される藻類から石油生産までの処理の道筋を説明しながら考えてみよう．

微細藻類バイオ燃料の製造概念の中核をなすものの一つは，近隣で入手できる二酸化炭素リッチ資源としての発電所煙道ガス，あるいは同等なものの利用という考え方があった．1980年代は，藻類の培養施設は発電所からの排ガス

図5-14 Cyanotech社の大規模オープンポンド（同社ホームページより）
*Haematococcus pluvialis*生産用と*Spirulina*生産用のオープンポンドが隣り合わせになっている．

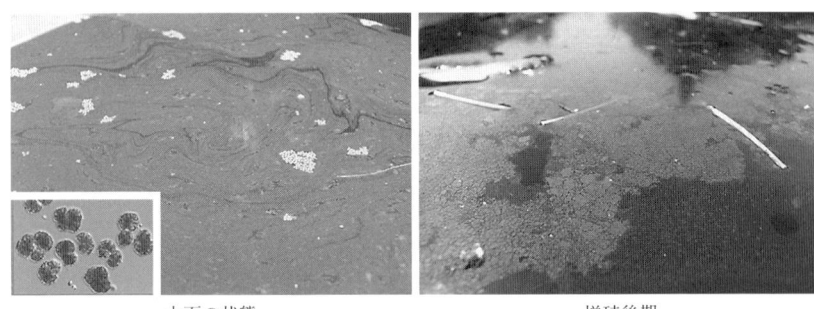

水面の状態　　　　　　　　　　　増殖後期
(a)

図 5-15　*Botryococcus* の「水の華」
【口絵 5 も参照】
(a) つくば市の（独）国立環境研究所（河地正伸氏提供），(b) イスラエルの Kinneret 湖（表 4-3 参照）など，世界で 2 ～ 3 か所，自然状態で *Botryococcus* のブルームが発生する湖などがある．(a) 左下の顕微鏡写真はブルーム状態の *Botryococcus* のコロニー．

(b)

が得られやすい場所に建設するのがよいとの考え方が一般的であった．図 5-16 にこの様子を示す．

　藻類バイオ燃料の利用は，比較的成長の速い陸上植物（大気中から二酸化炭素を回収する）や他の再生可能エネルギー源からもたらされるバイオ燃料と本質的に異なるものではない．二酸化炭素リッチな資源の確保は，生産コストや大規模培養システムの立地を制限することにもなりかねない．事実，より現実的なアプローチ法では，しばしば提案されているような大規模培養システムでは，施設への二酸化炭素配送インフラがネックになると考えられるので，大規模中央石炭焚き発電所よりも，むしろ小規模二酸化炭素源に藻類システムを組み合わせる方が好ましいようにも思える．

　次に，石油までの処理施設についてであるが，藻類の培養による石油生産法のプロセスを概観しながら話を進めよう．微細藻類からの石油あるいは他のバ

図5-16 イスラエル発電所内のオープンポンド（Ben Amots氏提供）
発電所内に設置され，高濃度の二酸化炭素廃棄ガスの利用をする．

イオ燃料を製造する基本プロセスは，はじめに，種となる藻類を生産する比較的小さな閉鎖系フォトリアクターを利用し，次に，これをもとに，全部で数百エーカー規模のオープンポンドにスケールアップすることである．季節や他の要因にもよるが，ポンド全域のおおよそ20～40%の培養液を毎日収穫する必要がある．バイオマス（数 g/L）は，いわば希薄な状態のため，非常に低コストの収穫プロセスにより最初にまず30倍程度までに凝縮しなくてはならない．この凝集のためには，ほとんど凝集化学品を用いないバイオ凝集プロセスがぜひとも必要であるが，これまで未だに有効な凝集法は確立されていない．もちろん，いくつかの有望な手法は提案されているが，依然として，いろいろな種類の藻類向けに開発・実証される必要がある状況である．しかも，培養される藻類の種や株は，石油含有量，生産性，回収率などの基準により選定される必要があり，その各々の種類に対して，有望な凝集法は異なってくる可能性がある．しかし，これらは，大量培養プロセスのための，ほんの基本的な条件であり，ほかにも，コンタミネーションや草食生物に対する耐性，高酸素や強光レベルへの耐性，温度変化への許容率，地域の水質への適合性など，越えなければならない多くの技術的な課題がある．

収穫後には，さらなる凝縮・分離と石油抽出も必要となる．細胞破壊に続いて，溶剤乳化と3段階遠心分離での回収が提案されているが，細胞破壊プロセスは，藻類の性質によっても異なり，各々のケースごとの実証試験が不可欠である．多くの可能な方法の探索，および最適な方法の組み合わせを探索するための研究開発が活発になされている．藻類石油がいったん得られた後では，こ

れのバイオ燃料（バイオディーゼル，グリーンディーゼル，ジェット燃料など）への変換は，それほど難しいとは思われない[18-20]．

残留バイオマスは，乾燥して動物飼料として販売するか，プラントのエネルギー需要を満たすために，残留栄養分やポンドにリサイクルされた炭素とともにオンサイト発電用のバイオガスに変換することもできる．もちろんこれまでも食品工業などのために開放系が使われているので，処理施設などは存在しているが，石油代替燃料の場合，燃料オイルは食品より単価がはるかに安く，その必要な処理量は食品の場合より何桁も違う大規模なものとなる．これらの施設すべての規模と立地条件，およびその土地の条件での開放系でのオイル産生藻類の生産性とのバランスを常に考えなければ，バイオ燃料生産のゴールには達しないことを銘記しておきたい． (志甫　諒)

5-4　収穫・回収

大量に培養した藻類の収穫に当たり，固液分離を行う必要がある．固液分離には主要なものとして遠心分離法，ろ過法，沈殿法があるが，培養試料量が膨大であることから，それに先立ち，収穫・回収に効果的な藻類粒子サイズを得るための凝集 (flocculation) が行われる場合もある．特に燃料オイルなど，低価値の生産物を対象とする場合には，凝集沈殿法の選択が考えられてもよいであろう[21]．藻類の収穫・回収はバイオマス生産コストの 20〜30% を占めるという報告もあり[22]，適切な方法を選択することはきわめて重要である．

a. 凝　　集

大量の培養藻体懸濁液から，藻体を効果的な粒子サイズにして沈殿，遠心分離回収，ろ過をしやすくするために，さまざまな凝集法が使われている．微細藻類の細胞はマイナスにチャージされていることから，多価陽イオン（塩化鉄 ($FeCl_3$)，硫酸アルミニウム ($Al_2(SO_4)_3$)，硫酸鉄 ($Fe(SO_4)_3$)，ポリ硫酸鉄 (PFS) など）や陽イオンのポリマーが凝集剤として加えられる．凝集剤により効果的な濃度と効率が異なる（図 5-17）が，安くて，毒性がなく，低濃度で効果を発揮する凝集剤が理想的である．特に PFS のような重合された金属

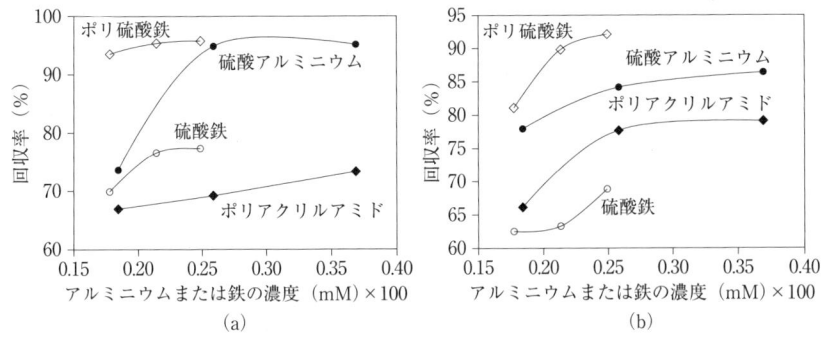

図5-17 アルミニウムまたは鉄などが多価陽イオンや陽イオンポリマー濃度の藻類細胞回収率に及ぼす影響[23]

塩の凝集剤は広範囲のpHで作用し,脱水が容易な藻類フロックを生産するといわれている.陽イオンポリマーは,藻類細胞表面のマイナスチャージを減少あるいは中性化するとともに,多数の細胞粒子を橋梁することで物理的にフロック化を促進する.一般に1〜10 mg/Lの濃度で藻類の凝集に使用される.しかし,海産藻類培養で使われる通常の海水培地(一般に3〜3.5%)ではその凝集効果が阻害され,0.5%以下の塩分濃度で発揮するといわれている.海水のイオン強度が高いことによるもので,実験的にも藻体懸濁液のイオン強度が高くなると凝集効果が減少していくことが明らかになっている(図5-18).

b. 遠心分離法

ほとんどの藻類が遠心分離法で収穫することができる.遠心分離法による回収は他の方法と比較すると迅速であることから,エネルギー消費がやや大きいという欠点はあるが,よく使われている.遠心分離法においては,適切な遠心加速度を選択することが重要であるが,9種類の主要な藻類について3種類の遠心加速度の生存率と収穫率への影響を調べたところ,生存率では大きな差がないが,収穫率は13000 gで平均で97.7%と最も効率的であり,6000 gだと収穫率が平均で64.3%,1300 gだと平均で45%と減少することがわかっている(表5-1).

c. ろ 過 法

加圧ろ過や真空ろ過による藻類の収穫・回収も多く行われている．ロータリードラムプレコートろ過，吸引漏斗，ベルトフィルターなどによるろ過法は，特にサイズの大きい微細藻類には有効であり，たとえば緑藻 *Coelastrum proboscideum* では濃縮液中に 22〜27％ の藻類懸濁体を得ることができる（表5-2）．メンブレンろ過法も使われており，特に壊れやすい藻類には有効であるが，大規模な培養下での藻類の収穫には遠心分離法と比較してコストがかかることから，一般に利用されることは少ない（cf. 文献[26]）． （渡邉 信）

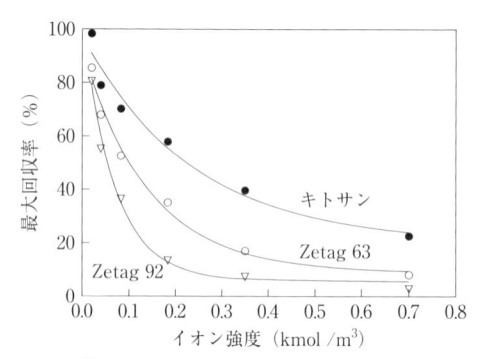

図 5-18 イオン強度がポリマー凝集剤による藻類細胞回収率に及ぼす影響[24]

表 5-1 遠心加速度が藻類細胞の生存率と回収率に及ぼす影響[25]

種名	細胞生存率（％）			回収率（％）		
	1300 g	6000 g	13000 g	1300 g	6000 g	13000 g
Pavlova lutheri	100 ± 1	99 ± 1	99 ± 1	66 ± 2	79 ± 3	100 ± 0
Isochrysis sp.	100 ± 3	98 ± 0	88 ± 1	54 ± 6	65 ± 4	100 ± 0
Chaetoceros calcitrans	100 ± 0	100 ± 0	98 ± 1	48 ± 8	52 ± 3	97 ± 0
C. muelleri	95 ± 4	88 ± 8	88 ± 3	15 ± 3	46 ± 7	96 ± 1
Skeletonema costatum	100 ± 0	98 ± 1	100 ± 0	39 ± 11	47 ± 8	98 ± 0
Thalassiosira pseudonana	100 ± 0	99 ± 0	97 ± 0	57 ± 8	76 ± 5	99 ± 0
Phaedactylum tricornutum	100 ± 0	99 ± 1	100 ± 0	56 ± 7	65 ± 7	94 ± 7
Tetraselmis chui	100 ± 0	100 ± 0	100 ± 0	5 ± 3	96 ± 1	100 ± 0
Nannochloropsis oculata	99 ± 1	99 ± 1	100 ± 0	65 ± 7	53 ± 2	95 ± 1

表5-2 微細藻類の収穫に使用された加圧・真空ろ過の効果

タイプ	機器	藻類	濃縮液中の藻類懸濁濃度（%）	エネルギー消費（kW/h/m^3）
加圧ろ過	ネッシュチャンバー	Coelastrum proboscideum	22～27	0.88
	ベルトプレス	C. proboscideum	18	0.5
	吸引漏斗	C. proboscideum	16	−
	円柱型シーブローテーター	C. proboscideum	7.5	0.3
	フィルターバスケット	C. proboscideum	5	0.2
真空ろ過	ノンプレコート真空ドラムフィルター	C. proboscideum	18	5.9
	ポテトデンプンプレコート真空ドラムフィルター	C. proboscideum & Scenedesmus sp.	37	−
	吸引漏斗	C. proboscideum	8	0.1
	ベルトフィルター	C. proboscideum	9.5	0.45
	ろ過濃縮装置	C. proboscideum & Scenedesmus sp.	5～7	1.6

文献[26,27]より一部抜粋.

文　献

1) Andersen, R.A. (2004)：Algal Culturing Techniques, Elsevier Academic Press, Phycological Society of America.
2) 合原一幸編 (1990)：カオス, サイエンス社.
3) Graham, L.E., Graham, J.M., Wilcox, L.W. (2008)：Algae, 2nd ed., San Francisco, Pearson Benjamin Cummings.
4) ハーバーマン, R. (1992)：生態系の微分方程式, 現代数学社.
5) 巌佐 庸, 日本生物物理学会, シリーズニューバイオフィジックス刊行委員会編 (1997)：数理生態学, シリーズニューバイオフィジックス, 共立出版.
6) 今井 功 (1973)：流体力学, 裳華房.
7) 味埜 俊 (2005)：活性汚泥モデル, 環境新聞社.
8) 宮下 直, 野田隆史 (2003)：群集生態学, 東京大学出版会.
9) National Renewable Energy Laboratory：A look back at the U.S. Department of Energy's Aquatic Species Program — Biodiesel from Algae (http://www.nrel.gov/docs/legosti/fy98/24190.pdf).
10) 大橋一彦, 志甫 諒 (2009)：配管技術, 51, 10-16 (8月号), 12-16 (9月号).
11) 下條隆嗣 (1992)：カオス力学入門, 近代科学社.
12) 戸田盛和 (1995)：波動と非線形問題30講, 朝倉書店.
13) AlgaeLink ホームページ (http://www.algaelink.com/algae-growing-equipment.htm)
14) Benneman, J.R. (2008)：Microalgae Oil Production-Status Report, Algae World Conf., Singapore, Nov.17.
15) 富士化学工業ホームページ (http://www.bioreal.com/BioRealHome.html, http://www.fujichemical.

co.jp/astaxanthin.html)
16) Willson, B. (2009) : Large-scale production of microalgae for biofuels. 3rd Tsukuba 3E Forum, Tsukuba, 8 August (http://www.sakura.cc.tsukuba.ac.jp/~eeeforum/).
17) クロレラ工業ホームページ (http://www.chlorella.co.jp/)
18) Drapcho, C.M., Nhuman, N.P., Walker, T.H. (2008) : Biofuel Engineering Process Technology, McGraw Hill.
19) 野村正勝, 鈴鹿輝男 (2004) : 最新工業化学, 講談社.
20) 柘植秀樹, 上ノ山周, 佐藤正之, 国眼孝雄, 佐藤智司 (2000) : 化学工学の基礎, 朝倉書店.
21) Venkataraman, L.V. (1978) : New possibility for microalgae production and utilisation in India. Arch. Hydrobiol. Beih. 11, 199-210.
22) Gudin, C., Therpenier, C. (1986) : Bioconversion of solar energy into organic chemicals by microalgae. Adv. Biotech. Proc. 6, 73-110.
23) Jiang, J.-Q., Graham, N.J.D., Harward, C. (1993) : Comparison of polyferric sulphate with other coagulants for the removal of algae and algae-derived organic matter. Water Sci. Technol. 27, 221-230.
24) Bilanovic, D., Shelef, G., Sukenik, A. (1988) : Flocculation of microalgae with cationic polymers-effects of medium salinity. Biomass 17, 65-76.
25) Heasman, M., Diemar, J., O'Connor, W., Sushames, T., Foulkes, L., Nell, J.A. (2000) : Development of extended shelf-life microalgae concentrate diets harvested by centrifugation for bivalve molluscus—a summary. Aquacult. Res. 31(8-9), 637-659.
26) Mohn, F.H. (1980) : Experiences and strategies in the recovery of biomass from mass cultures of microalgae. p.547-571, In Shelef, G., Soeder, C.J. (eds.), Algae Biomass, Amsterdam, Elsevier.
27) Grima, E.M., Belarbi, E.-H., Acièn Fernánde, F.G., Robles Medina, A., Chisti, Y. (2003) : Recovery of microalgal biomass and metabolites : process options and economics. Biotechnol. Adv. 20, 491-515.

6. 藻類オイル

6-1 オイルの抽出

　本節では，現在実用化されている各種植物および魚類由来のオイルの抽出法について概説した後，*Botryococcus* をはじめとする藻類由来のオイルの抽出法を最近の総説から抜粋し，応用の可能性について議論したい．

a. 植物由来のオイルの抽出[1]

　植物オイルは，原料植物の油分含有量により抽出法が異なる．
- 油分20% 以上：圧抽法（圧搾後溶媒抽出）
- 油分20% 以下：抽出法

1) ダイズ

　ダイズは比較的オイル分が低いため（含油量18〜20%），ヘキサンを用いて抽出をする（抽出法）．オイルの収率を上げるため，抽出の前に温度70〜75℃ で水分を減少させ，粉砕圧扁したフレーク（圧扁ダイズ）を得た後，抽出機中で原料にヘキサンをスプレーにしてふりかけ，原料は繰り返しヘキサンと向流的に接触しながら抽出する．

2) 菜種

　菜種は油分が多いため（含油量38〜40%），まず圧搾し，あらかたのオイルを搾り（予備圧搾），油分を20% 程度にしてからヘキサンを用いて抽出をする方法がとられている（圧抽法）．ダイズ同様，オイルの収率を上げるため，80〜90℃ に急速に品温を上げ，水分を減少させるとともに加水分解酵素（ミロシナーゼ）を失活させてから抽出する．

3) その他

基本的に含油量が20%以上と多いもの（綿実，アマニ，ヤシ（パーム，ココナッツ）など）からは，菜種同様，圧抽法を用いてオイルを得る．

b. 魚類由来のオイルの抽出[1]

魚油を得るために，昔から海水とともに20～60分煮沸する方法が行われているが，現在は，加熱と圧搾を連続的に行う装置が開発されている．水蒸気を用いて魚を蒸し，圧搾して魚油とタンパク質を連続的に分離する．その後，圧搾された魚油を遠心分離器で水と油脂に分離し，油脂を精製して商品として用いる．

c. 緑藻 *Botryococcus* 由来のオイルの抽出[2]

1) 実験室レベルでのオイルの抽出

実験室レベルではヘキサンおよびクロロホルム-メタノール混合液で抽出している．ヘキサンは細胞外のオイルの抽出に適しており，細胞内のオイルも抽出する場合にはクロロホルム-メタノール混合液で抽出すると効果的である[3]．しかし，この方法を用いた報告の多くは，目的が小規模培養系での抽出法であり，大量抽出には向いていない．

2) 大規模なオイルの抽出

現段階では，*Botryococcus* から大規模にオイルを抽出する技術は実用化されてはいない．コストを減少させるためにも，*Botryococcus* を生かした状態でオイルを回収する技術が求められている．抽出はこれまでの植物と同様に圧抽法や抽出法が考えられるが，*Botryococcus* は細胞壁が厚く，生きた藻体には炭化水素の10倍量の水分が含まれているため，圧搾を用いるのは難しい．*Botryococcus* に対して無毒かつ水に溶解しにくい溶媒を用いると，連続的に藻体を生かしたまま油分の抽出が可能である．しかし，細胞と抽出溶媒の極性は違うため，細胞の凝集が起こりやすい．この問題に対して，振動を与えることで細胞の凝集を抑えることができるとしているが，一方で振動が強力すぎると細胞に損傷を与えてしまう．Frenz らの報告[4,5]では，ヘキサンに30分浸漬すれば，次回の抽出時に70%の炭化水素を回収することが可能で，ヘキサンを

6-1 オイルの抽出

用いての連続抽出が可能であるとしているが（表6-1），特殊なポリウレタンフォームにコロニー状の*Botryococcus*を吸着させ，溶媒と藻体の接触を効率的に行う工夫が必要である[4,5]．

一方，簡便な方法として超臨界状態の液体を用いて抽出する方法も有効である．Mendesらは超臨界状態の二酸化炭素を用いて*Botryococcus*からの油分の抽出を試みている（図6-1）．一般的に超臨界状態の液体は粘性，密度，表面圧が低いため，迅速な抽出が可能である．超臨界二酸化炭素は無毒な上，コストもかからず再利用が可能であることから注目されており，30℃で高圧にすればするほどオイルの収率が増大し，30 MPaでオイルの収率が最大になると報告している（図6-2）[6]．

表6-1 *Botryococcus braunii*の各溶媒浸漬後（30分間）の炭化水素の再生産能と光合成活性[4]

溶媒	炭化水素の再生産能（％）[a]	光合成活性（％）[a,b]
n-ヘキサン	70.6	80.7
n-ヘプタン	63.7	83.2
n-オクタン	64.8	86.7
n-ドデカン	63.1	90.7
ドデシル酢酸	45.5	69.7
ジヘキシルエーテル	61.5	68.3
1,12-ドデカン二酸ジエチルエステル	47.5	29.2

[a] 溶媒抽出していない群との比較，[b] 溶媒除去後24時間後に測定．

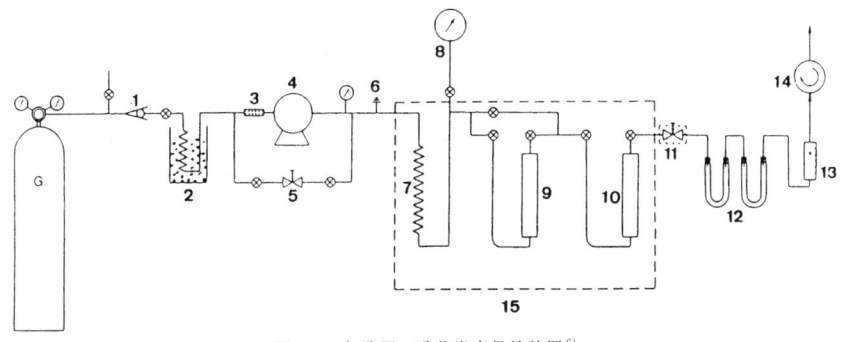

図6-1 超臨界二酸化炭素供給装置[6]
G：二酸化炭素ボンベ，1：チェック弁，2：冷却装置，3：フィルター，4：ポンプ，5：調圧装置，6：破裂板，7：熱交換器，8：マノメーター，9・10：抽出セル，11：膨張弁，12：U字管，13：ロータメーター，14：湿度計，15：水浴装置．

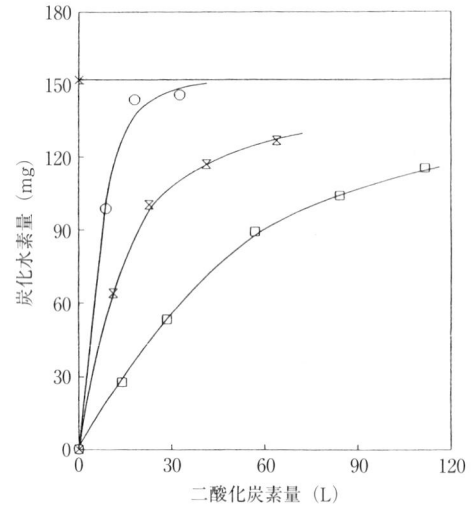

図 6-2 *Botryococcus braunii* 藻体からの二酸化炭素による炭化水素の抽出[6]
温度：313.15 K，二酸化炭素供給量：0.4 L，2 g の藻体量からの抽出量．□：12.5 MPa,
⊠：20.0 MPa，○：30.0 MPa，×：ヘキサンによる炭化水素抽出量．

　現段階では *Botryococcus* を大量培養して，そこからオイルを効率よく大規模に得られるシステムは実用化には至っていない．コストを抑えるため，また環境への配慮から，なるべく有機溶媒を用いず，複雑な工程を経ないシステムづくりが必要である．その観点から考えると，上記の藻体を生かしたまま油分を回収するシステムと，超臨界状態の溶媒を用いた抽出をうまく組み合わせたシステムが有効ではないかと考えられる．　　　　　　　　　（松浦裕志）

6-2　オイルの種類

　脂質と呼ばれている物質群の総称として，「油脂」と呼ばれることがある．「油」は常温で液体の脂質を指し，「脂」は常温で固体の脂質を指す．「油」に属する脂質は一般に植物や魚などの変温生物由来の脂質である．構成する脂肪酸にはオレイン酸やリノール酸などの常温で液体の不飽和脂肪酸が多く，天ぷら油やサラダ油に利用されるトリグリセリドも常温で液体である．「脂」に属する脂質は主に恒温動物の脂質で，ステアリン酸などの飽和脂肪酸を多く含

む.ブタのトリグリセリドであるラードやウシのヘッドが代表的な「脂」である.微細藻類の脂質の脂肪酸は不飽和脂肪酸を多く含み,トリグリセリドは「油」に属する.特に,海洋性真核微生物である Schizochytrium や渦鞭毛藻類はドコサヘキサエン酸(DHA)やエイコサペンタエン酸(EPA)などを多く含み,きわめて酸化されやすい.微細藻類の脂質にはトリグリセリドのほかに,炭化水素類,糖脂質,リン脂質など,植物に共通した脂質が含まれている.

a. 脂肪酸を構成成分とする脂質

通常の緑藻類の構成成分中の 15～17% は脂質である.この脂質中には種々の脂質が含まれており,大きく,中性脂質,糖脂質,リン脂質に分けられる.

おおよその組成比は,中性脂質 30%,糖脂質 37%,リン脂質 26%,脂肪酸を含まない脂質 7% である.しかし,Botryococcus にみられるように多量の炭化水素を蓄積する場合や,中性脂質に属するトリグリセリドを多量に蓄積する微細藻類も知られている.脂肪酸を含まない脂質に属する炭化水素については,c 項で改めて詳細に解説する.

藻類を含む植物の脂質には,動物の脂質と異なる特徴がある.まず,不飽和脂肪酸が全脂肪酸の 60% 以上あることである(表 6-2, 6-3).次に,光合成に関与するスルホン糖をもつ糖脂質が存在することである.中性脂質の大部分を占めるトリグリセリドはグリセロール分子の 3 つのアルコール性の水酸基と 3 分子の脂肪酸がエステル結合したものである(図 6-3).糖脂質もグリセロールを構成分子としており,図に示したように 2 分子の脂肪酸が 1 位および 2 位のアルコール基にエステル結合している.3 位の水酸基には糖がグリコシド結合しており,グリセロ糖脂質と呼ばれている.糖として二糖,三糖が付いた糖

表 6-2 飽和脂肪酸の種類

名称	炭素数	融点 (℃)	名称	炭素数	融点 (℃)
ラウリン酸	12	43	ベヘン酸	22	80
ミリスチン酸	14	54	リグノセリン酸	24	84
パルミチン酸	16	63	セロチン酸	26	88
ステアリン酸	18	70	モンタン酸	28	91
アラキジン酸	20	75	メリシン酸	30	94

表6-3 不飽和脂肪酸の種類

名称	炭素数：二重結合数	二重結合位置	二重結合配置	融点（℃）
パルミトオレイン酸	16 : 1	n-7, Δ9	cis	
オレイン酸	18 : 1	n-9, Δ9	cis	4
エライジン酸	18 : 1	n-9, Δ9	trans	44
バクセン酸	18 : 1	n-7, Δ11	trans	43
シスバクセン酸	18 : 1	n-7, Δ11	cis	
リノール酸	18 : 2	n-6,9, Δ9,12	cis	
αリノレン酸	18 : 3	n-3,6,9, Δ9,12,15	cis	
γリノレン酸	18 : 3	n-6,9,12, Δ6,9,12	cis	
アラキドン酸	20 : 4	n-6,9,12,15, Δ5,8,11,14	cis	
エイコサペンタエン酸	20 : 5	n-3,6,9,12,15, Δ5,8,11,14,17	cis	
ドコサヘキサエン酸	22 : 6	n-3,6,9,12,15,18, Δ4,7,10,13,16,19	cis	

脂質がある．また，スルホキノボシルグリセロ糖脂質を含む．リン脂質もグリセロリン脂質と呼ばれるグループに属し，グリセロールの1位および2位の水酸基の脂肪酸がエステル結合しており，3位の水酸基にリン酸がエステル結合し，さらに，リン酸に水酸基をもった塩基がエステル結合している（図6-4）．塩基としてコリンが付いたものをホスファチジルコリン，エタノールアミンが付いたものをホスファチジルエタノールアミンと呼ぶ．そのほか，セリンが付いたホスファチジルセリンや塩基をもたないホスファチジン酸がある．

クロレラの主要脂肪酸は，パルミチン酸（$C_{16:0}$）21％，リノール酸（$C_{18:2}$）29％，リノレン酸（$C_{18:3}$）16％とほぼ一定であるが，Botryococcus では株によってかなり異なり，Botryococcus braunii N-836株[8]ではオレイン酸（$C_{18:1}$）とパルミチン酸（$C_{16:0}$）であるのに対して，IPPAS H-252株[19]ではリノレン酸（$C_{18:3}$）52.8〜57.2％，パルミチン酸（$C_{16:0}$）23.7〜26.0％が主要脂肪酸であると報告されている．種々の株の脂肪酸組成ではオレイン酸とパルミチン酸が主要脂肪酸の場合が多いようである．N-836株では，オレイン酸とパルミ

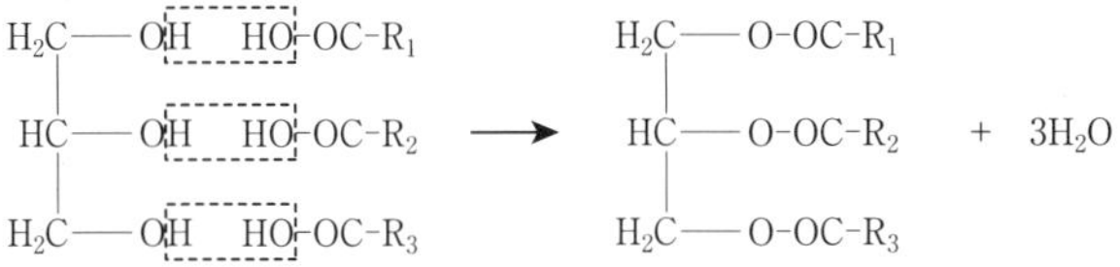

グリセリン 脂肪酸 トリグリセリド

(a)

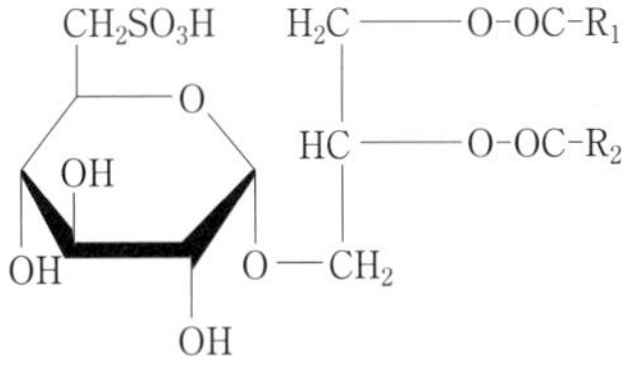

スルホキノボシルジグリセリド

(b)

図 6-3 脂質の種類
(a) トリグリセリド, (b) 代表的な糖脂質.

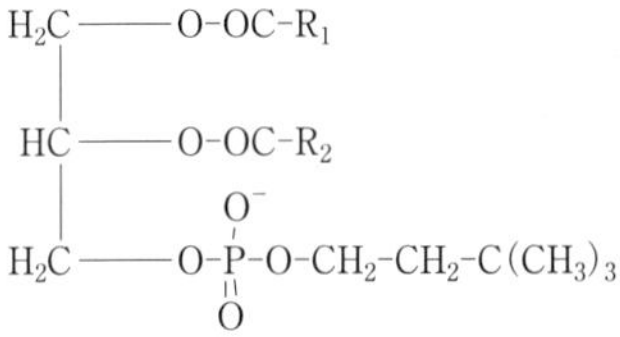

ホスファチジルコリン (レシチン)

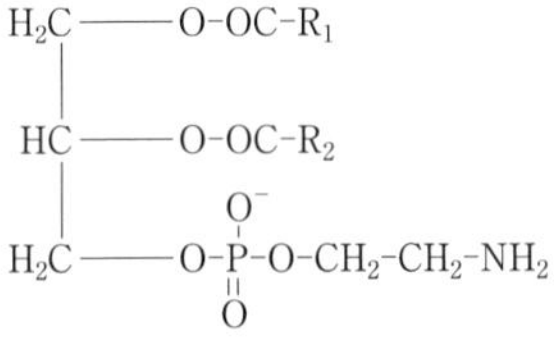

ホスファチジルエタノールアミン

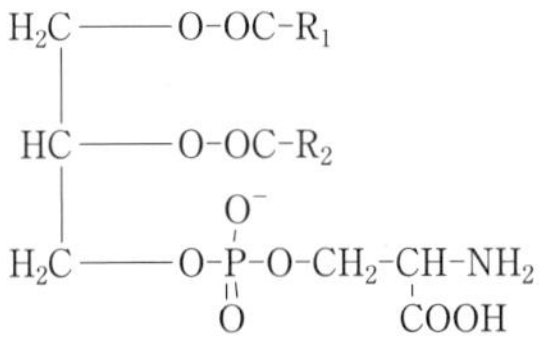

ホスファチジルセリン

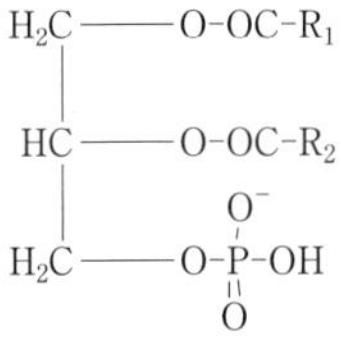

ホスファチジン酸

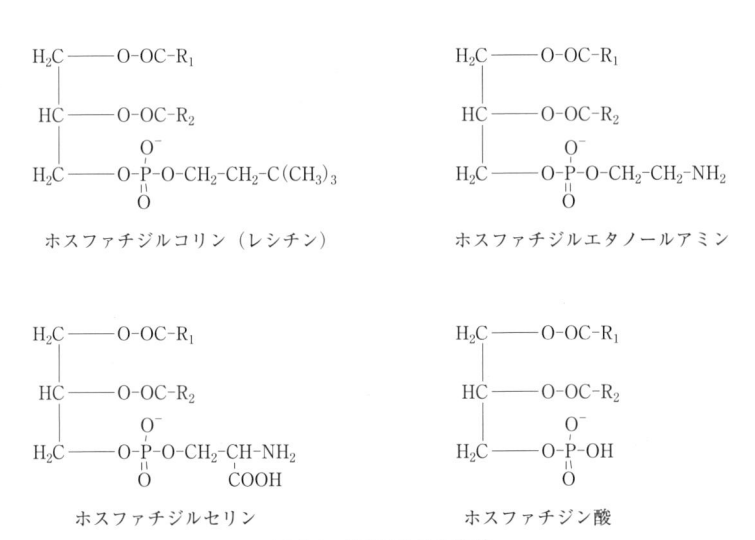

図 6-4 代表的なリン脂質

チン酸が主要脂肪酸であるが, メチル側鎖をもつ脂肪酸として 16-メチルヘプタデカン酸と 5,9,13-トリメチルテトラデカン酸がガスクロマトグラフィー/質量分析法 (GC/MS) で同定されている[8].

b. 脂肪酸組成の変動要因

　脂肪酸組成は，種々の培養条件で大きく変動することが知られている．最も一般的な脂肪酸組成の変動要因は，生育温度である．特に，細胞膜を構成するリン脂質は温度変化に敏感である．細胞膜は，エネルギーを使って，つまり，能動的に物質の取り込みや排出を行っている．そのためには細胞膜は常に一定の流動性を保持する必要があり，実際，保持している．この機能を恒常性維持機能（ホメオスタシス：homeostasis）と呼んでいる．

　細胞膜を構成しているリン脂質二重層は膜の中央に脂肪酸が集まり，細胞質側と細胞の外側には塩基のリン酸エステルが膜から露出している．膜には，物質授受の受容体や膜酵素などが膜を貫通，または伝達系を介して分布している．リン脂質を構成している脂肪酸は膜の流動性に直接関与しており，温度変化に応じて脂肪酸組成を変化させて膜の流動性を一定に保っている．培養温度が高くなると，膜は流動性が増すので，常温で固体（融点の高い）のステアリン酸やパルミチン酸などの飽和脂肪酸を増加させて流動性を一定に保つ．また，培養温度が低下すると，軟らかい（融点の低い）オレイン酸やリノレン酸などの不飽和脂肪酸を増加させて膜の流動性を一定に保っている．しかし，どのような脂肪酸を動員して流動性を保持するのかは，生物種によって異なる[13]．*Botryococcus*を最適培養温度（25℃）より高い温度（32℃）で培養すると，二重結合を分子内に3つもつ脂肪酸（リノレン酸など）が最適培養時より有意に減少したとの報告がある[11]．

　培養液中の栄養素である窒素を制限すると，*Botryococcus braunii* Kutz IPPAS H-252株のトリグリセリドが蓄積し，脂肪酸組成も変化すると述べている[19]．正常培養液で増殖した細胞を対照とした場合，窒素制限の細胞のリノレン酸の割合が対照の52.8～57.2%から19.5～24.7%に低下し，反対にオレイン酸が1.1～1.2%から17.1～24.4%に，飽和脂肪酸が23.7～26.0%から32.9～46.1%に増加した．リン脂質などの極性脂質では窒素制限培養13日目から飽和脂肪酸が76.8%にまで増加し，高度不飽和脂肪酸（分子内に二重結合が2つ以上ある脂肪酸）が6.8%まで低下したと報告している．これらの結果から膜の流動性が高まる原因を考察するのは無理であるが，IPPAS H-252株が産生し，細胞外に分泌する炭化水素と関係がありそうである．

培養のステージによって脂肪酸組成が変わるという報告もある[12]．Botryococcus の対数増殖期にパルミトリノレン酸（$C_{16:3}$）と α リノレン酸（$C_{18:3\omega 3}$）の全脂肪酸に占める割合が 35% 以上になるというのである．これらの変化も細胞分裂と膜の流動性の関係を示唆しているものと思われる．

c. Botryococcus braunii の炭化水素

産生する炭化水素の構造上の特徴をもとに，B. braunii を Race-A, Race-B, Race-L の 3 つに分け，"B. braunii A race" という表記法が用いられている．

Race-A は 25〜31 の奇数の炭素数をもつ直鎖で，分子内に 2 つまたは 3 つの二重結合をもつ炭化水素を産生するグループ，Race-B は C_nH_{2n-10}（$n = 30$〜37）で表されるトリテルペン構造をもつ炭化水素を産生するグループ，Race-L はテトラテルペンのリコパジエン（$C_{40}H_{78}$）構造と分子式をもつ炭化水素を産生するグループ，と定義されている．これらの代表的な炭化水素の構造を表 6-4 に示した．

Race-A における炭化水素の含有量は株によって大きく異なり，0.4〜61.0%（藻体乾燥重量中の炭化水素の重量）の範囲にあると述べている[14]．Race-B では重量あたり 30〜40% の炭化水素を産生するものが多いが，9% 程度しか産生しない株も報告されている[17]．Race-L では炭化水素産生がインドの株で 0.1% 程度，タイの株で 8.0%[16] と，Race-B に比べてかなり少ない．

炭化水素産生と培養条件について，これまで多くの試みがなされてきた．B.

表 6-4 Botryococcus braunii の炭化水素

グループ	分子式	構造	二重結合位置
Race-A	$C_{25}H_{48}$	$CH_3(CH_2)_7CH=CH(CH_2)_{13}CH=CH_2$	1,16(E/Z)
	$C_{27}H_{52}$	$CH_3(CH_2)_7CH=CH(CH_2)_{15}CH=CH_2$	1,18(E/Z)
	$C_{29}H_{56}$	$CH_3(CH_2)_7CH=CH(CH_2)_{17}CH=CH_2$	1,20(E/Z)
	$C_{31}H_{60}$	$CH_3(CH_2)_7CH=CH(CH_2)_{19}CH=CH_2$	1,22(Z)
	$C_{29}H_{54}$	$CH_3(CH_2)_5CH=CH-CH=CH(CH_2)_{17}CH=CH_2$	1,20,22(Z)
	$C_{27}H_{50}$	$CH_3(CH_2)_7CH=CH(CH_2)_{13}CH=CH-CH=CH_2$	1,3,18(E/Z)
	$C_{27}H_{48}$	$CH_3(CH_2)_7CH=CH(CH_2)_{11}CH=CH-CH=CH-CH=CH_2$	1,3,18(E/Z), 5(E)

198   6. 藻類オイル

表6-4 (続き)

グループ	分子式	構造	二重結合位置
Race-B	$C_{30}H_{50}$		
	$C_{31}H_{52}$		
	$C_{31}H_{52}$		
	$C_{31}H_{52}$		
	$C_{32}H_{54}$		
	$C_{32}H_{54}$		
	$C_{32}H_{54}$		
	$C_{33}H_{56}$		
	$C_{31}H_{52}$		
	$C_{31}H_{52}$		
	$C_{32}H_{54}$		
	$C_{32}H_{54}$		
	$C_{34}H_{58}$		
	$C_{35}H_{60}$	未確定	
	$C_{36}H_{62}$		
	$C_{37}H_{64}$		
Race-L	$C_{40}H_{78}$ (リコパジエン)		

braunii の培養条件と産生する炭化水素の構造が密接に関係する．二酸化炭素濃度を 0.3% に高めた空気を通気すると Race-B では C_{30} ～ C_{32} のトリテルペンが主成分となるが，通常の空気（二酸化炭素濃度 0.03%）では C_{33} ～ C_{34} が主成分になる[18]．

B. braunii の特徴的な炭化水素として一連の *n*-アルキルフェノールがある（図 6-5）．C_{27}, C_{29}, C_{31} のものがテキサス州オースチンのコレクション株から同定されている．量的には少ない（乾燥重量の 1.5%）が，精力的に構造研究が行われた．生合成的には酢酸から合成されることが [1,2-^{13}C] ラベルの酢酸の取り込み実験と核磁気共鳴（nuclear magnetic resonance：NMR）による解析の研究から明らかにされている[15]．

Botryococcus の炭化水素には二重結合がある場合がほとんどである．二重結合は不安定であり，酸化されやすい．図 6-6 に示したように，二重結合が酸化されてエポキシドになる．これも酸化されると，ジオールになる．この過程でそばにエポキシドがあれば，重合してエーテル架橋が形成され，もう一方はアルコールまたはラジカル炭素になり，水が付加すればアルコールに，さらにエポキシドがあればここでもエーテル架橋が形成され，高分子化が起きる．*Botryococcus* の炭化水素には，少量成分として含酸素炭化水素が検出されている．その他の含酸素炭化水素として，ケトンやアルデヒドがあるが，前述の含酸素炭化水素に比べ，生成量が少ないので省略した．

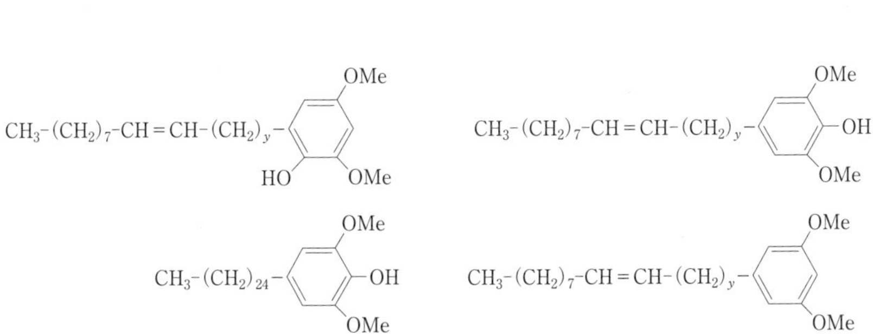

図 6-5 *Botryococcus braunii* A race が産生する *n*-アルキルと *n*-アルケニルフェノール類の構造
二重結合配置は Z，y は 15 ～ 21 の奇数．

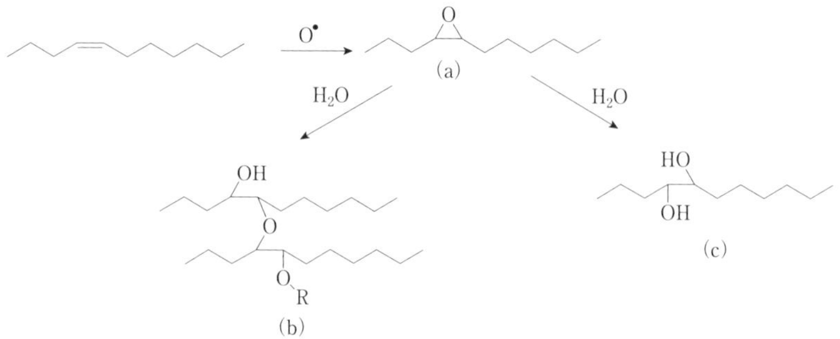

図6-6 二重結合が酸化されて生成する (a) エポキシド, (b) アルコキシエーテル, (c) ジオール炭化水素
R = H, 脂肪酸アシル, O•:酸素ラジカル.

d. アルジナン

アルジナン（algaenan）は, *Botryococcus* 特有の成分である．混合有機溶媒（クロロホルム-メタノールまたはエタノール-ジエチルエーテルの混合液）で脂質を抽出した後の細胞残渣を顕微鏡でみると，細胞は完全に破壊された状態で観察される．しかし，コロニーのマトリックスは無傷で残っている．このような化学的に安定で，不溶性の高分子物質をアルジナンと呼んでいる（図6-7）．最初，Race-A の残渣からメタノール性水酸化カリウムと，高濃度リン酸で処理して得られる可溶性アルジナン-A とその残渣である不溶性アルジナン-A が調整され，可溶性および不溶性アルジナン-A と名づけられた[10]．フーリエ変換型赤外分光法（Fourier transformer-infrared spectroscopy：FT-IR）や ^{13}C-NMR を用いてそれらの構造が調べられてきた．赤外分光法（infrared spectroscopy：IR）では 720 cm^{-1} 付近に特徴的な吸収がみられ，^{13}C-NMR では 29 ppm 付近に強い強度のシグナルが観察された．これらのことからアルジナン-A には長いメチレン鎖の存在が明らかにされた．不溶性のアルジナン-A と可溶性の長鎖ポリアルデヒドとして調整されたアルジナン-A のスペクトルの類似性から，また，ピロリシス分析（熱分解分析：pyrolysis）による結果から，可溶性および不溶性の両アルジナンの主成分は，*n*-アルカン，*n*-アルケン，*n*-アルキルシクロヘキサンであることが示された．おそらく，不溶性のアルジナン-A は可溶性のアルジナンが縮合して網目状構造になったと推定されている．Race-B から調整されたアルジナン-B は，Race-A のものに比

アルジナン-A

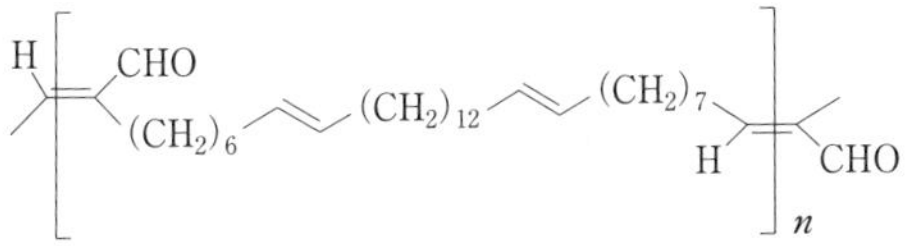

アルジナン-B

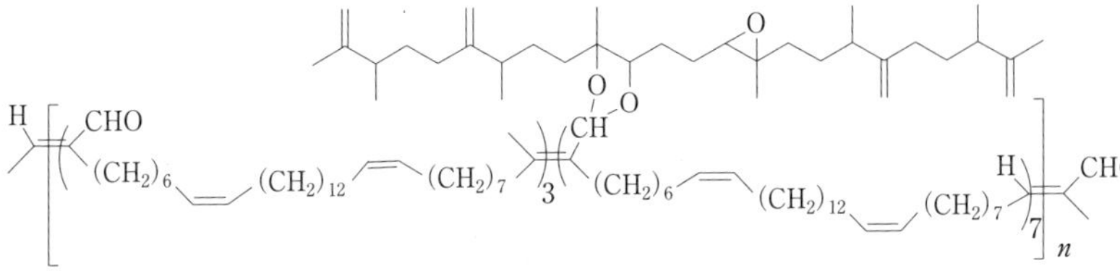

アルジナン-L

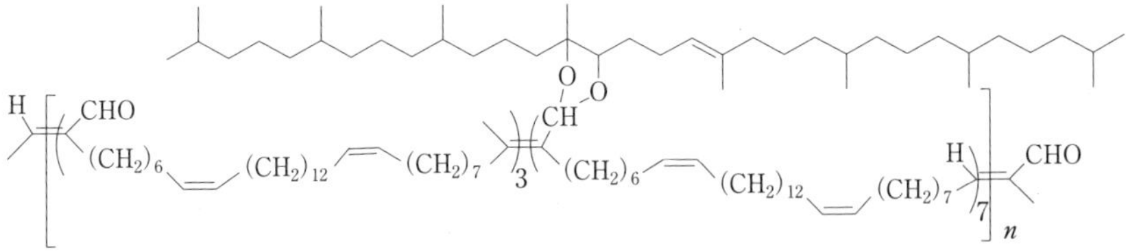

図 6-7 アルジナン-A, -B, -L の推定構造

べ，メチル側鎖が多いことが示されている．このメチル側鎖は Race-B が産生するテルペノイドに由来するものと推定されている．つまり，アルジナンは *Botryococcus* が産生する炭化水素の重合による高分子とされている．

最近になって，アルジナン-B をトリフルオロ酢酸と塩酸-テトラヒドロフラン（THF）で加水分解し，可溶化に成功している[7]．このスペクトル分析，元素分析などから，アルジナン-B も鎖状-$(CH_2)_n$-を含むポリアルデヒドと推定されている．

一方，Race-L から調整されるアルジナン-L は多量のメチル基を含むことが示され，機器分析の結果，C_{40} のテトラテルペノイドであるリコパジエンのポリケトン体が C-O-C 結合で重合して高分子化したものであることが示された[9]．*B. braunii* の細胞壁であるアルジナンは疎水性のスポンジ構造であり，クロロホルムのような低極性の溶媒を多量に保持することができる．細胞はこの疎水環境のスポンジ状構造に細胞外炭化水素を多量に保持し，コロニー凝集

の役割を果たしているのであろう． (彼谷邦光)

6-3 各種オイルの代謝機構

a. トリグリセリド

微細藻類は，地球上のさまざまな生育環境に適応した微生物群で，著しく多様性に富んでいる．微細藻類の中には，環境変化への順化の過程で，細胞乾重量の20〜50％にも及ぶトリグリセリドを，貯蔵脂質として蓄積するものがある．トリグリセリドは，グリセロールに3つの脂肪酸が結合した中性脂質で，その加水分解により遊離した脂肪酸をバイオディーゼルとして利用できる[21]．多くの生物がトリグリセリドを貯蔵脂質として蓄積するが，微細藻類は単位面積あたりの生産量がきわめて高く，バイオディーゼル生産のための重要な生物群である．しかしながら，脂肪酸合成系や脂質合成系の解析は，植物や他の微生物と比べ遅れている．本項では，微細藻類のトリグリセリド合成系とその調節機構，バイオディーゼル生産のための将来展望についてまとめる．

1) 藻類の脂質

通常の培養条件では，合成された脂肪酸は，グリセロールに2分子がエステル結合され，主に生体膜を構成する脂質（膜脂質）となる．これは細胞乾重量の5〜20％程度を占める．脂肪酸はその炭素数により，中鎖（C_{10}〜C_{14}），長鎖（C_{16}〜C_{18}），超長鎖（C_{20}以上）に分けられ，さまざまな誘導体が脂質に含まれる．膜脂質は，糖脂質とリン脂質で，前者は葉緑体膜の主要成分であるモノガラクトシルジアシルグリセロール，ジガラクトシルジアシルグリセロール，スルホキノボシルジアシルグリセロールで，後者は原形質膜や小胞体膜を構成するホスファチジルエタノールアミンとホスファチジルグリセロールである[29]．膜脂質に結合した脂肪酸は，酸化的に不飽和化された多価不飽和脂肪酸（PUFA）である．

生育を制限するような環境条件では，多くの微細藻類は脂質の生合成経路を膜脂質の合成から，トリグリセリドからなる中性脂質の合成に切り替え，脂質の蓄積量は20〜50％程度まで高まる．生体膜を構成するグリセロ脂質と異なり，トリグリセリドは細胞構造には寄与せず，炭素とエネルギーの貯蔵物質と

しての役割をもつ．合成されたトリグリセリドは，一般には細胞質内で会合し，脂質体（lipid body）として存在する．炭化水素も中性脂質であるが，一般に藻類細胞には細胞乾重量の5％未満と少ない．しかし，群体性の緑藻 *Botryococcus braunii* においては，超長鎖（$C_{23} \sim C_{40}$）の石油に含まれる炭化水素に類似した炭素化合物を多量に蓄積する[23]．

藻類は，単位面積あたりの脂質産生量が高く，一般的な作物の生産に適さない環境においても施設を整えれば生育が可能で，産業的にオイルを生産するのに最適な生物群である．しかしながら，藻類の脂肪酸と脂質生合成の調節に関しては，多くの未解明な点が残されている．

2) 脂肪酸組成

藻類は，多様な構造の脂質を合成する．$C_{16} \sim C_{18}$ の鎖長の脂肪酸の合成量が最も多く，この点は植物と同じである[24]．脂肪酸は飽和のものと不飽和のものがあり，不飽和脂肪酸は二重結合の数と位置がさまざまに変化することで多様な脂肪酸が合成される．膜脂質の主要な脂肪酸は，$C_{16:0}$ と $C_{18:1}$ である．PUFA は2つ以上の不飽和結合をもつ脂肪酸で，脂肪酸不飽和化酵素の特性により，末端のメチル基から数えて3つ目（ω3）あるいは6つ目（ω6）に不飽和結合をもつタイプに大別される．陸上植物に比べて藻類の脂肪酸組成は，多様性が高い．ある種の藻類やラン藻では，中鎖の脂肪酸が主要な分子種であり，また別の種では超長鎖脂肪酸を合成するものもある[21]．また，長鎖のPUFA に富むのも藻類の脂質組成の特徴である．緑藻の *Parietochloris incise*，珪藻の *Phaeodactylum tricornutum*，渦鞭毛藻の *Crypthecodinium chonii* では，アラキドン酸（$C_{20:5\omega3}$），DHA（$C_{22:6\omega3}$）が，全脂肪酸の30～50％を占める主要な脂肪酸となっている．

脂肪酸は炭素数が多く，不飽和結合が少ないほど流動性が低下する．また不飽和結合が多くなればなるほど，酸化による分解・劣化を受けやすくなる．バイオディーゼルに加工し利用するときにもそれらの性質は残る．常温での流動性を維持するためには，ある程度，不飽和結合が分子内に存在することが必要となるが，不飽和結合が増すと酸化による劣化を受けやすくなり，長期間の保存は困難となる．バイオディーゼルの原料としての藻類脂質を考えたときには，脂肪酸の合成系，不飽和化酵素の活性を調節して，脂肪酸の炭素数と不飽

和結合の数を制御する機構を構築する必要がある.

　高等植物に比べて, 藻類の脂質代謝, 特に脂肪酸とトリグリセリドの生合成経路に関する理解は乏しい. 藻類と植物の脂質代謝に関わるいくつかの酵素の, 遺伝子配列・生化学的性質の類似性から, 代謝経路はそれぞれの生物種間で同様であろうと考えられている. いずれにしても藻類の脂質代謝に関する情報は断片的であり, 藻類の多様性から鑑みても, より詳細な知識の蓄積が待たれる.

3) 脂肪酸合成系

　藻類の脂肪酸の新規 (*de novo*) 合成は葉緑体で行われる[24]. 脂肪酸合成の初発物質はアセチル補酵素 A (アセチル CoA) である. 油脂植物の貯蔵組織では, 主に細胞質で起こる解糖系により生じたホスホエノールピルビン酸 (PEP) が葉緑体に取り込まれ, ピルビン酸を経てアセチル CoA が供給されるが, 藻類ではそのほかに, 葉緑体での光合成により直接アセチル CoA が供給されると考えられる.

　アセチル CoA は, アセチル CoA カルボキシラーゼ (ACCase) により二酸化炭素と結合し, マロニル CoA が生じる. マロニル CoA のマロニル基はアシルキャリヤータンパク質 (acyl carrier protein : ACP) に転移され, 以降の縮合反応は ACP 上で起こる. マロニル ACP 上のマロニル基は, 3-ケトアシル ACP 合成酵素 III (KAS III) により, アセチル CoA と最初の縮合反応を起こし, C_4 アシル ACP を生じる. その後, 炭素数 6〜16 までは KAS I が, 16〜18 には KAS II が触媒する. 生じた 3-ケトアシル ACP は, 3-ケトアシル ACP 還元酵素, ヒドロキシアシル ACP 脱水酵素, エノイル ACP 還元酵素の反応により, 炭素数を 2 ずつ伸長される. この段階で合成される脂肪酸 ($C_{16:0}$, $C_{18:0}$) は不飽和脂肪酸で, 可溶性の不飽和化酵素ステアリル ACP 不飽和化酵素により最初の不飽和結合が Δ9 位に導入される. こうして生じた脂肪酸は, アシル ACP チオエステラーゼにより ACP から切断され遊離脂肪酸となるか, アシル基転移酵素によりアシル ACP からグリセロール 3-リン酸またはモノアシルグリセロール 3-リン酸に転移されて, 膜脂質の合成に使われる. 膜脂質に取り込まれた不飽和脂肪酸は, 脂質膜上に存在するアシル膜脂質脂肪酸不飽和化酵素により, 2 つ目, 3 つ目の不飽和結合が導入される. 細胞

の脂肪酸組成は，脂肪酸合成系の後半でアシル ACP を反応に使う酵素，すなわち伸長酵素，不飽和化酵素，アシル基転移酵素の性質によって決定されている．

4) トリグリセリド合成系

葉緑体で合成された脂肪酸（アシル CoA）は，アシル基転移酵素によりグリセロール 3-リン酸の *sn-1*, *sn-2* の位置に順に転移され，ホスファチジン酸（PA）を生じる．そして，PA の脱リン酸化は特異的なホスファターゼにより触媒され，ジアシルグリセロール（DAG）ができる（図 6-8）．トリグリセリド合成の最終段階は，DAG のあいている *sn-3* 位に 3 つ目の脂肪酸が，ジアシルグリセロールアシル基転移酵素により転移される．PA と DAG はリン脂質や糖脂質の合成に直接用いられる．トリグリセリドに含まれる脂肪酸の組成は，これらのアシル基転移酵素の性質による．これまでの知見では多くの藻類のトリグリセリドは，飽和あるいは 1 価の不飽和の $C_{14} \sim C_{18}$ の脂肪酸を含むことが多い．しかしながら例外的に，緑藻の *Parietochloris incise*，淡水性の紅藻の *Porphyridium cruentum*，海洋性の微細藻類の *Nannochloropsis oculata*, *P. tricornutum*, *Thalassiosira pseudonana* などでは，C_{20} 以上の超長鎖の PUFA が優先してトリグリセリドに取り込まれる[21]．C_{18} 以上の PUFA は，脂肪酸の伸長と特異的な脂肪酸不飽和化酵素の連続的な反応により起こる．その経路に関わる酵素遺伝子のいくつかは同定されつつある．

5) トリグリセリド蓄積とその脂肪酸組成の制御

藻類のトリアシルグリセロール（TAG）の蓄積の程度は，個々の生物の遺伝的形質により決まっている．一般に至適な生育環境では TAG の蓄積量は少ない傾向にある．さまざまな化学的・物理的な環境要因により TAG の蓄積量は変化する．化学的要因の主なものは栄養塩の欠乏，塩濃度，pH などで，物理的要因の主なものは温度と光強度である．それら要因に加えて細胞の増殖相によっても，脂肪酸組成，TAG 蓄積量は変化する．

栄養塩，特に窒素源の欠乏は藻類の脂質代謝に最も大きく影響する要因である[20]．窒素欠乏の条件では多くの藻類で脂質，特に TAG の蓄積量が増加する．窒素源の制限により C/N のバランスが C の代謝の側に傾き，光合成により固定された炭素をアミノ酸のような含窒素有機化合物の合成に利用する代謝

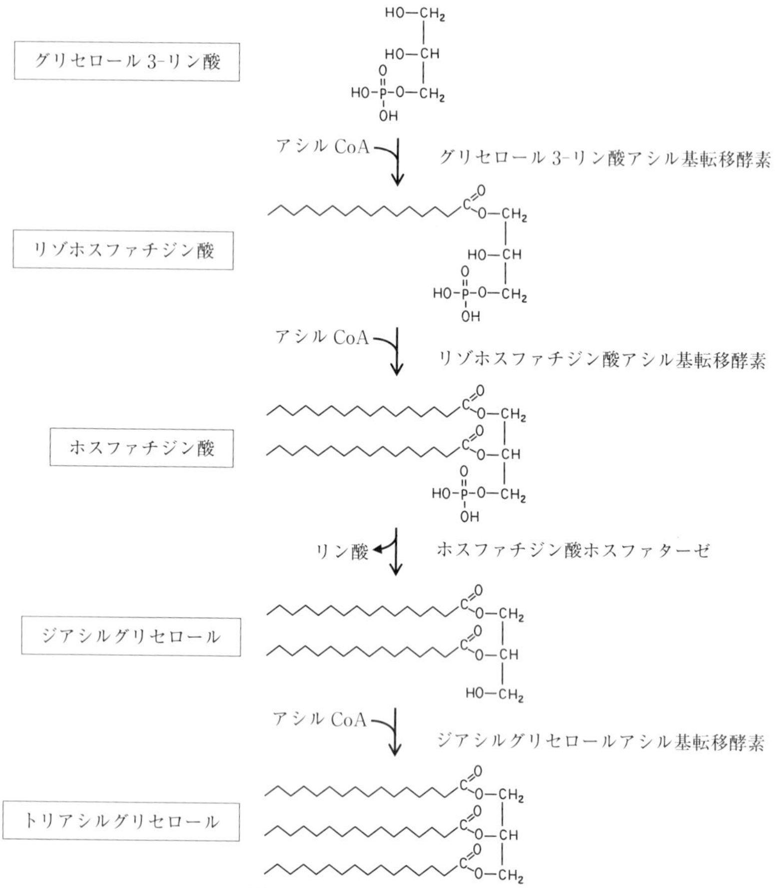

図 6-8 トリグリセリド合成経路

経路が制限され，余剰の炭素が脂質として固定されるためと考えられる．珪藻においてはケイ素も脂質代謝に影響を与える栄養塩である[25]．ケイ素供給を欠乏した珪藻 Cyclotella cryptica は，飽和あるいは一価の不飽和脂肪酸を含んだ中性脂質（主にTAG）を高濃度に蓄積する．他の藻類では，リン酸や硫黄の欠乏でもTAGの蓄積が誘導されることがある．

温度は，藻類の脂肪酸組成に影響を与える主要な要因である[26]．一般的に温度の低下は脂肪酸の不飽和度を増加させ，温度の上昇は不飽和度の低下をもたらす．この現象は，多くの真核藻類，ラン藻を含む変温性の生物に共通する変

化である．低温下では脂肪酸不飽和化酵素遺伝子の発現が誘導され，その活性が上昇することに起因すると考えられている[27]．この不飽和化酵素遺伝子の発現は，低温下で膜脂質の流動性が低下することがシグナルとなって，誘導されると考えられている[22]が，その詳細な分子機構は未解明である．生物由来の脂質の利用のためには，人工的に不飽和度を改変する技術は不可欠であり，この発現制御系の理解とその応用が有効であると考えられる．

　光強度は藻類細胞の化学組成，色素含量，光合成活性に著しく影響する[28]．弱い光強度では，光合成活性を維持するために光捕集のためのアンテナ色素タンパク質，光化学系複合体の数が増すので，葉緑体のチラコイド膜がより発達し，極性脂質（特に糖脂質）の割合が増える．逆に強い光強度のもとでは，チラコイド膜を減少させても十分な光合成能が得られるので極性脂質の含量は低下し，光合成産物の貯蔵のための中性脂質トリグリセリドの蓄積が促進される．脂肪酸の不飽和度も光強度により変化する例が知られているが，光強度と不飽和度の増減の関係は藻類の種類により多様であり，特定の傾向は認められていない．

　トリグリセリドの合成と分解の調節は，藻類細胞の環境変化への適応機構の一つである．トリグリセリドの生理的機能は，細胞の炭素とエネルギーの貯蔵形態であることはもちろんであるが，特に環境ストレス条件に置かれた藻類細胞では，トリグリセリドの合成は環境適応のためにさらに積極的な役割をもっている．たとえば，トリグリセリドの新規合成は，光酸化（光エネルギー過剰）条件での余剰の還元力の受け手となる．環境ストレス条件では，光合成の電子伝達系により励起された電子は，活性酸素種を生じ，光合成活性を減少させる．また，生体膜，タンパク質，DNA などの生体内の巨大分子を損傷する．C_{18} の脂肪酸の合成は，光合成電子伝達系により生じた，24 個の還元型ニコチンアミドアデニンジヌクレオチドリン酸（NADPH）を消費する．これは炭酸固定や同量のタンパク質を合成するのに必要な還元力のおおよそ 2 倍である．このように還元力エネルギーを利用してトリグリセリドを蓄積することは，環境ストレス条件での光合成装置の維持，生存に大きく寄与している可能性がある．また，トリグリセリドの蓄積とカロテノイド（β-カロテン，ルテイン，アスタキサンチンなど）の合成も，並行して起こる場合が多い．これら

のカロテノイドはトリグリセリドとともに細胞質で色素を含む油滴を形成する．細胞表面にカロテノイドを含んだ油滴が配置されることにより，環境ストレス条件下で葉緑体に供給される光を調節する効果がある．

このように，さまざまな外的・内的な環境条件が，藻類の脂質の合成量，組成に影響を与えることがわかっている．藻類脂質を有効に利用するためには，これら合成系の調節機構を解明し，利用することで，合成量・合成物の最適化を検討していかねばならない． 　　　　　　　　　　　　　　（鈴木石根）

b． トリテルペノイド

テルペノイドとは，五炭素化合物であるイソプレンを構成単位とする一群の天然物化合物であるテルペンから，メチル基が転移されるか除去される，もしくは酸素原子が付加されるなどの修飾によって生じた化合物の総称である．藻類のみならず生物は一般に，さまざまな種類のテルペノイドを合成する．テルペノイドには，カロテノイド，ステロール，ステロイドなど，生物の生育に不可欠な分子が含まれる．また，さまざまな植物由来のテルペノイドは，生薬の成分として抗菌性などの薬効を示したり，芳香成分，花などの発色の原因物質としても知られている．

トリテルペノイドは，テルペノイドのうちイソプレン単位を6つ含む炭素数30の化合物（スクアレン：$C_{30}H_{50}$）を基本形とするものである．藻類のトリテルペノイドとして特筆すべき物質は，炭化水素産生性緑藻 *Botryococcus braunii* の Race-B が蓄積するボトリオコッセンとメチルスクアレンである（第8章参照）．

1） ボトリオコッセン

ボトリオコッセンとメチルスクアレンは，時に石油やオイルシェールからも見出される *B. braunii* の特異的な分子マーカーであり，その化石燃料が太古に生育した *B. braunii* に由来する物質であることを示すと考えられている．*B. braunii* は産生する炭化水素の種類により3つに大別され，23〜33の奇数個の炭素からなるアルカジエン（*n*-alkadien），アルカトリエン（*n*-alkatrien）を蓄積する Race-A，ボトリオコッセンに代表されるトリテルペノイドを蓄積する Race-B，リコパジエンと呼ばれるテトラテルペノイド（イソプレン単位

を8つ含む）を蓄積する Race-L の3種類が知られている[23]．

 B. braunii の Race-B に特徴的なボトリオコッセンは，一般に非環状で，場合によっては環構造も含むトリテルペノイドである．これまでにさまざまな Race-B の種から50を超えるボトリオコッセンが同定されているが，単離精製が困難であるために，そのうちのいくつかの構造が決定されるにとどまっている．炭素数34のボトリオコッセンについて少なくとも6つの構造が解かれ，その結果，いずれも炭素数30のボトリオコッセンを前駆体として合成されることが示唆されている[14]．産生される構造の違いは，主にそれぞれの株の違いに由来すると考えられ，それぞれの遺伝的な差違によりその多様性がもたらされている．また，Race-B の株はスクアレンとそのメチル誘導体（$C_{31} \sim C_{34}$）も合成する[23]．

2） *Botryococcus braunii* の Race-B のトリテルペノイド合成系

 B. braunii の Race-B は，多量にトリテルペノイドを蓄積するので，その前駆体であるイソペンテニルピロリン酸（IPP）とジメチルアリルピロリン酸（DMAPP）を積極的に合成していると思われる．近年まで，どの生物もアセチル CoA の縮合によるメバロン酸を介するいわゆるメバロン酸経路により IPP を合成すると考えられてきたが，1980年代に入ってバクテリア，植物，一部の原生生物などでは，グリセロアルデヒド三リン酸とピルビン酸を初発物質とし，1-デオキシ-D-キシルロース-5-リン酸（DOXP）と 2-C-メチル-D-エリスリトール-4-リン酸（MEP）を経る MEP 経路（非メバロン酸経路）も存在することが明らかにされた．植物や原生生物では MEP 経路がプラスチド（色素体）に局在し，メバロン酸経路は細胞質に存在する．一方，ゲノム解析が終了した緑藻 *Chlamydomonas reinhardtii*，プラシノ藻 *Ostreococcus lucimarinus*，紅藻 *Cyanidioschyzon merolae* からはメバロン酸経路の存在は支持されず，MEP 経路が C_5 化合物の代謝を担っていると考えられる（KEGG Pathway Database（http://www.genome.jp/kegg/pathway.html）による）．B. braunii においても，培養中に [2-^{14}C] メバロン酸を与えても，^{14}C 標識はボトリオコッセンには痕跡程度しか取り込まれなかった[30]．それに対して [1-^{13}C] グルコースを与えて培養した場合は，ボトリオコッセンとメチルスクアレンが標識され，MEP 経路により IPP と DMAPP が合成され，前駆体として用いられ

ることが示唆されている[35]．IPP と DMAPP は縮合してゲラニルピロリン酸 (GPP) となり，さらに GPP に IPP が結合してファルネシルピロリン酸 (FPP) が合成される (図 6-9)．

C_{30} のボトリオコッセンとスクアレンは，その構造から 2 分子の FPP が結合して生じたプレスクアレンピロリン酸 (PSPP) のシクロプロパン環が，異なる様式で開裂されて生じていると考えられている[31]．*B. braunii* の細胞に [1-^{3}H] FPP を与えると，取り込まれたトリチウムの多くがボトリオコッセンとスクアレンに蓄積したことからもその経路の存在は支持されている．岡田らは，*B. braunii* の Race-B の抽出液中に，FPP からボトリオコッセンを合成す

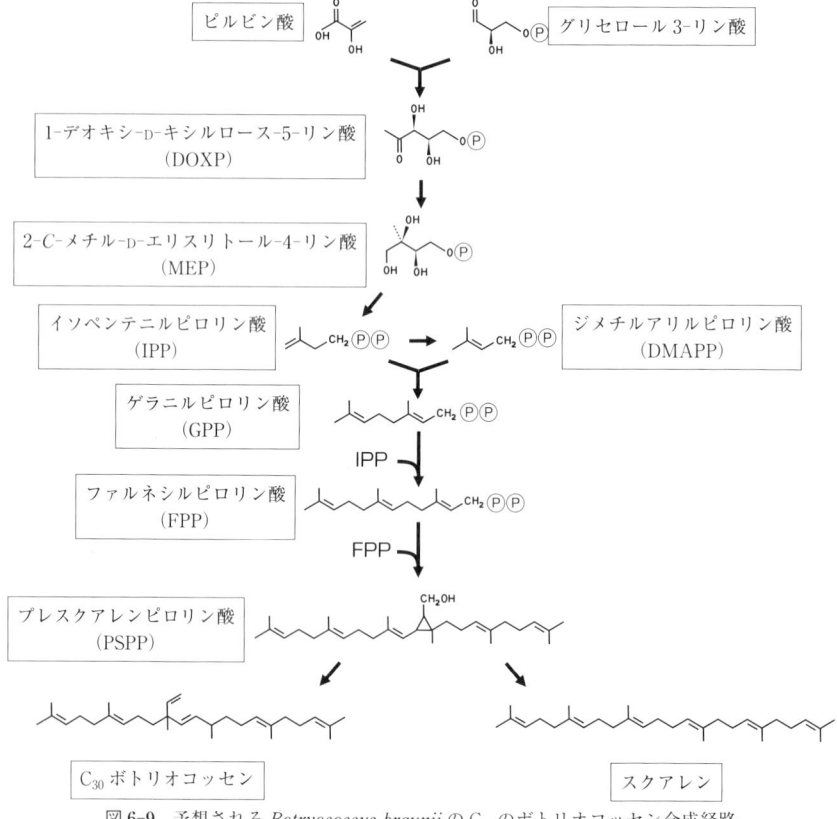

図 6-9 予想される *Botryococcus braunii* の C_{30} のボトリオコッセン合成経路

る酵素活性とスクアレンを合成する酵素活性を見出した[33]．ボトリオコッセン合成活性は培養の初期に高く，スクアレンの合成活性はむしろ培養の後期で高かったこと，また，両者の生化学的性質すなわち界面活性剤に対する阻害効果の違いから，それぞれ独立の合成酵素の存在が示唆されているが，実態は解明されていない．一方，Jarstfer らは，酵母のスクアレン合成酵素の組み換えタンパク質が，FPP からスクアレンと一緒にヒドロキシボトリオコッセンを合成することを示した[32]．この結果は，同一の酵素が，ボトリオコッセンとスクアレンの両方を合成できる可能性を示している．ボトリオコッセンとスクアレンが別々の経路で合成されるのか，単一の酵素が両反応を担うのか問題は，合成酵素の精製あるいは対応する酵素遺伝子（cDNA）の単離によって決着されると思われる．現在，*B. braunii* の EST 解析が進められており，その結果によっては炭化水素の主要な合成経路が解明されることが期待される．一連の合成経路は図 6-9 にまとめた．

合成された C_{30} のボトリオコッセンとスクアレンは，さらに分子中の特定の部位の炭素原子にメチル化を受けて C_{31}〜C_{34} まで炭素数が増加される．転移されるメチル基は，メチオニンに由来する *S*-アデノシンメチオニンから供給されている．環状のボトリオコッセンの生成機構は未同定である．

Race-B の中には，これらのトリテルペノイドをさらに縮合させ，より複雑な物質を産生するものが知られている．これらの蓄積量は少量ではあるが，いくつかは構造が決定されているものもある[34]．その構造から推察される合成経路は，テルペノイドの不飽和結合に酸素が付加されエポキシドが生じ，さらに分子内や分子間でエーテル結合を生じて形成されると考えられている．炭素原子間の不飽和結合の酸化は，自発的にも進行しうるので，これらエポキシドやエーテルが種間の遺伝的背景の違いにより産生されるのか，たまたま自発的反応により生じたものかは不明である．

3）トリテルペノイド産生の制御

B. braunii の Race-B のボトリオコッセンなどのトリテルペノイドの合成量を人工的に制御するためには，合成系の代謝酵素遺伝子の発現，酵素の生化学的・酵素学的解析，それらの発現・活性の制御機構を解明し，代謝経路の特にボトルネックとなっている部分を人工的に増強する，あるいは経路全体の発現

を制御する調節系を同定しそれを改変する必要がある．しかしながら，合成系の全容は未解明であり，その実現にはさらなる研究成果の蓄積が必要である．これまでの生化学的解析により，B. braunii の炭化水素は対数増殖期に高く，窒素やリン酸源の欠乏条件ではその合成は抑制されることがわかっている[33]．一般に藻類は窒素欠乏条件下で，貯蔵性の炭素化合物（炭水化物や脂質）の合成が促進されるものであるが，B. braunii の炭化水素合成は異なる制御を受けている．このことから炭化水素は単なる炭素のリザーバーではなく，生育に必須な要素であると考えられる．B. braunii は人工的な培地で実験室内で培養が可能である．しかし，B. braunii は天然状態の溜め池やダムではブルームを起こすことが知られているが，人工的な培養条件ではブルームを誘導することは不可能である．ブルームを支えるだけの増殖能力があっても，人為的に制御ができていない．生育を爆発的に促す条件を同定できれば，炭化水素の生産性を著しく向上できる可能性を秘めている．

近年，高速シークエンサーの発展により，ゲノムの塩基配列情報の取得が容易になっている．また，細胞内で発現する mRNA を網羅的に解析するトランスクリプトーム解析，発現するタンパク質を網羅的に解析するプロテオーム解析，代謝産物を解析するメタボローム解析に代表されるポストゲノム解析の手法が確立されている．これらの手法の適応により炭化水素合成系が解明され，その律速段階が明らかにされると，人為的な改変により生産性を向上する技術の開発に応用できることが期待される． 　　　　　　　　（鈴木石根）

c. 直鎖脂肪酸

藻類に由来するオイルは非極性の脂質として存在しており，主にテルペン類，スクアレン，トリグリセリド，グリセロ糖脂質，リン脂質に分類される．これらのうち，藻類で代謝機構が詳細に研究されている直鎖脂肪酸の一つとして，グリセロ脂質の構成成分である脂肪酸があげられる．特に二重結合の数が多い高度不飽和脂肪酸は，医薬品などの高付加価値な製品の原料として使用できる可能性があることから，代謝経路について多くの研究がなされている[41]．

現在は魚油がこのような PUFA ソースとして，商業的な製品の主な原料となっているが，精製コストなどの問題から，より純度の高い PUFA 産生生物

が求められている．その代替源として着目されているのが藻類であり，現にいくつかの藻類は多量の高純度 PUFA を含んでいることが知られている[45]．しかしながら，商業的な PUFA の生産に藻類を活用するには，PUFA 産生種のさらなる選抜，遺伝子組み換えによる代謝経路の改良，生育環境の最適化，効率的な生育システムの開発が重要である．本項では，代表的な PUFA 代謝経路について説明する．

先に，DHA を例に，脂肪酸の表記について説明しておく．DHA は炭素数 22, 不飽和結合が6, カルボキシル基の反対にあるメチル基から数えて最初の二重結合が3番目の炭素に存在している．このような脂肪酸を $C_{22:6n-3}$ もしくは $C_{22:6(n-3)}$, 22:6 n-3 と記す．また，メチル末端から最初の二重結合の位置により ω3 脂肪酸，ω6 脂肪酸という言い方もある．DHA やリノレン酸は，代表的な ω3 脂肪酸である．

1) EPA の合成

微細藻類による EPA ($C_{20:5n-3}$) の生合成経路が，細胞外から投与された脂肪酸や放射性物質で標識された前駆体を用いた研究により，紅藻 *Porphyridium cruentum* で明らかにされている．外部から供給された脂肪酸は ω3 経路や ω6 経路として知られている経路により代謝された[44]．ω6 経路では γ リノレン酸 ($C_{18:3n-6}$) がリノール酸 ($C_{18:2n-6}$) の不飽和化によりつくられ，その後，ジホモ γ リノレン酸 ($C_{20:3n-6}$) に延長され，続いてアラキドン酸 ($C_{20:4n-6}$) に不飽和化された後に EPA となる．一方の ω3 経路ではリノール酸は最初に α リノレン酸 ($C_{18:3n-3}$) に不飽和化され，$C_{18:4n-3}$, $C_{20:4n-3}$ と変わりながら EPA が合成される（図6-10）．

また，*Phaeodactylum tricornutum* では，放射線標識されたオレイン酸を用いた解析から，ω6 経路，ω3 経路のほかに，ω3 不飽和化酵素による EPA 合成経路の存在が示されている[36]．

2) DHA の合成

従属栄養性の海洋性微細藻類 *Crypthecodinium cohnii* が，ω3 系統の長鎖 PUFA である DHA ($C_{22:6n-3}$) の産生藻類として商業的に利用されている．この藻類は比較的多量（バイオマス中の約 20%）の脂質を蓄積するが，その脂肪酸組成は特徴的である．DHA 量は全脂肪酸のうち約 30〜50% を占める

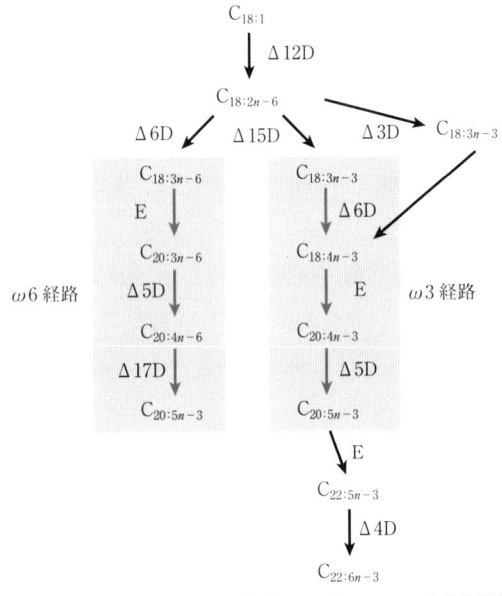

図6-10 エイコサペンタエン酸（$C_{20:5n-3}$）の3つの合成経路と
ドコサヘキサエン酸（$C_{22:6n-3}$）の合成経路
D：不飽和化酵素，E：伸長酵素．

が，前駆体である炭素数18の脂肪酸から連続的な延長と不飽和化の反応を経てDHAが合成される際の中間物質がほとんど含まれていない[39]．この代謝特性により *C. cohnii* は，DHA生合成を研究する際に広く用いられている．炭素が放射線標識された酢酸と酪酸を前駆体として投与すると，DHAが標識される．また，同じく炭素が標識されたオレイン酸（$C_{18:n-6}$）を培地に添加すると，脂質への取り込みは認められるものの，DHA合成には用いられていないことが示された．これらの結果から *C. cohnii* では2つの炭素を1単位とした新規合成でしかDHAを生産することができないと考えられる[40]．

DHAの生合成にはαリノール酸の$C_{18:4n-3}$への$\Delta 6$不飽和化（脂肪酸のカルボニル基から数えて6番目の炭素-炭素結合を二重結合にすること），$C_{20:4n-3}$への伸長，EPAへの$\Delta 5$不飽和化が関わっていると考えられているが，それ以上の反応については現在のところ十分に明らかになっていない．現在定説となっている経路は，$C_{20:5n-3}$が$C_{22:5n-3}$に伸長され，その後，$C_{22:6n-3}$に$\Delta 4$不

飽和化で変換されるというものである[43]．Qiu らによって *Thraustochytrium* spp. から同定されたΔ4不飽和化酵素は，この生物が$C_{22:5n-6}$をDHAに変換している証明となっている（図6-10参照）．

近年，ポリケタイド合成酵素（PKS）により触媒される代替DHA合成経路が，cDNAライブラリー中に十分な種類の不飽和化酵素が存在せず，PKSが多量に含まれていることが知られている *Schizochytrium* spp. で報告された．放射線標識された酢酸をこの生物に投与すると，DHAは31％の標識物質を含み，ドコサペンタエン酸（DPA）では約10％であった．また，放射線標識したパルミトレイン酸（$C_{16:1}$），オレイン酸（$C_{18:1}$），αリノレン酸（$C_{18:3n-3}$）の投与では90％以上の標識がトリアシルグリセロール（TAG）とリン脂質に集まるという結果であった．これは，PKSによる経路においても炭素数16または18の脂肪酸はDHAの前駆体として使われていないことを示している[42]．

3）アラキドン酸の合成

長鎖ω3脂肪酸は微細藻類で豊富であるが，$C_{20:3n-6}$や$C_{20:4n-6}$（アラキドン酸）のようなω6脂肪酸（末端メチル基から6番目の炭素と7番目の炭素の間に二重結合があるという意味，$n-6$と同義）は淡水性藻類の脂質に限定され，海洋性の藻類では全脂肪酸のうちきわめてわずかしか含まれないことが知られている．*Parietochloris incisa*（トレボキシア藻綱）は日本の立山の降雪面から単離された緑藻であるが，全脂肪酸の33.6％（対数増殖期），42.5％（定常期）に達するアラキドン酸を含んでいた[38]．*P. incisa* を用いたアラキドン酸の生合成の代謝経路の解析から，放射線標識した酢酸の代謝による脂肪酸の新規合成や炭素数16および18の不飽和脂肪酸の延長過程が明らかにされている．オレイン酸からγリノレン酸（$C_{18:3n-6}$）が合成される際の連続したΔ12ならびにΔ6不飽和化反応では，ホスファチジルコリンとジアシルグリセロールトリメチルホモセリン（DGTS）が主要な基質となっている[37]．γリノレン酸は再びホスファチジルエタノールアミンやホスファチジルコリンに組み込まれ，最終的にΔ5不飽和化によりアラキドン酸になる前の$C_{20:3n-6}$まで延長された後に脂質から遊離される．

〔古川　純〕

d. 緑藻のオイル代謝に関わる遺伝子

植物が産生するオイルは大きく分けて 2 種類で，脂質とテルペノイドである．脂質は細胞膜の主要な構成成分であり，テルペノイドはカロテノイドや二次代謝産物として植物体外に分泌されるオイルに利用される．

これまでに知られている緑藻類のオイル代謝関連酵素遺伝子に関する公開情報を整理したものが表 6-5，6-6 と図 6-11，6-12 である．*Chlamydomonas reinhardtii*，*Ostreococcus lucimarinus*，*O. tauri* において，オイル代謝に関与すると予想される多くの遺伝子が見つかっている．これらの緑藻はゲノムの全塩基配列が解読済みであり[46,50,52]，約 15 億年前に起こったと考えられる植物門の進化を理解する上で重要である．これらの緑藻では，他生物で知られている遺伝子との相同性に基づき，多くのオイル代謝関連遺伝子が推定されているにもかかわらず，遺伝子産物の機能に関する学術論文は少ない．したがって，本項では，これらの生物種においてどのオイル代謝関連酵素の遺伝子が存在しているかを整理し，そこから推察される緑藻類のオイル代謝経路について考察する．その際，オイル代謝を脂肪酸代謝，テルペノイド代謝に大別して考察する．

1) 脂肪酸代謝関連遺伝子

脂肪酸の代謝は，生体膜合成，エネルギー貯蔵など生物の基本的な機能において重要であるため，多くの生物種で共通の代謝経路が存在していると考えられる．したがって，緑藻のゲノムにも他の生物の酵素遺伝子との相同性により，多くの脂肪酸代謝関連酵素の候補遺伝子が見つかっている．これらは表 6-5 にリストアップした．また，主要な代謝経路については図 6-11 において触媒する反応を酵素番号（enzyme commission（EC）番号）により示した．

脂肪酸の新規合成経路はアセチル CoA と二酸化炭素が縮合してマロニル CoA が生成する反応で始まる．この反応を触媒しているのがアセチル CoA カルボキシラーゼ（ACCase）で，脂肪酸合成経路の最初の律速段階である．この酵素は，大腸菌から動物細胞や維管束植物まですべての生物がもっている．大腸菌などの原核生物の ACCase は 3 つのサブユニットからなり，それぞれビオチンカルボキシラーゼ，カルボキシトランスフェラーゼ，ビオチンカルボキシルキャリヤータンパク質として働いている．真核生物の ACCase は 1 本の大きなポリペプチドで上記 3 つの機能が 1 ポリペプチド内に統合されてい

表6-5 *Chlamydomonas reinhardtii*, *Ostreococcus lucimarinus*, *O.tauri* のゲノムに存在する脂肪酸代謝関連酵素遺伝子

酵素名	EC番号	*C. reinhardtii*	*O. lucimarinus*	*O. tauri*	機能カテゴリー
acetyl-CoA carboxylase	6.4.1.2	○	○	×	FAS
[acyl-carrier-protein] *S*-malonyltransferase	2.3.1.39	○	○	○	FAS
3-oxoacyl-[acyl-carrier-protein] reductase	1.1.1.100	○	○	○	FAS
enoyl-[acyl-carrier-protein] reductase (NADH)	1.3.1.9	○	○	○	FAS
acyl-[acyl-carrier-protein] desaturase	1.14.19.2	×	×	○	FAS
biotin carboxylase	6.3.4.14	○	○	○	FAS
3-oxoacyl-[acyl-carrier-protein] synthase II	2.3.1.179	○	○	○	FAS
3-oxoacyl-[acyl-carrier-protein] synthase III	2.3.1.180	○	○	○	FAS
fatty acid synthase, animal type	2.3.1.85	×	×	○	FAS
3*R*-hydroxymyristoyl ACP dehydrase	4.2.1.-	○	○	×	FAS
oleoyl-[acyl-carrier-protein] hydrolase	3.1.2.14	×	○	○	FAS
glycerol-3-phosphate *O*-acyltransferase	2.3.1.15	○	×	×	GLM
1-acylglycerol-3-phosphate *O*-acyltransferase	2.3.1.51	○	○	○	GLM
phosphatidate phosphatase	3.1.3.4	×	○	×	GLM
diacylglycerol kinase	2.7.1.107	×	○	○	GLM
acylglycerol lipase	3.1.1.23	×	○	○	GLM
aldehyde dehydrogenase (NAD$^+$)	2.7.1.30	○	○	×	GLM

表 6-5 (続き)

酵素名	EC 番号	C. reinhardtii	O. lucimarinus	O. tauri	機能カテゴリー
phospholipid：diacylglycerol acyltransferase	2.3.1.158	×	○	×	GLM
sulfoquinovosyltransferase	2.4.1.-	×	○	○	GLM
dihydroxyacetone kinase	2.7.1.29	×	○	○	GLM
phospholipid：diacylglycerol acyltransferase	2.3.1.158	×	○	○	GLM
aldehyde dehydrogenase (NAD$^+$)	1.2.1.3	○	○	○	GLM, FAM
acyl-CoA oxidase	1.3.3.6	○	○	○	FAM
dodecenoyl-CoA isomerase	5.3.3.8	×	○	×	FAM
long-chain-fatty-acid-CoA ligase	6.2.1.3	×	○	○	FAM
acyl-CoA dehydrogenase	1.3.99.3	×	×	○	FAM
alcohol dehydrogenase	1.1.1.1	○	○	○	FAM
glutaryl-CoA dehydrogenase	1.3.99.7	○	×	×	FAM
enoyl-CoA hydratase	4.2.1.17	○	○	○	FAM, FAE
acetyl-CoA C-acyltransferase	2.3.1.16	×	○	×	FAM, FAE
mitochondrial trans-2-enoyl-CoA reductase	1.3.1.38	○	○	○	FAE
palmitoyl-protein thioesterase	3.1.2.22	○	×	○	FAE
UDP-3-O-[3-hydroxymyristoyl] N-acetylglucosamine deacetylase	3.5.1.-	×	○	×	LPB
2-dehydro-3-deoxyphosphooctonate aldolase	2.5.1.55	×	○	×	LPB
ethanolaminephosphotransferase	2.7.8.1	×	×	○	ELM

表 6-5 （続き）

酵素名	EC 番号	C. reinhardtii	O. lucimarinus	O. tauri	機能カテゴリー
glycerol-3-phosphate dehydrogenase	1.1.5.3	○	○	○	GPM
CDP-diacylglycerol-inositol 3-phosphatidyltransferase	2.7.8.11	×	○	○	GPM
phosphatidate cytidylyltransferase	2.7.7.41	○	○	○	GPM
CDP-diacylglycerol-glycerol-3-phosphate 3-phosphatidyltransferase	2.7.8.5	○	○	○	GPM
lysophospholipase	3.1.1.5	×	○	○	GPM
ethanolamine-phosphate cytidylyltransferase	2.7.7.14	○	○	○	GPM
glycerol-3-phosphate dehydrogenase (NAD$^+$)	1.1.1.8	○	×	○	GPM
glycerol-3-phosphate dehydrogenase (NADP$^+$)	1.1.1.94	○	×	×	GPM
phosphatidylserine decarboxylase	4.1.1.65	○	×	×	GPM
glycerophosphodiester phosphodiesterase	3.1.4.46	○	×	×	GPM
UDP-sulfoquinovose synthase	3.13.1.1	×	○	○	SLS

主要な酵素については，図 6-11 でその反応を示した．○はその生物においてゲノム上に候補遺伝子が見つかっていることを示す．×はゲノム上に候補遺伝子が見つかっていないことを示す．FAS：fatty acid synthesis（脂肪酸生合成），FAM：fatty acid metabolism（脂肪酸生合成以外の脂肪酸代謝），GLM：glycerolipid metabolism（グリセロ脂質代謝），LPB：lipopolysaccharide biosynthesis（リポ多糖生合成），ELM：ether lipid metabolism（エーテル脂質代謝），FAE：fatty acid elongation（脂肪酸伸長），GPM：glycerophospholipid metabolism（グリセロリン脂質代謝），SLS：sulfolipid synthesis（スルホ脂質生合成）．

る．動物細胞の場合，ACCase は1つであるが，維管束植物では葉緑体と細胞質に ACCase 活性が存在しており，2種の ACCase をもっている．葉緑体の ACCase は3つのサブユニットからなる原核生物型の酵素で，カルボキシトラ

表6-6 *Chlamydomonas reinhardtii*, *Ostreococcus lucimarinus*, *O.tauri* のゲノムに存在するテルペノイド代謝関連酵素遺伝子

酵素名	EC 番号	C.reinhardtii	O.lucimarinus	O.tauri
acetyl-CoA *C*-acetyltransferase	2.3.1.9	○	×	×
hydroxymethylglutaryl-CoA synthase	2.3.3.10	○	×	×
mevalonate kinase	2.7.1.36	○	×	×
1-deoxy-D-xylulose-5-phosphate synthase	2.2.1.7	○	○	○
1-deoxy-D-xylulose-5-phosphate reductoisomerase	1.1.1.267	○	○	○
2-*C*-methyl-D-erythritol 4-phosphate cytidylyltransferase	2.7.7.60	○	×	○
4-(cytidine 5′-diphospho)-2-*C*-methyl-D-erythritol kinase	2.7.1.148	○	○	○
2-*C*-methyl-D-erythritol 2,4-cyclodiphosphate synthase	4.6.1.12	○	○	○
(*E*)-4-hydroxy-3-methylbut-2-enyl-diphosphate synthase	1.17.7.1	○	○	○
isopentenyl-diphosphate Delta-isomerase	5.3.3.2	○	○	○
dimethylallyl*trans*transferase	2.5.1.1	○	○	○
geranyl*trans*transferase	2.5.1.10	○	○	○
4-hydroxy-3-methylbut-2-enyl diphosphate reductase	1.17.1.2	○	○	○
squalene synthase	2.5.1.21	○	○	○

○はその生物においてゲノム上に候補遺伝子が見つかっていることを，×は見つかっていないことを示す．これらの酵素が触媒する反応は図6-12に示した．

ンスフェラーゼの遺伝子 *accD* は葉緑体 DNA に，ビオチンカルボキシラーゼとビオチンカルボキシルキャリヤータンパク質の遺伝子は核 DNA にコードされており，翻訳後に葉緑体へ輸送される．植物の脂肪酸合成は葉緑体内で起こっていることから，原核生物型の酵素が植物の脂肪酸合成を担っているとされている．一方，植物の細胞質に存在する酵素は核 DNA にコードされる真核生物型の分子量が大きい1本のポリペプチドであり，主としてフラボノイドやクチクラワックスの合成に関わっているとされている．維管束植物の中でもイ

ネ科植物は例外で，葉緑体 DNA に *accD* がコードされておらず，原形質で翻訳された真核生物型の ACCase が葉緑体に輸送されて脂肪酸合成に利用されている[49]．

緑藻についてこれまで報告されている ACCase 遺伝子は，*Micromonas* sp. RCC299, *M. pusilla* CCMP1545, *Chlamydomonas reinhardtii*, *Ostreococcus lucimarinus* CCE9901, *Chlorella vulgaris* の5種類しかない．推定される分子量から考えて，*C. reinhardtii* と *C. vulgaris* は原核生物型，そのほかは真核生物型であろう．*C. vulgaris* 以外の3種は全ゲノム配列が明らかになっているにもかかわらず，1種類の ACCase 遺伝子しか見つかっていない[55]．緑藻の場合，1種について1つの酵素しかないのか，それとも遺伝子配列データの解析が不十分なため見つかっていないだけなのか不明である．維管束植物では，葉緑体の ACCase 活性を遺伝子導入などにより上昇させると脂肪酸の合成量も上昇することが知られている[48,53]．したがって，緑藻類においても，葉緑体で働いている ACCase の活性を人為的に上昇させればオイル生産効率を向上させることが可能であると考えられる．緑藻類の葉緑体内で脂肪酸合成を担っている ACCase が原核生物型なのか真核生物型なのかを特定することは重要な研究課題であろう．

脂肪酸合成経路の中で次に重要な反応は，脂肪酸合成酵素（fatty acid synthase：FS）が触媒する炭素鎖伸長反応である．FS が触媒している炭素鎖伸長反応は7つの反応からなり，マロニル ACP を出発物質として，反応が一巡すると炭素鎖が2つ伸びたアシル ACP が生成する．この反応は C_{16} になるまで繰り返す．炭素鎖伸長反応は ACCase と同様に，原核生物では7つの反応が別々の遺伝子にコードされた酵素タンパク質によって行われる．一方，真核生物の FS は 260 kDa の巨大な1本のポリペプチドからなる酵素で，1つのポリペプチドの中で7つの反応を一気に行うことができる．

緑藻類では *O.tauri* のみで FS 遺伝子が見つかっており，その遺伝子の大きさから真核生物型と考えられる．

2) テルペノイド合成関連遺伝子

テルペノイドは IPP または DMAPP より生合成される．この IPP と DMAPP の生合成経路は2つあり，一つはメバロン酸経路で，もう一つは非メ

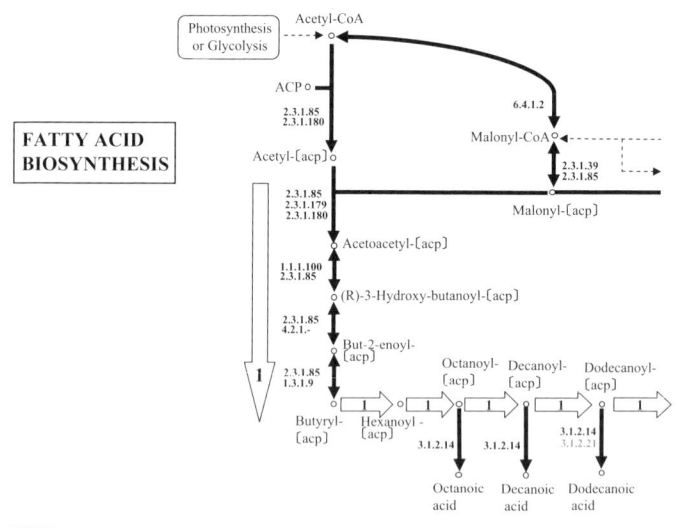

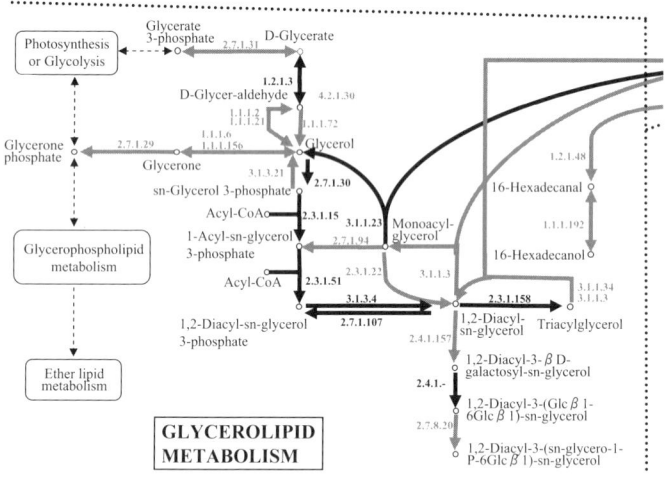

図 6-11 脂肪酸
緑藻において遺伝子が見つかっている酵素は黒，見つかってい

バロン酸経路である（図 6-12 参照）．IPP ないし DMAPP は多くの生物にとって重要な分子であり，揮発性テルペノイドであるリモネンや蓄積性テルペノイドであるスクアレン，コレステロールやカロテノイドの合成に利用される．こ

6-3 各種オイルの代謝機構

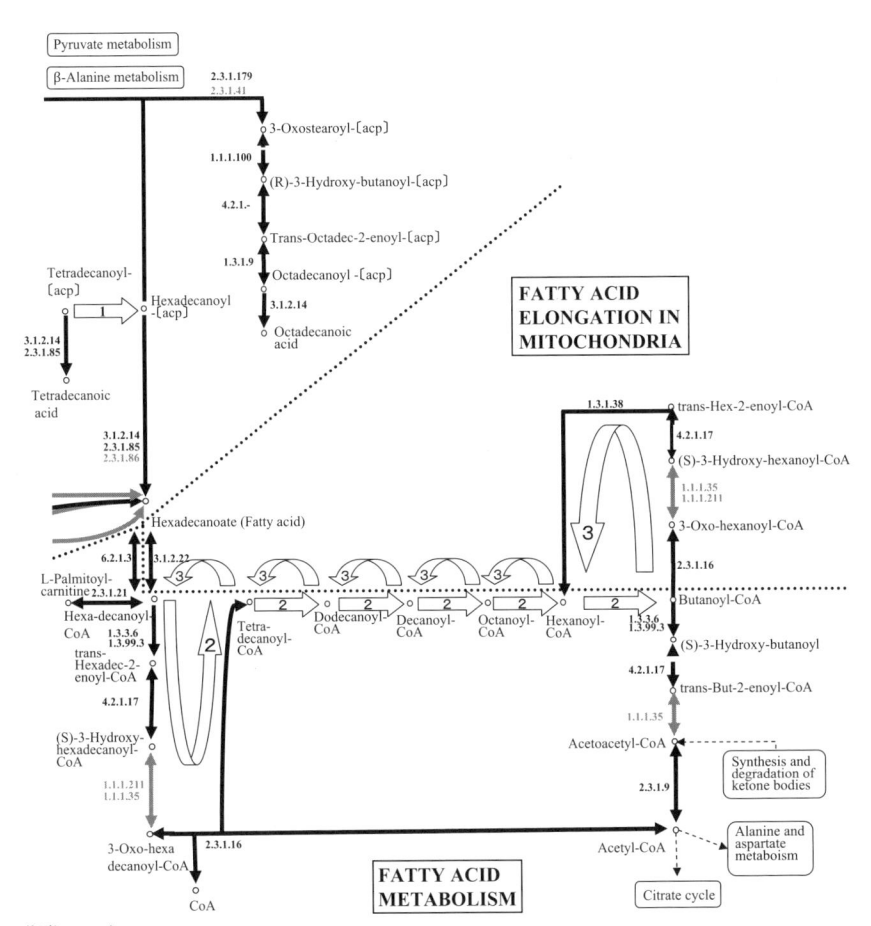

[脂肪酸代謝マップの図]

代謝マップ
ない酵素は灰色で，その反応（矢印）および酵素番号を示した．

の中でスクアレンは分子式 $C_{30}H_{50}$ で分子量は 410.73 g/mol，凝固点は -45 〜 -50℃ であり，今から約 100 年前に辻本満丸博士によりクロコザメの肝油から発見された．スクアレンはステロイド合成の中間産物であり，スクアレンを

図 6-12 テルペノイド代謝マップ

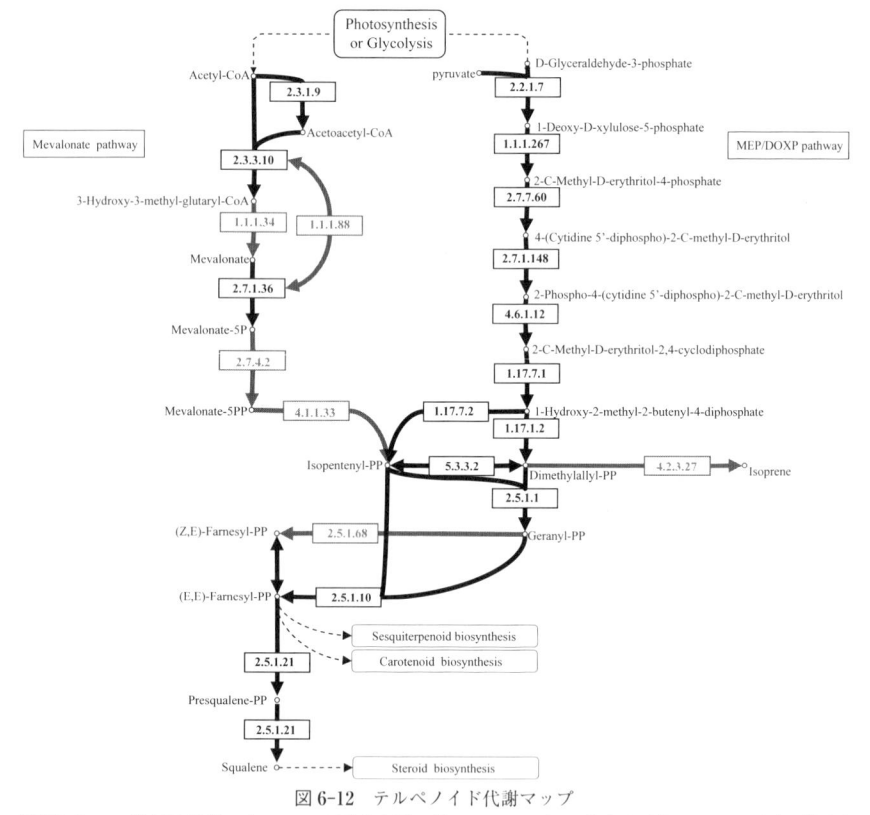

緑藻において遺伝子が見つかっている酵素は黒，見つかっていない酵素は灰色で，その反応（矢印）および酵素番号を示した．

骨格にしてコレステロールなどが生合成される．近年，スクアレンは健康食品やサプリメントなどで注目を集めている．人体への詳しい有効性は明らかでないが，疫学的研究でスクアレンを多く含むオリーブ油を摂取すると皮膚がんの発生率を抑えられることが報告されている[51]．

図 6-12 に示したテルペノイド合成経路の 2 つの生合成経路についてそれぞれみてみると，メバロン酸経路ではアセチル CoA より中間産物であるメバロン酸を経て IPP ないし DMAPP を合成する．一方，非メバロン酸経路はピルビン酸とグリセルアルデヒド三リン酸より中間産物である MEP，DOXP を介する経路である．そのため非メバロン酸経路は MEP 経路ないし DOXP 経路

とも呼ばれている．各生物でIPPないしDMAPPの生合成経路を比較してみると，動物や酵母はメバロン酸経路のみでIPPないしDMAPPを合成しているが，ラン藻や大腸菌では非メバロン酸経路を用いている．一方，陸上植物では両方の経路を用いてIPPないしDMAPPを合成しており，生物ごとにさまざまである[47]．陸上植物はIPPないしDMAPPの生合成経路を2つもつが，それぞれ細胞内の異なる領域で使われており，メバロン酸経路は細胞質で，非メバロン酸経路は葉緑体内で作用している．

全ゲノム配列が解読されている3種類の緑藻（*C. reinhardtii*, *O. lucimarinus*, *O. tauri*）において，スクアレン合成経路に関与する遺伝子の検索結果をまとめて考察する．図6-12に示したように，いずれの緑藻もメバロン酸経路に関わる多くの遺伝子が欠落しており，メバロン酸経路を使用していないことが予測される．一方，非メバロン酸経路に関わる遺伝子はほぼすべてもっていることから，緑藻は非メバロン酸経路のみでIPPないしDMAPPを合成していることが示唆される．また以前の研究で，緑藻の*Scenedesmus obliquus*ではIPP生合成にメバロン酸経路が関わっていないことが実験的に示されており，緑藻類では進化の過程でメバロン酸経路が失われたと考えられている[54]．

〔中嶋信美・平川泰久・五百城幹英〕

e．そ の 他

Botryococcus braunii B raceはトリテルペン（ボトリオコッセン）を合成するが，少量のスクアレンも合成している（b項参照）．スクアレンもトリテルペンの一種であり，ボトリオコッセンとスクアレンの生合成系はスクアレンの前駆体であるプレスクアレンピロリン酸（PSPP）まで共通である（図6-13, 6-14）．中間体であるファルネシルピロリン酸（FPP）はメバロン酸経路で合成されると考えられていたが，非メバロン酸経路で合成されることが確かめられた．Casadovallらはボトリオコッセンの生合成経路を調べるために[2-^{14}C]メバロン酸の取り込みを調べたが，予想に反してわずか0.2％しかボトリオコッセンに取り込まれなかった[30]．

その後，Satoらが[1-^{13}C]グルコースのボトリオコッセンとメチル化スクアレンへの取り込みを調べたところ，グルコースの解糖系産物であるピルビン

図6-13 ボトリオコッセンとスクアレンの生合成経路の共通部分
DOXP：1-デオキシ-D-キシルロース-5-リン酸，MEP：2-C-メチル-D-エリスリトール-4-リン酸，IPP：イソペンテニルピロリン酸，DMAPP：ジメチルアリルピロリン酸，FPP：ファルネシルピロリン酸，PSPP：プレスクアレンピロリン酸．

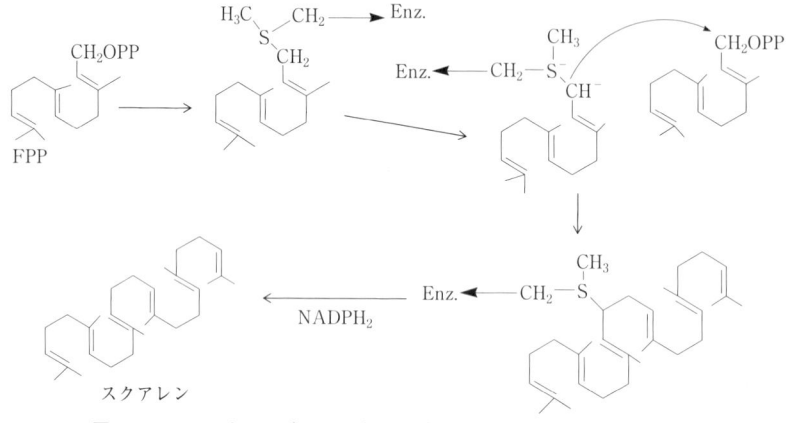

図6-14 ファルネシルピロリン酸（FPP）からスクアレンへの生合成機構
Enz.：スクアレン合成酵素．

酸とグリセルアルデヒド三リン酸から DOXP が合成され，さらに MEP を経てボトリオコッセンとメチル化スクアレンが合成されることが確認された[59]．この実験によってボトリオコッセンは非メバロン酸経路で合成されることが証

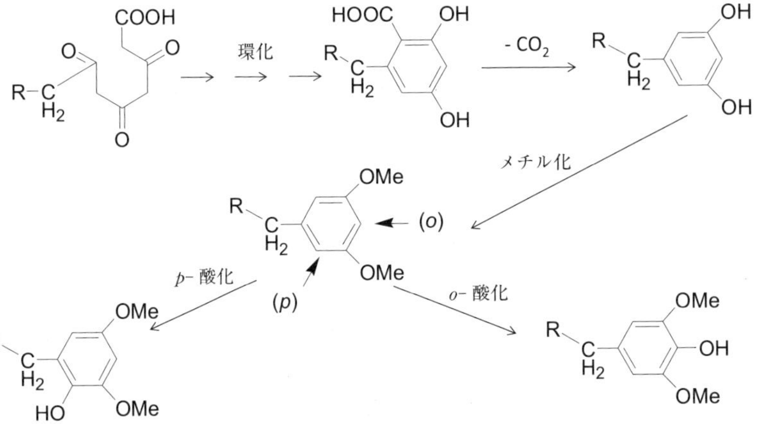

図 6-15 *Botryococcus braunii* が産生するアルケニルレゾルシノール誘導体の生合成機構

明されたのである．

　スクアレンはサメの肝油から抽出されている比較的高価な炭化水素であるが，その詳細な生合成系は図に示したように FPP の二分子縮合がスクアレン合成酵素を介して行われる．スクアレンはコレステロールの前駆体であり，閉環反応によってコレステロールに変換される．

　アルケニルフェノール類（*n*-alkenylphenol）は自然界に広く存在している．たとえば，海産褐藻類[56]，高等植物[60]，海綿類[57] などから見出されている．これらの化合物は一般に抗酸化的に働くので，細胞の脂質の部分に分布して酸化防止に働くと考えられている．また，アルケニルフェノール類は *B. braunii* の細胞から *n*-ヘキサンで容易に抽出されることから，細胞壁の外側に分布していると思われている．

　アルケニルフェノール類の生合成経路は [1,2-^{13}C] 酢酸の取り込み実験で明らかにされた．酢酸から，テトラケタイドが合成され[15]，このケタイドが環化してベンゼン環を形成する．環化は通常のアルドール縮合による（図 6-15）[58]．

　これらのフェノール性の分子は，細胞外脂質を酸化から防ぐ役割を担っているだけでなく，バクテリアやカビによる直鎖炭化水素の分解を防ぐ役目も果たしているのであろう．

（彼谷邦光）

文 献

1) 安田耕作,福永良一郎,松井宣也,渡辺正夫 (1993):新版 油脂製品の知識,幸書房.
2) Banerjee, A., Sharma, R., Chisti, Y., Banerjee, U.C. (2002): *Botryococcus braunii*: a renewable source of hydrocarbons and other chemicals. Crit. Rev. Biotechnol. 22, 245-279.
3) Metzger, P., Largeau, C. (1999): Chemicals of *Botryococcus braunii*. p.205-260, In Cohen, G. (ed.), Chemicals from Microalgae, London, Taylor & Francis.
4) Frenz, J., Largeau, C., Csadevall, E. (1989a): Hydrocarbon recovery by extraction with a biocompatible solvent from free and immobilized cultures of *Botryococcus braunii*. Enzyme Microb. Technol. 11, 717-724.
5) Frenz, J., Largeau, C., Csadevall, C., Kollerp, F., Daugulis, A.J. (1989b): Hydrocarbon recovery and biocompatibility of solvents for extraction from cultures of *Botryococcus braunii*. Biotechnol. Bioeng. 34, 755-762.
6) Medes, R.L., Coelho, J.P., Fernandes, H.L. (1995): Application of supercritical CO_2 extraction to microalgae and plants. J. Chem. Technol. Biotechnol. 62, 53-59.
7) Allard, B., Templier, J., Largeau, C. (1997): Artificial origin of mycobacterial bacterians. Formation of melanoidin-like artifact macromolecuar material during the usual isolation process. Org. Geochem. 26, 691-703.
8) Dayananda, C., Sarada, R., Srinivas, P., Shamada, T.R., Ravishankar, G.A. (2006): Presence of methyl branched fatty acids and saturated hydrocarbons in botryococcene producing strain of *Botryococcus braunii*. Acta Physiol. Planta. 28, 251-256.
9) Derenne, S., Largeau, C., Casadevall, E., Sellier, N. (1990): Direct relationship between the resistant biopolymer and the tetraterpenic hydrocarbon in the lycopadiene-race of *Botryococcus braunii*. Phytochemistry 29, 2187-2192.
10) Kadouri, A., Derenne, S., Largeau, C., Casadevall, E., Berkaroff, C. (1988): Resistant biopolymer in the outer walls of *Botryococcus braunii*, B race. Phytochemistry 27, 551-557.
11) Kalacheva, G.S., Zhila, N.O., Volova, T.G., Gladyshev, M.I. (2002): The effect of temperature on the lipid composition of green alga *Botryococcus*. Microbiology 71, 286-293.
12) Kalacheva, G.S., Zhila, N.O., Volova, T.G. (2001): Lipid of the green alga *Botryococcus* cultured in a batch mode. Microbiology 70, 256-262.
13) 彼谷邦光 (2001):脂肪酸と環境. p.104-117, 脂肪酸と健康・生活・環境,ポピュラー・サイエンス 172, 裳華房.
14) Metzger, P., Berkaloff, C., Coute, A., Casadevall, E. (1985): Alakdiene- and botryococcene-producing races of wild strains of *Botryococcus braunii*. Phytochemistry 24, 2305-2312.
15) Metzger, P., Casadevall, E. (1989): Aldehyde, very long chain alkenylphenols, epoxides and other lipids from an alkadiene-producing strain of *Botryococcus braunii*. Phytochemistry 28, 2097-2104.
16) Metzger, P., Pouet, Y., Summons, S. (1997): Chemotaxonomic evidence for similarity between *Botryococcus braunii* L race and *Botryococcus neglectus*. Phytochemistry 44, 1071-1075.
17) Okada, S., Murakami, M., Yamaguchi, K. (1995): Hydrocarbon composition of newly isolated strains of green alga *Botryococcus braunii*. J. Appl. Phycol. 7, 555-559.
18) Wolf, F.R., Nonomura, A.M., Bassham, J.A. (1985): Growth and branched hydrocarbon production in a strain *Botryococcus braunii*. J. Phycol. 21, 388-396.
19) Zhila, N.O., Kalacheva, G.S., Volova, T.G. (2005): Effect of nitrogen limitation on the growth and lipid composition of the green alga *Botryococcus braunii* Kutz IPPAS H-252. Rus. J. Plant 52, 311-319.

20) Basova, M.M. (2005): Fatty acid composition of lipids in microalgae. Int. J. Algae **7**, 33-57.
21) Hu, H., Sommerfeld, M., Jarvis, E., Ghirardi, M., Posewitz, M., Seibert, M., Darzins, A. (2008): Microalgal triacylglycerols as feedstocks for biofuel production: perspectives and advances. Plant J. **54**, 621-639.
22) Los, D.A., Murata, N. (2004): Membrane fluidity and its roles in the perception of environmental signals. Biochim. Biophys. Acta **1666**, 142-157.
23) Metzger, P., Largeau, C. (2005): *Botryococcus braunii*: a rich source for hydrocarbons and related ether lipids. Appl. Microbiol. Biotechnol. **66**, 486-496.
24) Ohlrogge, J., Browse, J. (1995): Lipid biosynthesis. Plant Cell **7**, 957-970.
25) Roessler, P.G. (1988): Changes in the activities of various lipid and carbohydrate biosynthetic enzymes in the diatom *Cyclotella cryptica* in response to silicon deficiency. Arch. Biochem. Biophys. **267**, 521-528.
26) Sato, N., Murata, N. (1980): Temperature shift-induced responses in lipids in the blue-green alga, *Anabaena variabilis*: the central role of diacylmonogalactosylglycerol in term-adaptation. Biochim. Biophys. Acta **619**, 353-366.
27) Somerville, C. (1995): Direct tests of the role of membrane lipid composition in low-temperature-induced photoinhibition and chilling sensitivity in plants and cyanbacteria. Proc. Natl. Acad. Sci. USA **92**, 6215-6218.
28) Sukenik, A., Wyman, K.D., Bennett, J., Falkowski, P.G. (1987): A novel mechanism for regulating the excitation of photosystem II in green alga. Nature **327**, 704-707.
29) Wada, H., Murata, N. (2007): The essential role of phosphatidylglycerol in photosynthesis. Photosynth. Res. **92**, 205-215.
30) Casadevall, E., Metzger, P., Puech, M.P. (1984): Biosynthesis of triterpenoid hydrocarbons in the alga *Botryococcus braunii*. Tetrahedron Lett. **25**, 4123-4126.
31) Inoue, H., Korenaga, T., Sagami, H., Koyama, T., Sugiyama, H., Ogura, K. (1993): Formation of farnesal and 3-hydroxy-2,3-dihydrofarnesal from farnesol by protoplasts of *Botryococcus braunii*. Biochem. Biophys. Res. Commun. **196**, 1401-1405.
32) Jarstfer, M.B., Zhang, D.-L., Poulter, C.D. (2002): Recombinant squalene synthase. Synthesis of non-head-to-tail isoprenoids in the absence of NADPH. J. Am. Chem. Soc. **124**, 8834-8845.
33) Okada, S., Devarenne, T.P., Murakami, M., Abe, H., Chappell, J. (2004): Characterization of botryococcene synthase enzyme activity, a squalene synthase-like activity from the green microalga *Botryococcus braunii*, race B. Arch. Biochem. Biophys. **422**, 110-118.
34) Metzger, P., Rager, M.-N., Largeau, C. (2002): Botryolins A and B, two tetramethylsqualene triethers from the green microalga *Botryococcus braunii*. Phytochemistry **59**, 839-843.
35) Sato, Y., Ito, Y., Okada, S., Murakami, M., Abe, H. (2003): Biosynthesis of the triterpenoids, botryococcenes and tetramethylsqualene in the B race of *Botryococcus braunii* via the non-mevalonate pathway. Tetrahedron Lett. **44**, 7035-7037.
36) Arao, T., Yamada, M. (1994): Biosynthesis of polyunsaturated fatty acids in the marine diatom, *Phaeodactylum tricornutum*. Phytochemistry **35**, 1177-1181.
37) Bigogno, C., Khozin-Goldberg, I., Adlestein, D., Cohen, Z. (2002a): Biosynthesis of arachidonic acid in the oleaginous microalga *Parietochloris incisa* (Chlorophyceae): radiolabeling studies. Lipids **37**, 209-216.
38) Bigogno, C., Khozin-Goldberg, I., Boussiba, S., Vonshak, A., Cohen, Z. (2002b): Lipid and fatty acid composition of the green oleaginous alga *Parietochloris incisa*, the richest plant source of arachidonic acid. Phytochemistry **60**, 497-503.

39) de Swaaf, M.E., de Rijk, T.C., Eggink, G., Sijtsma, L. (1999) : Optimisation of docosahexaenoic acid production in batch cultivation by *Crypthecodinium cohnii*. J. Biotechnol. **70**, 185-192.
40) de Swaaf, M.E., de Rijk, T.C., van der Meer, P., Eggink, G., Sijtsma, L. (2003) : Analysis of docosahexaenoic acid biosynthesis in *Crypthecodinium cohnii* by ^{13}C labelling and desaturase inhibitor experiments. J. Biotechnol. **103**, 21-29.
41) Guschina, I.A., Harwood, J.L. (2006) : Lipids and lipid metabolism in eukaryotic algae. Prog. Lipid Res. **45**, 160-186.
42) Metz, J.G., Roessler, P., Facciotti, D., et al. (2001) : Production of polyunsaturated fatty acids by polyketide synthases in both prokaryotes and eukaryotes. Science **293**, 290-293.
43) Qiu, X., Hong, H., MacKenzie, S.L. (2001) : Identification of a Δ4 fatty acid desaturase from *Thraustochytrium* sp. involved in the biosynthesis of docosahexaenoic acid by heterologous expression in *Saccharomyces cerevisiae* and *Brassica juncea*. J. Biol. Chem. **34**, 31561-31566.
44) Shiran, D., Khozin, I., Heimer, Y.M., Cohen, Z. (1996) : Biosynthesis of eicosapentaenoic acid in the microalga *Porphyridium cruentum*. 1. The use of externally supplied fatty acids. Lipids **31**, 1277-1282.
45) Wen, Z-Y., Chen, F. (2003) : Heterotrophic production of eicosapentaenoic acid by microalgae. Biotechnol. Adv. **21**, 273-294.
46) Derelle, E., et al. (2006) : Genome analysis of the smallest free-living eukaryote *Ostreococcus tauri* unveils many unique features. Proc. Natl. Acad. Sci. USA **103**, 11647-11652.
47) Eisenreich, W., et al. (2004) : Biosynthesis of isoprenoids via the non-mevalonate pathway. Cell Mol. Life Sci. **61**, 1401-1426.
48) Klaus, D., et al. (2004) : Increased fatty acid production in potato by engineering of acetyl-CoA carboxylase. Planta **219**, 389-396.
49) Konishi, T., Sasaki, Y. (1994) : Compartmentalization of two form of acetyl CoA carboxylase in plants and the origin of their torelance toward harbicides. Proc. Natl. Acad. Sci. USA **91**, 3598-3601.
50) Merchant, S.S., et al. (2007) : The *Chlamydomonas* genome reveals the evolution of key animal and plant functions. Science **318**, 245-250.
51) Newmark, H.L. (1997) : Squalene, olive oil, and cancer risk : a review and hypothesis. Cancer Epidemiol. Biomarkers Prev. **6**, 1101-1103.
52) Palenik, B., et al. (2007) : The tiny eukaryote *Ostreococcus* provides genomic insights into the paradox of plankton speciation. Proc. Natl. Acad. Sci. USA **104**, 7705-7710.
53) Roesler, K., et al. (1997) : Targeting of the Arabidopsis homomeric acetyl-coenzyme A carboxylase to plastids of rapeseeds. Plant Physiol. **113**, 75-81.
54) Schwender, J., et al. (1996) : Biosynthesis of isoprenoids (carotenoids, sterols, prenyl side-chains of chlorophylls and plastoquinone) via a novel pyruvate/glyceraldehyde 3-phosphate non-mevalonate pathway in the green alga *Scenedesmus obliquus*. Biochem. J. **316**, 73-80.
55) Wakasugi, T., et al. (1997) : Complete nucleotide sequence of the chloroplast genome from the green alga *Chlorella vulgaris* : the existence of genes possibly involved in chloroplast division. Proc. Natl. Acad. Sci. USA **94**, 5967-5972.
56) Amico, V. (1995) : Marine brown algae of family *Cystaseiraceae* ; chem. and chemotaxonomy. Phytochemistry **39**, 1257-1279.
57) Barrow, R.A., Capon, J. (1991) : Alkyl and alkenylresorcinols from an Australian marine sponge, *Haliclona* sp. (Haplosclerida : Haliclonidae). Aust. J. Chem. **44**, 1395-1405.
58) Metzger, P., Pouet, Y. (1995) : Pyrogallol dimethyl ethers, aliphatic diol monoesters and some

minor ether lipids from *Botryococcus braunii* (A race). Phytochemistry **40**, 543-554.
59) Sato, Y., Ito, Y., Murakami, M., Abe, H. (2003) : Biosynthesis of the triterpenoids, botryococcens and tetramethylsqualene in the B race of *Botryococcus braunii* via the non-mevalonate pathway. Tetrahedron Lett. **44**, 7035-7037.
60) Tyman, J.H.P. (1979) : Non-isoprenoid long chain phenols. Chem. Soc. Rev. **8**, 499-537.

7. 藻類オイル生産のライフサイクルアセスメント

7-1　事業性を評価するライフサイクルアセスメントの精緻化

　ライフサイクルアセスメント（life cycle assessment：LCA）は，対象とする製品を生み出す資源の採掘から，素材製造，生産だけでなく，製品の使用・廃棄段階まで，ライフサイクル全体（ゆりかごから墓場まで）を考慮し，資源消費量や排出物を計量するとともに，その環境への影響を評価するものである．2006 年には ISO の見直し作業により ISO14040, 14044 が発行されている[1]．LCA を算出の際には多様な分析が必要であるが，広義に事業性評価に関しても重要な視点の一つとなっている．本節では，金融機関の視点から事業性評価の概要につき述べる．研究段階から事業化に至るまで資金調達は必要不可欠なプロセスであり，金融機関の視点を認識することは事業化を進める上で重要なプロセスといえる．

a. 事業ステージとリスク・リターン

　金融機関が企業，事業を評価するときは，企業（事業）の金銭的価値，すなわち企業（事業）価値や社会的価値など多面的に評価する場合が多い．ただし，企業（事業）価値としてプラスになり，投下資金についてリターンが伴うことが資金を供給するための必要条件といえる．企業（事業）価値は事業が将来生み出すキャッシュフローを現在価値に割り引くことで算出されることを基本としている．なお，企業価値の算出方法は，DCF（discounted cash flow）法，類似会社比較法といったさまざまある手法を複数活用して算出するのが通常である．

　ここで，エネルギー生成する生産システム（事業）を評価対象とおく．社会

全体でみれば，藻類バイオマスが既存エネルギーを代替することによる二酸化炭素削減といったさまざまなメリットが享受される．だが，企業価値評価を行うときには，金銭の収支が伴うものに関してのみが対象となり，二酸化炭素削減など，対象事業において直接金銭の出入りがないものに関しては評価には含まれない．ただし，今後，排出権取引など収支上の影響が出れば，このような効果が事業価値に影響を与えることとなる．ここでは，企業価値の視点から事業をみる上での論点につき整理する．

　研究開発から事業化を進める上では大きく分類して，研究開発，製品化・試作（テストプラント），量産といったプロセスを踏むことになる．研究開発といってもさまざまな段階があるが，金融の視点からみれば，研究開発がプロセスを経て量産までに至る可能性が高いかどうかが重要となる．

　ここで，量産というのは，製品化を経て市場にて販売され，収益を生み出していることを指すものとする．換言すると，事業として成り立っている，ということになる．また，将来収益を上げて事業として成立することを事業化とする（実際には量産までいかなくても，試作の段階や委託研究の請負などで売上が計上されるベンチャー企業は多いが，ここでは，事業化までのモデルを単純化するために，事業に付随する売上や収益は無視することとする）．

　金融機関が事業化を評価する概念としては，リスク・リターンがあげられる．リスクとは，経済産業省は「組織の収益や損失に影響を与える不確実性」[2]としているが，金融の視点からでは「投下資金のリターンや損失に影響を与える不確実性」といえる（金融におけるポートフォリオ理論では，投資証券のボラティリティーで定量的に表現される）．損失可能性といったネガティブな意味合いにとられることが多いが，プラスの影響も含まれ，予測どおりにいかない可能性という意味合いが強い．リターンは，投下資金に対する収益を意味し，リスクが高ければ高いほど，期待されるリターンは高くなる．

　リスクの一例として，事業化までの時間軸が指摘できる．社会的，科学的に話題になったとしても，事業化の期間があまりに長そうなものは金融機関からの資金は得にくい．研究開発の段階で事業化までの期間が長いということは，事業化できるかどうかの可能性が低い，すなわち事業化のリスクが高いということになる．つまり，クリアすべきハードルが多々あり，事業化に到達する可

能性が低いということである．

　数年前に話題となった燃料電池自動車を一例とする．環境問題の一つの解決策として多くの企業が取り組んでいるが，実用化のためには量産コストや水素ステーションのインフラ整備といった種々の課題を有している．また，リチウムイオン電池の性能向上といったさまざまな競合技術もあり，事業化へのハードルが低いとはいいがたい．他の事業で収益を上げている大手製造業が取り組むには興味深い研究開発対象といえるが，ベンチャー企業の事業として考えると，事業化への距離が遠い分，リスクが高いということがいえる．

　通常，研究開発から製品化するためにはさまざまなハードルがあり，「死の谷」，「ダーウィンの海」といった表現がなされる[3]ことから，事業プロセスが初期であればあるほど事業化へのリスクが高い，ということになる．

　一般的に，金融機関からの投下資金は出資と融資に大別される．出資は企業の資本に対して資金提供するもので，株式会社の資本の構成単位が株式である．したがって株式の種類にもよるが，出資額に応じて株主総会における議決権を行使する権利が付与される点には留意すべきである．つまり，出資額に応じて経営への関与の度合いが高くなるということである．ただし，出資は企業が清算される場合は残余財産の配当が融資に比べて劣後する．他方，融資は企業に資金を貸し出しするもので，融資は決められた利息を決められた期日に返済することが必要となり，収益もしくは将来収益が確実でない，すなわち事業化まで達していないベンチャー企業に融資をするのはハードルが高いということがいえる．図7-1に，事業ステージとファイナンスのイメージを示す．

　なお，図はベンチャー企業を想定しているが，当該事業以外の事業は有しな

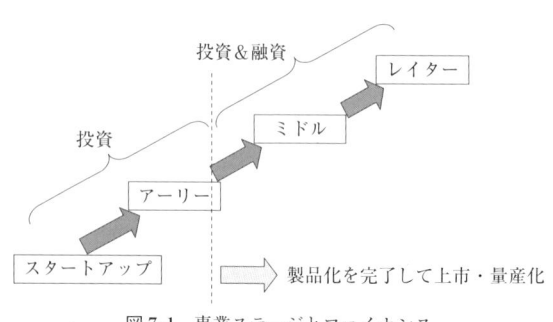

図7-1　事業ステージとファイナンス

いと仮定している．研究段階のイメージを示すために4段階に分類し，ここでは以下のように定義する．スタートアップは研究開発から事業化に向けてベンチャー企業を立ち上げた段階，アーリーは事業化に向けて量産を開始した段階，ミドルは量産を開始して売上が計上できるようになった段階，レイターは量産が軌道に乗りある程度安定（成長を含めて）した売上が出てきた段階とする．

スタートアップでは，企業も設立して間もない段階であり，一部ベンチャーキャピタルなどからの出資は期待されるものの，資金調達の手法は限定される．研究開発の段階が初期であるほど，公的機関からの補助・助成金や企業からの共同研究といった出資・融資とは異なる資金調達に頼らなければならない事例も多い．同時に，この段階でベンチャーキャピタルから出資を受けるにしても，事業化までの計画がしっかりと説得力のあるものができてこない限り，資金調達は困難といえる．事業化のリスクが低くなる，すなわち事業化に向けたステージが進むほど，資金調達の手法は多様化する．ただし，資金を返済する確実性がなければ，通常，融資は受けられないため，ミドルステージ以降の製品化が終わり，量産・販売が開始されていなければ，融資は一般的に困難である．

b. 収益と企業価値

研究開発・試作の段階では売上が計上されないのが通常であり，事業評価においてはすべてコストとして認識される．量産を開始し，売上が計上されて初めて収益が認識されることとなる．

ここで，

収益＝売上－費用

で表される．売上は藻類バイオマス事業で生じるすべてを指す．藻類バイオマスがエネルギーを生成するプロセスすべてに取り組まずに，たとえば，藻類の培養のみ行うなど，さまざまなビジネスモデルも想定される．生産プロセスにより生じる副産物も売上に計上される場合もある．

費用は一般的に固定費と変動費に分類され，

費用＝固定費＋変動費

で表される．変動費は，材料費や販売手数料など，売上に比例して増減するものを表す．固定費は，売上にかかわらず一定額発生するもので，人件費や減価償却費を指す．培養するためのプールなどの設備は購入当初に支払費用が生じるが，一定の年数使い続けるものである．会計上は当初の支出額を一定の期間ごとに配分することにより費用として計上する．これを減価償却費という．当然，期間売上が期間費用を上回って期間収益が認識されることとなる．

ここで，限界利益について考える．

限界利益＝売上－変動費

で定義される．収益を得られるかどうかは，限界利益で固定費をまかなえるかどうか，ということに帰着する．限界利益が固定費と等しくなることを損益分岐点といい，事業を成功させるためにはいかに早く損益分岐点に達するかが一つのポイントとなる．半導体製造などのように設備投資が頻繁に生じる事業は固定費負担が重くなり，黒字化するための限界利益が高くなる．藻類バイオマスも，培養のためのプールをはじめとする大型の設備が必要な事業といえる．したがって，事業の性格を考えた上での事業計画が必須となる．たとえば，量産時の生産プロセスが藻類の培養，固液分離，改質燃料化（液化）とすると，改質燃料化までを企業内で完結させる場合もあれば，藻類の培養だけにとどめて固定費を抑えるといった考えもできる．損益分岐点に到達し，企業価値を高めるためには，企業におけるビジネスモデルも慎重に検討すべき事項といえる．

他方，会計上の収益は減価償却の概念を用いるが，実際の金銭の出入りは会計上の収益とは異なる．つまり，設備にかかる費用は導入当初にかかり，期ごとに支出が生じない．これらを反映させ，企業活動により得た実際の収益から外部への支出を差し引いて手元に残ったものをキャッシュフローと呼び，企業価値を算出する際に活用される．企業価値算出するには多様な手法があり，これを図7-2に示す．一般的には，DCF法や類似会社比較方式など，複数の手法を用いて企業価値を算出する．

頻繁に活用されるDCF法を例にとると，フリーキャッシュフロー（FCF）を現在価値に割り引いて企業価値を算出する．FCFは一般的に下記の方法で算出される．

FCF ＝ EBITDA －税金－増加運転資本－資本支出

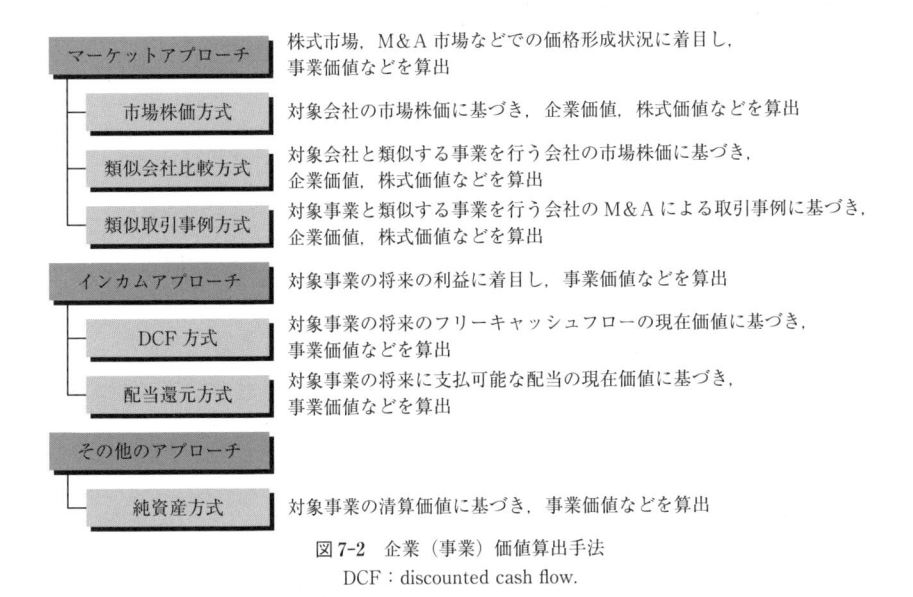

7-1 事業性を評価するライフサイクルアセスメントの精緻化

```
マーケットアプローチ ──株式市場，M&A 市場などでの価格形成状況に着目し，
                      事業価値などを算出
  ├ 市場株価方式 ──対象会社の市場株価に基づき，企業価値，株式価値などを算出
  ├ 類似会社比較方式 ──対象会社と類似する事業を行う会社の市場株価に基づき，
                        企業価値，株式価値などを算出
  └ 類似取引事例方式 ──対象事業と類似する事業を行う会社の M&A による取引事例に基づき，
                        企業価値，株式価値などを算出
インカムアプローチ ──対象事業の将来の利益に着目し，事業価値などを算出
  ├ DCF 方式 ──対象事業の将来のフリーキャッシュフローの現在価値に基づき，
                事業価値などを算出
  └ 配当還元方式 ──対象事業の将来に支払可能な配当の現在価値に基づき，
                    事業価値などを算出
その他のアプローチ
  └ 純資産方式 ──対象事業の清算価値に基づき，事業価値などを算出
```

図 7-2 企業（事業）価値算出手法
DCF：discounted cash flow.

ここで，EBITDA は earnings before interest, tax, depreciation and amortization の略語で，支払利息・税金・減価償却費控除前利益を意味し，一般的には償却前営業利益を使用することが多い．運転資本は通常，売掛債権，受取手形，在庫，買掛金といった事業のために必須となる運転資本を指す．これらが増加していることはすなわち FCF の減少要因といえる．資本支出はいわゆる設備投資である．

したがって，企業価値は DCF 法を用いると以下の算式となる．

$$\text{企業価値} = \sum_{t=0}^{\infty} \frac{FCF_t}{(1+r)^t}$$

ここで，r は企業の資金調達コスト，すなわち，借入（利率）と出資（出資に対する期待収益率）の加重平均となる．

c. 金融機関の視点

金融機関が出資する際には，投資額と将来のキャッシュフロー，企業価値との比較を行い，投資額の収益率を見込むことになる．なお，事業ステージが初期の段階など，事業リスクが高ければ高いほど，投資した金融機関の期待収益率は高くなる．

同時に，

　　企業価値＝株主価値＋ネット有利子負債（有利子負債－現金）

でも表される．つまり出資者全体の投資価値は，企業価値からネット有利子負債を差し引いたものに等しくなる．

　一般的にリスクは融資よりも出資の方が高いため，融資に比して高いリターンが求められる．つまりリスク性の高い資金であるため，将来の収益性・企業価値が高くなることが期待される．同時に，出資者である金融機関を説得できるだけの事業計画を提示することが，資金調達上，重要となる．

　ただし，出資の場合，議決権が伴うものは，出資額に応じて経営へのコントロールに影響を与える．そのため，どのような出資者をどのような出資比率にしていくかといった資本政策は，企業の将来を考える上で重要な事項といえる．

（西田陽介）

7-2　藻類バイオマスのライフサイクルアセスメント

　LCA とは，原材料の採取から製造，使用，廃棄に至るすべての過程での，製品が環境に与える負荷の大きさを定量的に整理，評価する方法である[10]．本来，製造工程が相当確定しているような産業につき，さらに環境負荷を減らすようなプロセスへの変更などに主に用いられてきたようであるが，最近では，新しい産業の企画提案などに対しても「LCA はやったのか？」というような聞かれ方をするようになってきた．これは，環境への配慮以前に，経営的に成り立っているのかというほどの意味で使われている．まだ萌芽期である微細藻類バイオマス産業については，このような意味で LCA という言葉を使う．

　微細藻類の大規模な培養の産業は，工業としてみると，クロレラ生産などの一部の事業を除くと，まだスタートアップあるいはアーリーステージである（7-1節参照）．バイオ燃料を目指したものは特にこの状態にある．LCA を，ミドルステージにあるクロレラ生産などの工程を見習いながら行うことは不可能ではないが[17]，将来，燃料製造の場合の事業の物理的規模は，食品産業で行われている規模とは桁の違う規模となろう．したがってここでは，他の例を参考にしつつも，できるだけ，独自に論を進めていきたいと思う．

図7-3に，微細藻類によるバイオ燃料製造の事業化の，想定される一般的な手順を描いてみた．上段にはプロセスを，下段の四角の中には，各々の段階での検討事項や選択事項などを書き入れてある．微細藻類に関する生物学的知見をもとに，まず有望な藻類種が選択される．次に，日照，水供給，地価などの条件から用地が決まる．ほぼ同時に，閉鎖系か開放系かのどちらで培養を行うかも選択される．ここまでの選択には，生物学的知見が総動員される．実際に培養プラントが建設され，運転が行われる．その後，おおよそ培養系の約1割/日程度の割合で，藻類が回収，濃縮，さらに培養液と藻類自体の分離が行われる．このとき注意すべきなのは，微細藻類の密度はおおよそ数 g ～ 10 g/L 程度ということである．そのため，回収作業には，少なくとも数百倍の藻類の濃縮作業も含まれることである．濃縮された藻類からはオイル成分が抽出され，さらに精製過程を通った後に貯蔵される．貯蔵の際，あまりこれまで言及されていなかった問題であるが，微細藻類由来のオイルのほとんどは，従来の植物オイルと同じく酸化されやすいという難点がある．化石原油由来の燃料にはこの点はないと考えられる．次にこのバイオ燃料は供給網に載せられ，市場に出される．これもあまり言及されていなかった点であるが，先進国では，化石燃料用の供給網はすでにでき上がっている．これらの供給網に微細藻類由来のバイオ燃料を載せられるのか，それとも別の供給網をつくらなければならないか，現在のところ不明である．さらに市場に出れば，化石原油など，他の燃料との価格競争がある．たとえばわが国では，灯油は現在 100 円/L 程度で売られている．これとの価格競争である．

図7-3には精製・貯蔵からリサイクルへのルートが示されているが，これの初期の事業計画，およびミドルステージ以降の会社の場合，重要な過程となる．これが完結されて初めて本来のLCAとなるが，このルートに至る以前の段階で，投資額に見合う収入がなければ，この事業は赤字となり，撤退しないまでもコストのかかるリサイクルルートは無視される結果を招く．

製品が市場に出されるところまで行っても，他の製品との市場競争が待ち受けている．市場の競争のためには，仮に燃料だけでは収入が得られない場合などには，同時に得られる燃料以外の産生物を市場に出すことも企業戦略として必要になる．

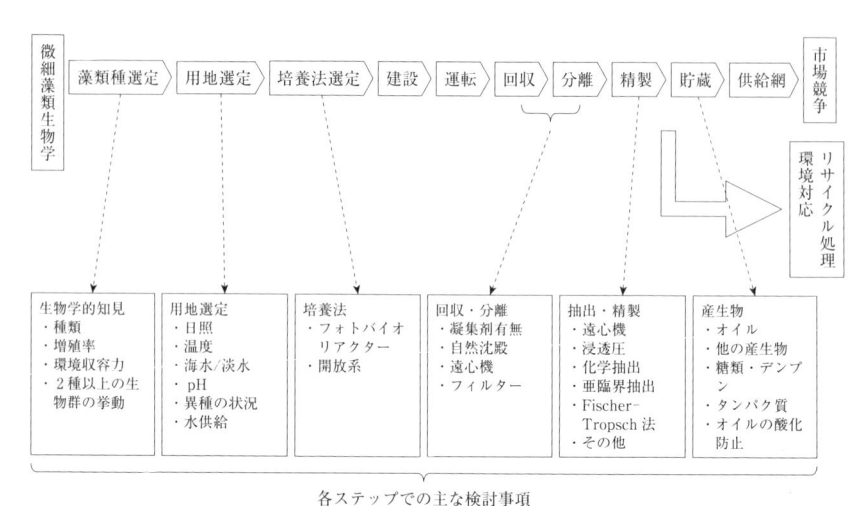

図 7-3 藻類大量生産の流れ
微細藻類の生物的知見をスタートとし，大量培養施設建設からバイオ燃料製造までの大まかな工程の流れを示す．

　一般に藻類からはオイル成分以外に，多糖類などが産生物として得られることが知られている．たとえば，D-フコース，ガラクツロン酸などを同時に体外に分泌している藻類がある．図 7-4 に kg あたりの価格の例を示す．比較として書いてある石油の価格は税引き後の価格で，約 50 円/L とした．同じ藻類からの産生物でも，その価格は驚くほど異なっている．しかし，これの生産だけを行うなら，それほどの生産量は必要とせず，世界規模での化石燃料の代替燃料として，あるいは二酸化炭素削減のダークホースとして期待されている微細藻類の当初の目的は果たせない．本節では，あくまでもバイオ燃料生産について考えていく．
　それでは，バイオ燃料が市場に出る場合に最も大きな競争相手である，化石燃料の分野の様子をみてみよう．
　図 7-5 に，国際エネルギー機関（IEA）による，今後 20 年にわたる世界のエネルギー分野への資源別総投資額の予想値を示す[11]．これによると，2007 年から 2030 年までのおおよそ 20 年間で，化石燃料などを中心とした従来型のエネルギーの供給のために投資される投資額は，世界で総額 26.315 兆ドルに

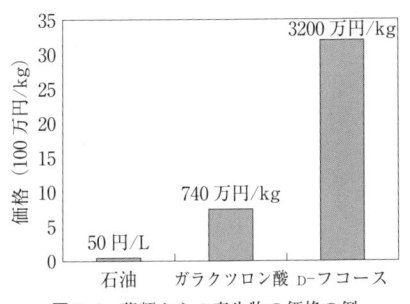

7-2 藻類バイオマスのライフサイクルアセスメント

図 7-4 藻類からの産生物の価格の例
微細藻類からはまだまだ未知の高価な産生物が発見される可能性がある.

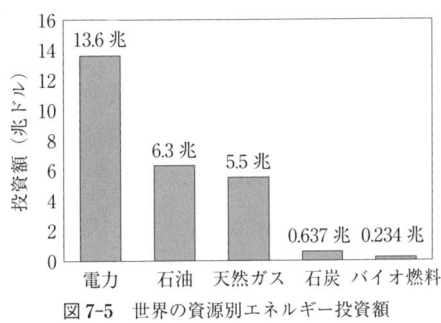

図 7-5 世界の資源別エネルギー投資額 (2007 ～ 2030 年)
世界のエネルギー分野で今後予想されている投資額を資源別に示す. バイオマス燃料が本来の意味の化石燃料の代替となるには, この規模のエネルギー投資をどれだけ呼び込むかにかかっている.

及ぶと予想されている. 2007 年の円-ドルの換算の平均を 1 ドル= 115 円として, これを計算すると, 日本円で約 3030 兆円という額と見積もられる. この中でバイオ燃料に対する投資額は円換算して, 総額 26.9 兆円である. もちろんこの中には, 第一世代のエネルギー作物としての菜種, ダイズ, トウモロコシ以外に, 第二世代のエネルギー作物開発も含まれていると思われるが, 残念ながら微細藻類は計算には入っていない[8].

世界へのエネルギー安定供給を支えるためにはこの程度の投資額が必要であるが, そのほとんどの投資対象は, 電力, 化石燃料などである. 投資対象の技術的内訳を図 7-6 に示す.

最近の 10 年間ほどの IEA 統計をみても, このような投資は年平均 1 ～ 2 % の伸びで, 毎年着実に投資が行われてきている[12]. 微細藻類由来のバイオ燃料に化石燃料を置き換えるといった場合の必要投資額が, どの程度かの一つの尺度となるだろう.

7-1 節での議論のスキームで考えると, 微細藻類バイオ燃料はまだスタートアップあるいはアーリーステージである. その場合, 融資より投資がその金融的なサポート源であることが論じられているが, バイオ燃料が今後化石燃料の代替燃料の地位を得るには, 図 7-5, 7-6 に示した世界の投資をいかにバイオ燃料分野に呼び込むかにかかっている. ここ数年来, バイオ燃料源としての微

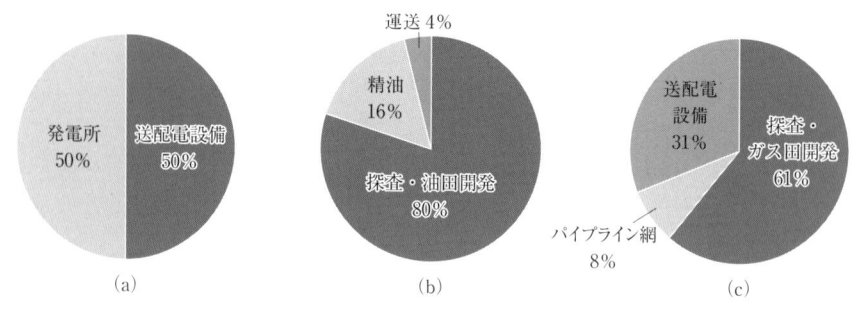

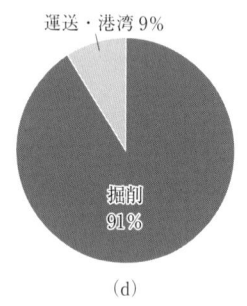

図7-6 世界のエネルギー投資の技術的内訳
(a) 電力（13.6兆ドル）．発電所と送配電設備がほぼ同じ割合である．
(b) 石油（6.3兆ドル）．探査，油田開発費が3/4を占め，精油がそれに続く．(c) 天然ガス（5.5兆円）．探査，ガス田開発費が半分以上を占めるが，送配設備であるパイプライン網への投資額も大きい．(d) 石炭（0.637兆ドル）．ほとんど掘削のための投資である．

細藻類に対する期待が再び高まってきているが，開発を行っている多くはベンチャー企業である．どうしても開発のために投資を呼び込む必要があるため，図7-3に示したようなプロセスについて，成果が上がっている一部分だけを公表・宣伝する傾向がある．

　図7-3のプロセスの中で，藻類種，培養法が決定されれば，たとえば立地，建設，運転は，開放系の場合，クロレラなどの食品部門のコストがかなり参考になる．回収，分離，精製は，従来型の陸上エネルギー作物のプロセスと類似のものとなろう[7,13]．それでは藻類の場合，どこが問題になるのであろうか．それは，図7-3の中の藻類の選択と培養法の決定の部分に尽きると思われる．藻類種の選択に関して，これまで，個々の微細藻類の性質については，微細藻類の種類，分類，その生活環などの生理的な性質，増殖性能，光合成メカニズムなどについて，膨大な研究報告などの蓄積があるが[4,5,9,14,15]，これらの研究はいわば学理的な素過程の研究である．5-1節に説明したような多種類の微細藻類の集団的な振る舞いなどについて，今後これらの研究成果を活かしていく

ことが肝要である．これらの知見は，図7-3のスキームで考えると，大型培養プラント選択に関して，閉鎖系と開放系の選択の分かれ目となる重要な鍵となる．開放系と閉鎖系では，建設費用は閉鎖系の方がはるかに高額となり，さらに，一般的にも，将来の1000 ha 以上の大規模化の可能性については開放系でないと大規模化は難しいと考えられている．このようなデータベースがないことが，微細藻類の大型プラント化を阻んでいる事情の大きな要因であると筆者は考えている．実際，アメリカのAquatic Species Program（ASP）プロジェクトも，さらにその後でも，大規模開放系での微細藻類からのバイオディーゼル生産に成功した例はない．これは図7-3の藻類種選定，培養法選定の部分が，まだ技術として十分に成熟していないためである．この点，微細藻類からのバイオ燃料製造を本気で考えるためには，樹木，魚類，昆虫，魚類などで活発に研究されているような，個体群生態系の挙動の解析手法の微細藻類の群体などへの適用などの研究の発展が大いに期待されるところである[16]．

微細藻類との比較でいえば，陸上のエネルギー作物は，いかに単位面積あたりの収量が微細藻類より劣っているとはいえ[6]，少なくとも農地という開放系で大型の栽培が可能であるという意味で，現段階では優れた面をもっている．

現在，まともなLCAができない産業は育たない状況になっている．すなわち，投資を呼び込むことは不可能となる．研究段階から，いったん事業として動き出した場合，LCAだけに限らず，その経営計画などは，すべて，資金の収支という一次元の数値で評価されてしまう．そのときには，「二酸化炭素削減潜在能力が高い」とか「世界の二酸化炭素削減に役立つ」という面はほとんど背後に追いやられてしまうのが現実である．

今後，微細藻類技術が文字どおりの産業になるためには，堅固な経営計画やLCA評価がなければ，いかなる投資も呼び込めないことを念頭に置きながら，開発方針を定めていく必要がある． 〔志甫　諒〕

7-3 Botryococcusのライフサイクルアセスメント

これまで実施した室内培養実験，屋外培養実験により，LCAの最も基本となる増殖量，増殖速度および室内と屋外培養の類似性を得ることができてい

る．これらの実験値をもとに，*Botryococcus* からのエネルギーを生産する全システムの LCA がなされている[18,19]．具体的には，*Botryococcus* 生産システムにおける全工程を，微細藻類を培養する工程と，藻体から燃料を生産する工程に大別し，それぞれの工程をさらに分解し（試験管培養～野外プール培養，収穫～燃料化），各工程ごとにエネルギー投入に関わる要素を抜き出し，各要素からエネルギー投入量を見積もる方法を検討し，それに従ってプロセスを通したエネルギー投入量，培養槽間の培養液流量，二酸化炭素固定量から藻体量，燃料量・エネルギー獲得量の推定，初期エネルギー投資量，コストの収支が評価されている．以下，その概要を示す．

a. システム評価法の概要

図 7-7 は，エネルギーの生産・投入にかかる要素を，生産工程の物質のフローを考えることで計算する手順である．まず，生産システムにおける全工程を，微細藻類を培養する工程と，藻体から燃料を生産する工程に大別した．次に，それぞれの工程をさらに分解した．各工程のエネルギー投入量を見積もる方法を検討し，それに従って計算式を立てた．その上で計算に必要な直接的資料やデータ，あるいは，必要な数値データを算出するための関連データを集める作業を行った．大半の計算式は，

　　（原単位）×（藻体量・培養液量など）

の形である．ここで，原単位とは，藻体量，培養液量などの量 1 単位あたりのエネルギー投入量や二酸化炭素排出量を示す．各工程のバイオマス量を求めるに当たって，大気中の二酸化炭素が藻体に取り込まれ，それが燃料へと変わる量的関係を工程ごとに明らかにしていく作業を行った．ここでも上述同様，原単位を用いた．生産エネルギー量は，固定する二酸化炭素や得られるバイオマ

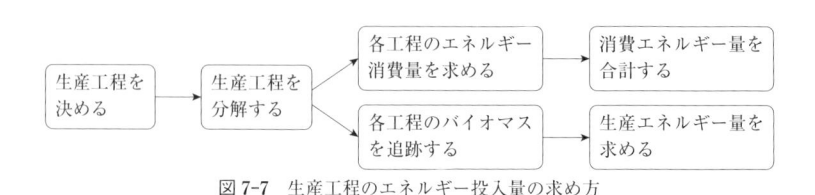

図 7-7　生産工程のエネルギー投入量の求め方

ス推定量をもとに，最終的に得られる燃料のエネルギー量として計算した．

b. プロセスの境界

システム全体のエネルギー収支を得ることが目的であることを念頭に置き，本研究では生産工程を次のように定めた．
 ・インキュベーター内での予備培養
 ・室内におけるフラスコ内での予備培養
 ・屋外培養（培養プールの面積は段階的に広くしていく）
 ・固液分離（ろ過または遠心分離）
 ・改質燃料化（液化）

固液分離工程については，ろ過法と遠心分離法が考えられる．エネルギー収支計算の際にどちらを用いるかについては，それぞれの計算結果を考慮に入れて，エネルギー投入量の小さい方を採用することとした．また，屋外培養プロセスに関して，これまでの知見をもとに次のような条件を設定した．

① 培養設備を，液化天然ガス（LNG）を燃料とする火力発電所に隣接させる．

② 火力発電所の緑地面積（19 ha に設定）を，培養槽（下記の大プール）の受光面積とする．

③ 火力発電所の排気ガスを，培養プールに通気する．

④ 生産する燃料は，回収した藻体に触媒を加え，温度と圧力をかけてオイル状にする「液体燃料化」を考慮する．

⑤ 屋外培養では，3 段階に分けて 50 倍を目安に培養プールをスケールアップする（以後順に，小プール，中プール，大プールと呼ぶ）．

⑥ *Botryococcus* は，有機物存在下では光合成のみならず従属栄養的に増殖すること，屋外の照度変化範囲においては室内での増殖とほとんど差がなかったことから，システムの稼働時間は 365 日とする．

⑦ 培養液の水は，水道水を用いる．

ここで，大プールの面積 19 ha は，本研究で得られたエネルギーペイバックタイム（EPT）と培養面積との関係を表す関係式

$$\text{EPT} = 係数 \times (培養面積)^{-0.4}$$

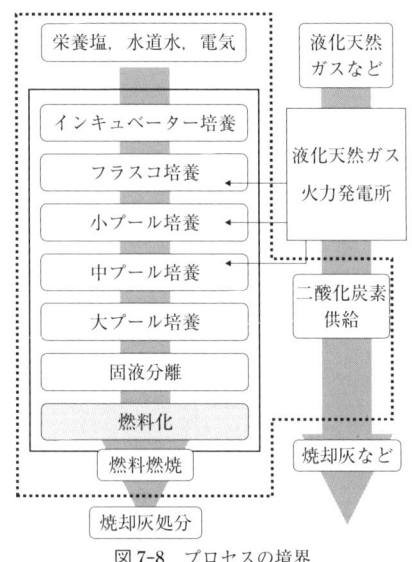

図7-8 プロセスの境界

から得られたもので，2007年度の報告[19]に示した結果と同じである．

以上定めたプロセスの全体像と境界を図7-8に示した．点線の内側が，エネルギー，二酸化炭素，コストの収支を考える範囲である．燃料燃焼由来の廃棄物は，液化の工程の際に触媒を用いるため，それ由来の焼却灰も考えている．また，点線外である発電所のLNGの原料輸送エネルギーや生成エネルギー，発電所から出る廃棄物の処理のためのエネルギーは，システムの範囲外とした．

c. モデルの概要

設定されたプロセスにおいて，エネルギー生産システムの評価のために必要なデータは，次のとおりである．計算の手順を図7-9に示す．
- プロセス間の培養液移動量とその藻体濃度
- 各プロセスを移動するバイオマス量
- 各プロセスそれぞれのエネルギー投入量
- システムの建設にかかるエネルギー量
- システムから獲得されるエネルギー量
- エネルギー収支，EPTなどの指標

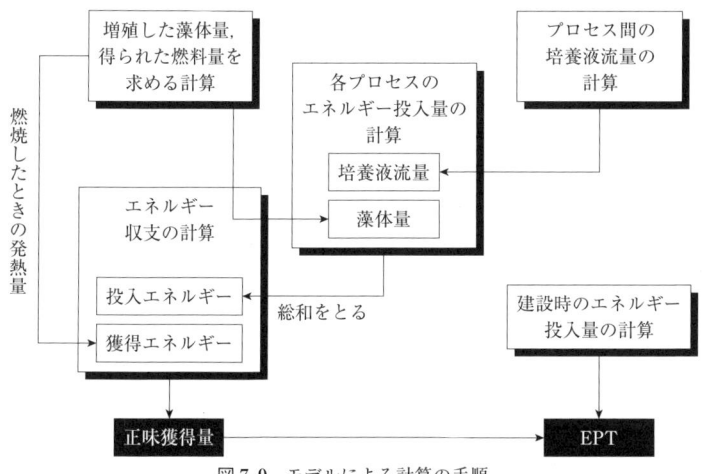

図7-9 モデルによる計算の手順
EPT：エネルギーペイバックタイム．

d. ライフサイクルアセスメント

各プロセスでのエネルギー投入量を算出するには，培養槽（試験管からプールまで）間の培養液の移動量を決める必要がある．流量の計算に関しては，インキュベーター，フラスコ，小プール，中プール，大プールをそれぞれを1つの槽とする完全混合槽モデルを用いて行い，0.07/日と設定した（詳細は文献[19]参照）．また，これまでの研究から最適と判断した以下の制約条件を設けた．

① 初期藻体濃度はすべての槽で1.5 g/L とする．

② 藻体濃度は10.0 g/L を超えない．

③ 3.5 g/L となったときに次のレベルの培養へと移動し，その流量は0.07/日とする．

④ 大プールで藻類バイオマスが3.5 g/L となったときに，0.07/日の流量で収穫し，収穫した分の量の培地を加える，いわゆる連続培養システムを採用する．

⑤ 培地には有機物が添加されていることより，弱光条件下でも十分な増殖を示すことから，晴れ・曇り・雨などの天候に左右されないとし，稼働時間を365日とする．

⑥ 光合成に必要な二酸化炭素や，晩秋から初春にかけての気温の低い時期

表7-1 年間エネルギー収支，二酸化炭素およびコスト収支の計算結果（19 ha あたり）[19]

	獲得量	投入量	収支
エネルギー（MJ/年）	10.3×10^7	3.48×10^7	$+6.82 \times 10^7$
二酸化炭素（kg・CO_2/年）	7.45×10^6	2.49×10^6	$+4.96 \times 10^6$
コスト（100万円/年）	100.1	373.6 （タイ 73.0） （インドネシア 60.0）	-273.5

に25℃以上に培養温度を保つために必要な熱源は，LNG火力発電所からの排出源を利用するため，これらについてはLCAから除外する．

⑦オイルの価格は原油価格とし，44.5円/Lとする．

表7-1がLCAの計算結果を示したものである．この表から，エネルギー獲得量や二酸化炭素吸収量はそれらの消費量よりも3倍程度多いことがわかる．ただし，コストについてはまだ消費コストが高く，2億7000万円程度の赤字となり，1Lあたり155円の価格となるが，人件費の安いタイやインドネシアなどで実施すると黒字に転化する．現時点ではコストの問題はハードルは高いが将来の技術開発で解消できる範囲にあると判断している．また，今回行ったLCAの結果，*Botryococcus*のオイル生産力は年間haあたり118tとなり，微細藻類の中でも高いオイル生産力を有していることがわかる． （渡邉　信）

文　献

1) 伊坪徳宏，田原聖隆，成田暢彦（2007）：LCA概論，(社)産業環境管理協会．
2) 経済産業省（2005）：先進企業から学ぶ事業リスクマネジメント．
3) 日本政策投資銀行技術経営研究チーム（2006）：モノづくり経営の勘どころ，(社)金融財政事情研究会．
4) Andersen, R.A. (2004)：Algal Culturing Techniques, Phycological Society of America, Elsevier Academic Press（UK）．
5) 千原光雄（1997）：藻類多様性の生物学，内田老鶴圃．
6) Chisti, Y. (2007)：Biodiesel from microalgae. Biotechnol. Adv. **25**, 294-306.
7) Drapcho, C.M., Nhuman, N.P., Walker, T.H. (2008)：Biofuel Engineering Process Technology, McGraw Hill.
8) バッサム，N.E.I. (2004)：エネルギー作物の事典，恒星社厚生閣．
9) Graham, L.E., Graham, J.M., Wilcoxs, L.W. (2008)：Algae, San Francisco, Benjamin Cummings.
10) 石川雅紀，赤井　誠監修，(社)日本機械工業連合会編（2001）：企業のためのLCAガイドブッ

ク，日刊工業新聞社．
11) IEA (2008)：World Energy Outlook 2008．
12) IEA (2000〜2008)：World Energy Outlook 2000〜2008．
13) 井熊 均，バイオエネルギーチーム (2008)：よくわかる最新バイオ燃料の基本と仕組み，秀和システム．
14) 井上 勲 (2006)：藻類30億年の自然史，東海大学出版会．
15) 岩槻邦男，馬渡峻輔監修，千原光男編集 (1999)：藻類の多様性と系統，裳華房．
16) 楠田哲也，巌佐 庸編 (2002)：生態系とシミュレーション，朝倉書店．
17) 大橋一彦，志甫 諒 (2009)：世界の石油産生微細藻類の研究開発実態．配管技術，51, 10-16 (9月号)，12-16 (10月号)．
18) 渡邉 信 (2009)：藻類によるバイオ燃料生産の展望．環境技術，34, 30-70．
19) 渡邉 信，河地正伸，田野井孝子，彼谷邦光 (2007)：平成18年度地球温暖化対策技術開発事業業務報告書—微細藻類を利用したエネルギー再生技術開発—，筑波大学．
20) 経済産業省資源エネルギー庁エネルギー情報企画室 (2005)：日本のエネルギー 2005, 11pp．

8. 藻類オイルおよびその他の成分の利用

8-1 カロテノイド

　β-カロテンは，ビタミンAの前駆体として，また，抗酸化剤として利用価値の高い物質である．*Botryococcus braunii* を培養していると，細胞の色が変わってくる．これは窒素源不足や強い光強度がストレスとなって多量のカロテノイド（carotenoid）生成が起こり，細胞マトリックスに蓄積するからである．カロテノイドの蓄積は，Race-A や Race-L でより顕著である．両 Race の対数増殖期ではほぼ等しい量の β-カロテン，エチネノン，3-OH エチネノン，カンタキサンチン，ルテイン，ビオラキサンチン，ラロキサンチン，ネオキサンチンを産生する．対数増殖期ではルテインがカロテノイド中に占める割合が 22～29% と最も多いが，静止期ではカンタキサンチン（46%）とエチネノンが主要カロテノイドとなる[3]．細胞の色調変化の主な原因は，細胞内マトリックスにケトカロテノイドであるエチネノンが蓄積し，それ以外の色素の顕著な減少[6]によることが明らかにされている．これらのカロテノイドを，株と培養過程を利用して選択的につくらせることができれば，抗酸化剤や食用色素として利用することが可能となろう．

8-2 ボトリオコッセン

　藻類からヘキサンで抽出される炭化水素は直接燃料として使うことができる．しかし，内燃機関の燃料として使うには熱分解や触媒を用いたクラッキングによる改質が必要となる．湿った藻類バイオマスを熱処理することによって直接燃料オイルを製造することが可能である．バイオマスに触媒として5%の

8-2 ボトリオコッセン

炭酸ナトリウムを添加して1時間の熱処理（300℃，10 MPa[5]）を行うことによって高収率でオイルを得ることができる．このオイルにはボトリオコッセン（botryococcene）の分解物で低分子（$C_{17} \sim C_{22}$, 200 ～ 300 Da）のものがオイルの5%の収量で得られるほか，ボトリオコッセンが27～28%の収量で，極性有機物が22%程度の収量で得られる．全体としてヘキサン抽出物の53%に当たるオイル量が得られるが，利用可能なオイルとしての収量は多くない．

触媒を用いたクラッキングによって，藻類炭化水素からガソリン（60～70%），軽質油（10～15%），重質油（2～8%），タール分（5～10%）を得ることができる[4]．用いる触媒として，コバルト-モリブデン，ゼオライト[4]などがある．得られるガソリン画分や他の画分の割合は，用いる触媒の種類，反応温度に左右される．ゼオライトを用いた場合のガソリン画分を得るための最適温度は497℃であり，生成するガソリン成分はキシレンとトリメチルベンゼンである．ボトリオコッセン（$C_{34}H_{58}$）を直接クラッキングにかけると環化が起き，芳香族環が生成する[1,4]．クラッキングを受ける箇所は二重結合隣接の炭素-炭素結合である（図8-1）．

ボトリオコッセンの末端ビニル基を選択的に酸化し，メチルケトン誘導体（$C_{34}H_{56}O$）にして使う方法も示されている[2]．

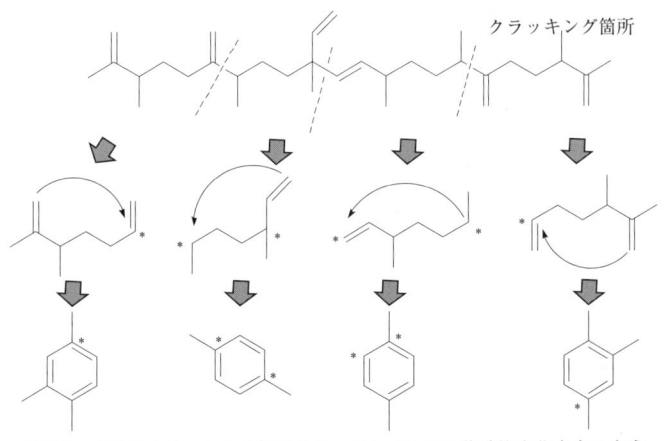

図8-1 ボトリオコッセンの触媒クラッキングによる芳香族炭化水素の生成
文献[1]のp.273, figure 6より．

8-3 その他の成分

　B. braunii やその他の藻類の成分としてスクアレン（squalene）がある．従来，スクアレンはサメの肝油から調整され，健康食品として利用されている．スクアレンとテルペノイドであるボトリオコッセンの生合成経路は共通部分が多く，酵素阻害剤を用いて，スクアレンの蓄積量を増やすことも可能である．

　その他，食用油の廃油や植物トリグリセリドを，メタノールおよび酸触媒を用いてエステル交換反応により脂肪酸メチルエステルを調整し，ディーゼルオイル（バイオディーゼル）として用いる方法は，すでに実用化されている．

　リン脂質は，ダイズレシチンと同様に乳化剤や界面活性剤としても利用可能である．また，培養時に細胞外に多量に分泌される粘質多糖の利用も検討に値する．粘質多糖の構成糖にガラクトース，フコース，ガラクツロン酸などが検出されている．特に，フコースはアポトーシスと関係があるといわれており，医薬品としての開発が期待されている．

〔彼谷邦光〕

文　献

1) Banerjee, A., Sharma, R., Chisti, Y., Banerjee, U.C. (2002)：*Botryococcus braunii*：a renewable source of hydrocarbons and other chemicals. Crit. Rev. Biotechnol. **22**, 245-279.
2) Chisti, Y. (1980)：An unusual hydrocarbon. J. Ramsay Soc. **27-28**, 24-26.
3) Grung, M., Metzger, P., Liaaen-Jensen, S. (1998)：Algal carotenoides, primary and secondary carotenoides in two races of green alga *Botryococcus braunii*. Biochem. Sys. Eco. **17**, 263-269.
4) Kitazato, H., Asaoka, S., Iwamoto, H. (1989)：Catalytic cracking of hydrocarbons from microalgae. Sekiyu Gakkaishi **32**, 28-34.
5) Sawayama, S., Minowa, T., Yokoyama, S. (1999)：Possibility of renewable energy production and carbon dioxide mitigation by thermochemical liquefaction of microalgae. Biomass Bioenergy **17**, 33-39.
6) Tonegawa, I., Okada, S., Murakami, M., Yamaguchi, K. (1998)：Pigment composition of the green microalga *Botryococcus braunii*, Kawaguchi-1. Fish. Sci. **64**, 305-308.

9. おわりに －将来展望と夢－

9-1 藻類オイルを実用化するための技術開発目標

　藻類は，水界を主たる生息場所とする光合成生物の総称であり，太陽光をエネルギー源として，効率よく二酸化炭素をバイオマスに変換できる．バイオディーゼル燃料の資源となる植物のhaあたりの年間オイル生産量は0.2～6 tと見積もられているが，藻類は47～140 tと，陸上植物と比べて20～700倍のオイル量を生産する高い能力をもっている．世界の石油需要量はおおよそ0.17 ZJ（ゼタジュール＝10^{21} J）であることから，世界の全耕地面積の2～4%分を藻類燃料生産に使えば，石油需要量をまかなえることとなる．アブラヤシ（パーム）だと全耕地面積の41.3%，ダイズだと全耕地面積の5倍が必要となり，藻類の燃料としての潜在能力はきわめて高いことがわかる．

　このようにオイル生産能力の高い藻類が新しいエネルギー資源として利用されるためには，どのようなハードルを越えなければならないのか．一例として，*Botryococcus*のライフサイクルアセスメント（LCA）の結果を復習してみよう（詳細は7-3節参照）．*Botryococcus*を屋外の開放系大規模培養プール（面積19 ha，深さ30 cm）で培養することを想定し，そのエネルギー生産システムをモデル化して，全プロセスにおけるエネルギー収支，二酸化炭素収支，コスト収支を算定したところ，獲得エネルギー量および吸収二酸化炭素量は消費量の3倍となった．オイル生産量は118 t/ha/年と算定され，微細藻類の中では高いオイル生産効率をもつことがわかったが，オイルの生産コストを算定すると155円/Lとなり，原油のそれ（約58円/L）と比べるとまだ割高である．これを現行の閉鎖系フォトバイオリアクターで培養すると800円/L以上となる．開放系は安価で省エネルギー型である反面，他の微生物・藻類の混

入,環境制御の困難さなどから,生産が非常に不安定である.一方,閉鎖系は他の微生物・藻類の混入はなく,制御もしやすく,安定した生産が得られるが,高コストであることが問題である.いずれにせよ,*Botryococcus* のオイルを石油代替資源として市場で流通させるには,オイル生産効率を1桁アップする必要がある.

Botryococcus に限らず,他の有望な藻類についても同様の問題点が指摘されており,解決のために技術開発がなされている.アメリカでは,開放系培養システムから生産が安定する閉鎖系培養システムにシフトし始めており,これまでのフォトバイオリアクターよりスケールアップが容易で,空間を効率的に利用でき,かつ経済的な第4世代のフォトバイオリアクターシステムの開発が進み,上流側(藻類生産)においてはほぼ経済的に成立できるところまで来ているという[1].また,藻類には高度不飽和脂肪酸や炭化水素などのオイル成分だけでなく,さまざまな種類の多糖類,タンパク質,カロテノイドなどの色素,二酸化ケイ素や炭酸カルシウムなどの無機物,各種生理活性物質など多様な生産物・二次代謝産物が知られており,産業上,利用潜在能力の高いバイオリソースとして今後の活用が期待されている.オランダでは,藻類の産生物(タンパク質,脂質,炭水化物など)と機能(窒素除去,酸素発生など)が有する価値を1.65ユーロ/kg と試算しており[2],100 ha での藻類生産にかかる現行のコストは4ユーロ/kg であるが,藻類バイオマス生産効率を1桁増産することができれば,0.4ユーロ/kg となって経済的に成立するとしており,そのために必要な技術開発を進めている.技術開発の大きな方向性としては,生産力をより向上した品種の開発と実験室で得られた成果を再現できる安価な野外培養システムの開発があげられている.

9-2 オイル生産効率1桁増産のもたらす効果

1桁増産が達成したときの社会はどうなるのであろうか.日本を例にして想像してみよう.

藻類のオイル生産が1桁増産するので,年間 ha あたり1000 t のオイルが生産されることとなる.日本が現在輸入している原油の量は,2004年実績で約

2.37億 kL で，比重を 0.95 として重量に換算すると約 2.2 億 kL となる．また，石炭の輸入量は 2004 年実績で 1.8 億 t である（(財) 日本エネルギー経済研究所資料（http://www.eneken.ieej.or.jp/data/pdf/1094.pdf#search = '2004 年石炭輸入量'）による）．石炭の熱量は C 重油の 64% であるので，重油換算にすると約 1.15 億 t となる．合わせると，原油・石炭の輸入量は原油換算で 3.35 億 t となる．農林水産省の 2005 年の農林業センサス報告によれば，全国の耕作放棄地は約 38 万 ha，イネをつくらなかった水田（休耕田）が約 22 万 ha とされている（http://www.e-stat.go.jp/SG1/estat/List.do?bid=000001009062&cycode=0）．この 56% に当たる 33.5 万 ha の土地で藻類オイルが年間 1000 t/ha 効率で生産されれば，石油・石炭の輸入量はすべてまかなえることとなる．

Botryococcus のオイルは石油系オイルの炭化水素であり，炭素数からいえば重油相当のオイルであることから，これを原油として，石油製品である液化石油ガス（liquefied petroleum gas：LPG），A〜C 重油，軽油，灯油，ジェット燃料油，ナフサ，ガソリンを表 9-1 に示した割合ですべてまかない，さらに石炭を代替するとすれば，二酸化炭素削減効果はどうなるか，表に沿って計算

表 9-1　各種石油製品および石炭の販売量・発熱量・二酸化炭素排出量（2004 年）

燃料種	販売実績 (10^6 kL)	発熱量 (GJ/kL)	単位排出 CO_2 量 (t・CO_2/GJ)	総 CO_2 排出量 (10^6 t)
ガソリン	61.5	34.6	0.0671	142.8
ナフサ	49.0	34.1	0.0667	120.0
ジェット燃料	4.9	36.7	0.0671	12.1
灯油	28.0	36.7	0.0678	69.7
軽油	38.2	38.2	0.0686	100.1
A 重油	29.1	39.1	0.0693	78.9
B および C 重油	26.6	41.7	0.0715	79.3
LPG（10^6 t）	17.9	50.2	0.0598	53.7
石油製品計	237.2			656.6
石炭（10^6 t）	180.0	26.5	0.0906	433.8
総計	417.7			1090.4

新日本石油（株）資料（http://www.eneos.co.jp/binran/part02/chapter04/section02.html），（株）J&T システムズ資料（http://www.jt-sys.co.jp/business/keisuu.html）による．

してみる．表より，石油製品だけを藻類オイルに置き換えた場合の二酸化炭素削減効果は年間 656.6×10^6 t となり，2004 年の二酸化炭素排出量は 1283×10^6 t であるので，差し引き 626.4×10^6 t の二酸化炭素が残ることとなる．1990 年の二酸化炭素排出量は 1143×10^6 t であるので，$(1143-626.4)/1143$ の計算により，1990 年比 45.2% の削減効果となる．さらに石炭分を上乗せしてみよう．表より合わせた分の二酸化炭素削減量は 1090.4×10^6 t となり，同様の計算をしてみると 1990 年比で 83.1% の削減効果をもつこととなる．さらに経済効果をみてみよう．日本は，経済・社会の根幹となるエネルギー源の約 70% を占める石油・石炭をすべて自前でまかなえることとなり，外国のエネルギー動向に揺すぶられることなく，安定した経済発展が可能となる．日本政府は，2020 年までに二酸化炭素排出を 1990 年比で 25% 削減，2050 年には 50〜80% 削減とすることを掲げているが，経済の活力を向上させながらこの目標を達成することは決して夢ではない．

9-3 藻類エネルギー技術開発をめぐる国際競争の中で日本がリーダーシップをとるには

　藻類のもつエネルギー資源としての潜在能力の高さ，そしてその潜在能力を最大限に引き出して実用化した場合の効果の大きさはどの国も認識していることであり，それがゆえに 3-3 節に示したように各国政府は将来に向けての投資を始めている．日本の産業界も多大な関心を示しているところが多くなってきているが，昨今の経済状況と藻類エネルギー技術の実用化までのハードルがまだ高いことから，産業界としては藻類エネルギー開発への投資は控えている状態になっている．また，これまで藻類が産業の対象となっていた藻類がきわめて少ないこともあり，産業界として藻類の基礎的知識，基盤技術の習得状況はまだ不十分といえる．

　このような状況においては，政府の投資が不可欠である．にもかかわらず，政府の投資は他の先進諸国と比較して大きく立ち後れている．日本の学界での藻類基礎研究のレベルは世界トップクラスであり，国際藻類学会の大会や学会誌では優れた発表を行い，数々の国際賞を受賞している方が多い．このようなしっかりした基礎力を身につけた人材が，現在，藻類エネルギー技術開発とい

う応用分野を先導してきている．政府が先導してレベルの高い学界と活力とスピード力のある産業界の連携を強めていくことが必要とされる．

そう遠くない将来には，地球がつくった石油をとる時代から，藻類を利用して石油をつくる時代になるであろう．その流れを適切に見極め，藻類エネルギー技術開発を率先して進め，世界に先駆けて安定した経済発展を遂げつつ低炭素社会を実現することができれば，日本は世界を先導する国として大きく発展していくであろう．

9-4 オイル生産効率1桁増産を可能にする炭化水素産生藻類 Aurantiochytrium の発見

2010年，筆者らの研究グループは，沖縄の海岸から多くの Aurantiochytrium を分離・培養し，炭化水素を産生する培養株のスクリーニングを行った．その結果，細胞乾燥重量に対する炭化水素の含有量が20%に達する新規の培養株18W-3aが発見された（図9-1）．10%以上の高濃度の炭化水素を産生する藻類はこれまで Botryococcus しか見つかっていなかったので，本株は2種類目の炭化水素産生藻類である．

この株の炭化水素含有量は Botryococcus の1/3程度であるが，倍加時間が2～4時間と，Botryococcus のそれ（3～6日）と比較すると36倍も速い．炭化水素生産効率は含有量と倍加時間との関数であるので，単純に計算しても本 Aurantiochytrium 培養株の炭化水素生産効率は Botryococcus の12倍となる（図9-2）．すなわち，この藻類を利用することによって，炭化水素オイル生産効率1桁増産が基本的には可能となった．あとは，本株のもっている潜在能力

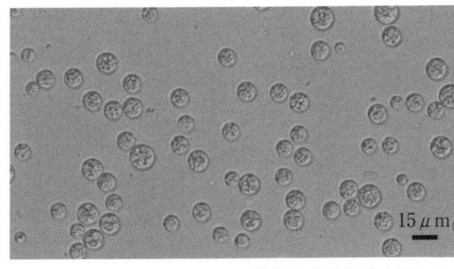

図9-1　Aurantiochytrium の炭化水素産生株18W-3a　　図9-2　Aurantiochytrium の培養

を最大限に発揮させることができる大型プラントの構造やシステムをつくることである．

現在，そのために必要な実験をさまざまなスケールで実施しているが，*Aurantiochytrium* は従属栄養性藻類であることから，有機物質が豊富な有機廃水などを上手に活用して本株を増殖させ，炭化水素を生産していく技術を確立することが，低コスト・省エネルギーの観点から重要である．

また，本株の産生する炭化水素は，スクアレンという価値の高いものである．スクアレンはステロール合成の前駆物質であることから，抗酸化作用，免疫促進作用，細胞賦活作用，保湿効果，鎮痛作用，殺菌作用，浸透作用をもつ．したがって現在，医薬部外品，健康サプリメント，化粧品，インフルエンザワクチンの添加物として利用されている．これまでスクアレンの原料であった深海ザメの個体数が減少しており，海洋動物保護の国際的高まりにより，継続的なスクアレン原料を確保することが困難となってきている．スクアレンという炭化水素を産生する *Aurantiochytrium* は，燃料のみならず，多くの用途に利用されていくであろう．

（渡邉　信）

文　献

1) Willson, B. (2009)：Solix technology overviews. 3rd Tsukuba 3E Forum, Tsukuba, 8 August, 2009（http://www.sakura.cc.tsukuba.ac.jp/~eeforum/3rd3EF/index.html）.
2) Wijffels, R.H. (2009)：Microalgae for production of bulk chemicals and biofuels. 3rd Tsukuba 3E Forum, Tsukuba, 8 August, 2009（http://www.sakura.cc.tsukuba.ac.jp/~eeforum/3rd3EF/index.html）.

索引

欧文

α リノレン酸　197
β-カルボキシレーション（β-カルボキシラーゼ反応）　94
β-カロテン　68, 250
Δ6 不飽和化　214
ω3 経路　213, 214
ω3 脂肪酸　213
ω6 経路　213, 214
ω6 脂肪酸　213

A 重油　255
Acaryochloris　61
acc1　115
ACCase（アセチル CoA カルボキシラーゼ，アセチル補酵素 A カルボキシラーゼ）　115, 204, 216
ACCase 遺伝子　115
Amphora　116
Aquatic Species Program (ASP)　34, 35, 45, 112
ARPS（藻類レースウェイ生産システム）　116
ASP (Aquatic Species Program)　34, 35, 45, 112
ASP プロジェクト　35, 49, 174, 243
ASTM バイオディーゼル基準　127
ATP（アデノシン三リン酸）　79
Aurantiochytrium　145, 257

B 重油　255
Bassham　85
Benson　85
Berry　90
Borlaug　25
Botryococcus　108, 127, 181, 182, 194, 199, 257
──の培養　129
──のライフサイクルアセスメント　243, 253
Botryococcus 由来のオイルの抽出　190
Botryococcus braunii　79, 128, 197, 208, 225
^{11}C　85
^{14}C　85
^{14}C ラベル実験　94
C$_3$ 回路　85
C 重油　255
CA（カルボニックアンヒドラーゼ）　89, 90
Calvin　85, 94
CAM 型光合成（ベンケイソウ型有機酸合成型光合成）　95
Campbell　36
CCS（二酸化炭素の回収・貯留）　2-5
Chlamydomonas　115
Chlorella（クロレラ）　34, 76, 115, 150, 179, 194, 242
Chlorella sorokiniana　151
Chlorella vulgaris　150, 178
Chlorococcum　110
Cognis 社　180

COP 3（地球温暖化防止京都会議）　35, 40
CREST（戦略的創造研究推進事業）　109, 121
Cyclotella　116
Cyclotella cryptica　114
D-フコース　240
D$_1$/D$_2$ ヘテロダイマータンパク質　82
DAG（ジアシルグリセロール）　205
DGCC　98
DGGA　98
DHA（ドコサヘキサエン酸）　128, 145, 193, 213
DOE（アメリカエネルギー省）　34, 45, 112
DPA（ドコサペンタエン酸）　145
DTA（ドコサテトラエン酸）　149
Dunaliella　143, 179
Dunaliella salina　143, 178, 180
Earthrise 社　179
Emiliania huxleyi　95
EPA（アメリカ環境保護庁）　42
EPA（エイコサペンタエン酸）　128, 137, 141, 145, 193, 213
EPT（エネルギーペイバックタイム）　245
ER（小胞体）　72
EST 解析　139, 211
EU　35, 42

索 引

FAME（脂肪酸メチルエステル）128
flocculation（凝集）184
FPP（ファルネシルピロリン酸）225
GC/MS（ガスクロマトグラフィー／質量分析法）156, 195
GDP 2
Gloeobacter 61
Haematococcus 110, 179
Haematococcus pluvialis 175, 178, 180
HRP（高率培養池）116
Hubbert 36
IEA（国際エネルギー機関）32
IPCC（気候変動に関する政府間パネル）1
IR（赤外分光法）200
JAL（日本航空）43
LCA（ライフサイクルアセスメント）232, 238, 247
Lotka-Volterra 微分方程式 169
LPG（液化石油ガス）255
Melis 35, 46
MEP 経路 209
Micractinium-Scenedesmus 混合培養集団 116
Nannochloropsis 115, 136
Navicula saprophila 115
Neochloris oleoabundans 139
NMR（核磁気共鳴）199
nptII 115
NREL（アメリカ国立再生エネルギー研究所）34, 45, 49, 112, 163
P680 82
Parry Neutracoutical 社 179, 180
PGA（ホスホグリコール酸）85, 93
PGMase 遺伝子 115
pH 勾配 84

Phaeodactylum 140
——の培養 142
PHEG 98
PKS（ポリケチド合成酵素）150
Platymonas 116
Protococcus 110
Pseudochoricystis ellipsoidea 153
PSPP（プレスクアレンピロリン酸）225
PUFA（多価不飽和脂肪酸）128, 212
quad mentality 113
red drop（赤色低下）81
18S rRNA 150
RuBP（リブロース -1,5- ビスリン酸）85
S-アデノシンメチオニン 211
Schizochytrium 126, 193
SEC（アメリカ証券取引委員会）37
Solix 社 178
Spirulina 112, 178-180
TAG（トリアシルグリセロール）149, 205
TCA 回路（トリカルボン酸回路）94
Thalassiosira weisforgii 95
Tolbert 93
UGPase 遺伝子 115
upp1 115
water bloom（水の華）181, 182
water-water cycle 84
Z スキーム 81
ZJ（ゼタジュール）24

あ 行

アオサ藻綱 63
アーケゾア仮説 62
アスコルビン酸ペルオキシダーゼ 83
アスタキサンチン 147
アセチル補酵素 A（アセチル CoA）115, 204
アセチル補酵素 A カルボキシラーゼ（アセチル CoA カルボキシラーゼ，ACCase）114, 204, 216
圧抽法 189
アデノシン三リン酸（ATP）79
アトウォーター係数 28
アピコンプレクサ 66
アブラナ科植物 44
アブラヤシ（パーム）32, 107
アポトーシス 252
アメーボゾア 62
アメリカエネルギー省（DOE）34, 45, 112
アメリカ環境保護庁（EPA）42
アメリカ国立再生エネルギー研究所（NREL）34, 45, 49, 112, 163
アメリカ証券取引委員会（SEC）37
アラキドン酸 145, 203, 215
アルカジエン 134
n-アルキルシクロヘキサン 200
n-アルキルフェノール 199
アルケニルフェノール類 227
アルケノン 98
アルコール類 6
アルジナン 97, 200
アルドール縮合 227
アルベオラータ 66
荒地 34, 43
アンテナ色素 81
アンフィエスマ 74

索　　引

硫黄　35
イソプレン　208
一次共生　54, 68
一次植物　54, 57, 61
遺伝子組み換え　142
遺伝子導入系　115

渦鞭毛植物（渦鞭毛藻）　65,
　　68, 70, 193

エイコサペンタエン酸（EPA）
　　128, 137, 141, 145, 193, 213
液化石油ガス（LPG）　255
液体燃料　18
エクスカバータ　67
エステル結合　193
エステル交換反応　31, 32
エタノール　40
エネルギー安全保障　14
エネルギー需要部門　2
エネルギー政策　20
エネルギー転換部門　2
エネルギー統計　29
エネルギー投入量　244
エネルギーペイバックタイム
　　（EPT）　245
エネルギー密度　18
エポキシド　199
エマーソンの促進効果　81
遠心分離法　185
塩水性の土地　34
円石（コッコリス）　74
円石藻　58, 65, 90, 95, 96

オイル含量　114
オイル産生植物　106
オイル産生量　106
オイルシェール　38, 129, 208
オイル生産効率　107
オイル生産の潜在能力　107
オイル成分　114
オイル代謝　216
オイル代謝関連遺伝子　216
オイル代謝経路　216
オイル抽出法　189

黄金色藻　114
黄色藻類　145
オオムギ　27
オキシゲナーゼ反応　87
オキシリピン　98
オピストコンタ　62
オープンポンド　178
温室効果ガス削減　112
温暖化ガス排出量　36
温暖林　30

か　行

海産クロレラ　136
外質ネット　146
灰色植物　54, 62, 68
海水　33
開放系（培養）　103, 163, 239
界面活性剤　252
過栄養湖沼　30
カオス　174
科学技術振興機構　109, 121
化学工学　32
核磁気共鳴（NMR）　199
確認可採埋蔵量　37
可採年数　37
ガスクロマトグラフィー／質量
　　分析法（GC/MS）　156,
　　195
化石燃料　36
ガソリン　251, 255
ガソリンエンジン車　6, 40
家畜の乾燥糞　30
活性酸素　83
ガードルラメラ　72
カナダ　4
カーボンニュートラル　24
カメリナ　43
可溶性アルジナン-A　200
ガラクツロン酸　79, 240
ガラクトース　79, 135
カルビン-ベンソン回路　85
カルボキシトランスフェラーゼ
　　216
カルボキシラーゼ反応　87
カルボキシラーゼ反応段階　86

カルボニックアンヒドラーゼ
　　（CA）　89, 90
カロテノイド　207, 216, 250
環境収容力　37, 164, 165, 172
環境負荷　238
環境問題　234
還元段階　86
還元的ペントースリン酸回路
　　85
干渉型競争　169
管状クリステ　73
管状マスティゴネマ　75
乾燥重量　24
カンタキサンチン　250
眼点　70

気候変動に関する政府間パネル
　　（IPCC）　1
気候変動の予測　1
キサントフィル回路　85
基準 D6751　127
基準 EN14114　127
基準 EN14213　127
偽循環的電子伝達経路　84
休耕田　255
狭義のクロレラ（真のクロレラ）
　　150
凝集（flocculation）　184
凝集化学品　183
凝集剤　184
共生　169
京セラ型の産業発展モデル　50
競争　169
競争係数　170
競争排除の法則　173
京都議定書　35
巨大藻類農場　113

クエン酸回路　94
クラッキング　250
クラミドモナス　35
グリコール酸経路　93
クリステ　73
グリセリン分離除去　31, 32
グリセロリン脂質　194

索　　　引

クリソラミナリン　72, 115
クリプト植物（クリプト藻）　55, 64, 68, 70
グリーンディーゼル　184
クリントン大統領令13134号　36, 40
グリーンニューディール政策　15, 120
グルコース　153, 168
クレブス回路　94
クロメラ植物　66
クロモアルベオラータ仮説　64
クロララクニオン植物（クロララクニオン藻）　66, 68, 70
クロレラ（*Chlorella*）　34, 76, 115, 150, 194, 242
クロロフィル *a*　68
クロロフィル *c*　68

経済成長戦略　43
経済性評価　117
ケイ酸欠乏　114
軽質油　251
珪藻　58, 65, 95, 114, 115, 140
　──の春季ブルーム　58
珪藻土　59
軽油　255
下水汚泥　31
下水処理　30
ゲッティンゲン大学　131, 156
ゲノム　216
ケロシン　43
原核生物型酵素　220
原核緑藻　61
嫌気条件　78
健康食品　34
原始紅藻類　63
原子力　3, 15, 29
原子力発電所　3, 4
原生生物　126
原生林　42
原油　6
原油価格の高騰　27, 35, 36
原油・石炭の輸入量　255

好塩性　143
光化学系 I　82
光化学系 II　82
光化学反応　80
光合成　80
光合成電子伝達系　81
光合成電子伝達鎖　82
耕作放棄地　108, 255
恒常性維持機能（ホメオスタシス）　196
紅色植物　54, 63, 68
抗増殖性アルデヒド　100
高断熱住宅　3
高率培養池（HRP）　116
固液分離　184
呼吸鎖　82
国際エネルギー機関（IEA）　32
穀物価格の上昇　27
穀物統計　28
穀物の栄養価　28
国立環境研究所　131
古細菌　59
コストの収支　244
コスモポリタンな種　129
コッコリス（円石）　74
コバルト - モリブデン　251
ごみ処理　30
コムギ　27, 31
米　27
コロニー　131
コンタミネーション　183
コンチネンタル航空　43

さ 行

最終エネルギー消費　3
再生可能エネルギー　3, 11, 16
再生段階　86
細胞外被　73
細胞外分泌性炭化水素　98
細胞周期　105
細胞増殖速度　105
細胞破壊プロセス　183
細胞分裂　33
細胞壁　74

酢酸アントリウム　168
鎖長延長　150
サトウキビ　31, 40
サバンナ　26, 30
産業廃棄バイオマス　30
酸素発生型光合成　52, 59
酸素発生型光合成生物　82, 85
三大栄養素　28
3段階遠心分離　183

ジアシルグリセロール（DAG）　205
シアノバクテリア（ラン藻）　53, 54, 59, 114
ジェット燃料　184, 255
ジェトロファ　43
ジオール　199
自家蛍光　153
事業ステージ　234
資源戦略　15
脂質　192, 193, 216
脂質合成誘導　114
脂質体　203
自生胞子　151
シゾキトリウム　145
し尿　31
死の谷　49, 234
脂肪　24, 28
脂肪酸　152, 193, 202, 213
脂肪酸合成酵素　221
脂肪酸代謝　216
脂肪酸代謝関連遺伝子　216
脂肪酸不飽和化酵素　207
脂肪酸メチルエステル（FAME）　128
社会活動部門　3
重質油　251
従属栄養性藻類　145
従属栄養培養　152
循環型社会　7
循環的光リン酸化作用　83
準連続培養　103
省エネルギー　3
消費型競争　169
小胞体（ER）　72

索　引

初期エネルギー投資量　244
植物界　62
食糧穀物　26, 27, 41
真核生物　59
真核生物型酵素　221
新・国家エネルギー戦略　14, 15
新資源作物　18
真正眼点藻　65, 114
真正紅藻類　63
真正細菌　59
薪炭　27, 29, 30
真のクロレラ（狭義のクロレラ）　150
森林地帯　30
森林破壊（森林伐採）　41, 42

水素生産　35
水素パイプライン　11
水力発電　4
スクアレン　208, 225, 252, 258
スクアレン合成経路　225
ストラメノパイル　65
ストレプト植物　63
スーパーオキシドアニオンラジカル　83
スーパーオキシドジスムターゼ　83
スマートグリッド　16
スルホキノボシルグリセロ糖脂質　194

生産コスト　182
生態系　21
生物現存量　23
生物ポンプ　58
生理活性物質　98
ゼオライト　251
世界のエネルギー消費　25
世界の穀物生産量　27
世界の石油需要量　41, 106
世界のバイオディーゼル生産　40
赤外分光法（IR）　200
赤色低下（red drop）　81

石油　63, 96, 208
石油依存度　7
石油換算100万t　32
石油資源　19
——の有限説　38
石油ショック　20
石油代替燃料　40
石油埋蔵量分析　37
ゼタジュール（ZJ）　24
石灰岩　58, 96
セルロース　24
ゼロ等値線　170
戦略的創造研究推進事業（CREST）　109, 121

増殖　101
増殖曲線　101
増殖速度　101
増殖特性　101
増殖率　164, 165, 169
藻類　52, 59, 253
——の回収（収穫）　184
藻類レースウェイ生産システム（ARPS）　116
促進的細胞死　103
促進的増殖期　102

た　行

第一世代のエネルギー作物　241
大規模培養システム　182
第三世代の燃料　44
代謝回転数　88
代謝産物　96
ダイズ　32, 40
対数増殖期（対数期）　102, 126
第二世代のエネルギー作物　43, 241
堆肥　27
太陽エネルギー　12, 21
太陽光発電　3, 4, 15
太陽電池　4
大量培養技術　111
大量培養施設　34

多価不飽和脂肪酸（PUFA）　128, 212
多価陽イオン　184
多糖類　240, 252
タールサンド　38
ターンオーバー速度　88
炭化水素　134, 199
炭鉱跡地　5
炭酸固定反応　80
淡水　33
炭水化物　28
タンパク質　24, 28

地下探査技術　5
地球温暖化　1, 20, 35
地球温暖化防止京都会議（COP 3）　35, 40
窒素欠乏　114
地熱エネルギー　12
中性脂質　202
長鎖脂肪酸　97
超臨界状態　191
チョーククリフ　58
直鎖アルケン　79
直鎖脂肪酸　212
直線増殖期　102
チラコイド　69

つくば3Eフォーラム　121

定常期　102
ディーゼルエンジン車　6, 40
ディーゼル燃料　40
泥炭乾燥　42
低炭素化　20
低炭素社会に向けた12の方策　2
テカ　74
テキサス大学　131, 157
テトラテルペノイド　201
テルペノイド　208, 216, 221
テルペノイド合成関連遺伝子　221
テルペノイド合成経路　224
テルペノイド代謝　216

索 引

天然ガス　8
天然ガスパイプライン　9
デンプン　24, 30, 31
糖　24, 28, 30, 31
同調培養　103
トウモロコシ　27, 31, 40
灯油　255
独立栄養培養　152
ドコサテトラエン酸（DTA）　149
ドコサヘキサエン酸（DHA）　128, 145, 193, 213
ドコサペンタエン酸（DPA）　145
トランスクリプトーム解析　212
トリアシルグリセロール（TAG）　149, 205
トリエン　134
トリカルボン酸回路（TCA回路）　94
トリグリセリド　156, 193, 202
トリテルペノイド　208
トリテルペン　79
トリテルペン構造　197
トルティーヤ危機　42
トレボキシア藻綱　63, 150

な　行

内燃機関　30
ナイルレッド　148, 153, 155
菜種　32, 40
菜種油　6
ナフサ　255
二酸化炭素　1, 33, 43, 106
　——の回収・貯留（CCS）　2-5
二酸化炭素隔離　3, 4
二酸化炭素吸収　43
二酸化炭素固定機構　85
二酸化炭素削減　3, 27, 35
二酸化炭素削減効果　255
二酸化炭素濃縮機構　88, 95

二酸化炭素濃度　199
二酸化炭素排出量　1
二酸化炭素配送インフラ　182
二酸化炭素リッチ資源　181
二次共生　57, 70
二次植物　55, 57
日本の年間発電電力量　19
日本航空（JAL）　43
ニューサンシャイン計画　118
ヌクレオモルフ　64, 73
ネオマイシン　115
ネオマイシン・リン酸伝達酵素遺伝子　115
熱帯林　26, 30, 43
熱分解分析（ピロリシス分析）　200
燃料電池自動車　234
農産物の廃棄物　30

は　行

バイオエタノール　30, 31
バイオガス　30, 31
バイオディーゼル　31, 152, 184, 202
バイオディーゼルオイル　30
バイオ燃料　30, 32, 43
バイオ燃料生産　44
バイオマス　23, 26
バイオマスエネルギー　30, 120
バイオマス量　102
バイオメタノール　31
バイオリアクター　107, 119, 142
排ガス　181
バイコンタ　62
排出権取引　7, 43
倍増時間　126
ハイブリッド自動車　19
廃木材　31, 40
廃油井田　4, 5
ハッチ-スラック経路　90
バッチ培養　101

ハプト植物　64, 68, 70
ハプト植物門　90
ハプトネマ　75
パーム（アブラヤシ）　32, 107
パームオイル　6, 42
パラキシアルロッド　76
パラミロン　70, 78
波力発電　4
パルミチン酸　149, 152
バレル　6
盤状クリステ　73
反応中心 Chl a　82
ビオチンカルボキシラーゼ　216
ビオチンカルボキシルキャリヤータンパク質　216
光呼吸　93
光呼吸経路　93
光呼吸窒素代謝回路　94
光損傷　83
光調節　87
ピークオイル論　36
微細藻類　7, 23, 33, 34, 43, 106
　——のオイル含有量　126
　——のオイル生産量　44
　——の大型プラント化　243
　——の収集　113
　——のスクリーニング　113
　——の単一種培養　114
微細藻類バイオディーゼル　127
微細藻類バイオマス産業　238
比増殖速度　106
ビタミン A　250
ヒマワリ　40
非メバロン酸経路　209, 221, 225
ピルビン酸　204
ピルビン酸カルボキシラーゼ　94
ピレノイド　69
ピロリシス分析（熱分解分析）　200
ピングイオ藻　65

索　引

品種改良　114

ファルネシルピロリン酸
　　（FPP）　225
フィコビリソーム　69
フィコビリン　68
風力資源　11
風力発電　4, 15
フォトバイオリアクター　119,
　　163, 174
フコース　79, 252
不等毛植物　65, 68, 70
不等毛植物門　136, 140
不飽和化反応　150
不飽和脂肪酸　203
不飽和脂肪酸酸化酵素（リボキ
　　シゲナーゼ）　99
不溶性アルジナン-A　200
プラシノ藻　63, 70
プラスミド　115
ブルーム　212
プレスクアレンピロリン酸
　　（PSPP）　225
プロテオーム解析　212

閉鎖系（培養）　101, 239
　　――のフォトバイオリアクター
　　163
平板型バイオリアクター　105
平板状クリステ　73
19′-ヘキサノイルオキシフコ
　　キサンチン　68
ベクター　115
ヘマトコッカス　34
ヘリウム　5
ペリディニン　65, 68, 70
ペリプラスチダルコンパートメ
　　ント　73
ペルオキシゾーム　93
ベンケイソウ型有機酸合成型光
　　合成（CAM型光合成）　94
鞭毛　74
鞭毛膨潤部　75, 76
帽岩　4

防御反応　100
北東アジア　7, 11
ホスファチジルエタノールアミ
　　ン　194
ホスファチジルコリン　194
ホスファチジルセリン　194
ホスホエノールピルビン酸カル
　　ボキシキナーゼ　94
ホスホエノールピルビン酸カル
　　ボキシラーゼ　94
ホスホグリコール酸（PGA）
　　85, 93
ポスソロソーム　146
北海油田　4
北方針葉樹林　26
ボトリオコッセン　208, 225,
　　250
ホメオスタシス（恒常性維持機
　　能）　196
ポリアルデヒド　201
ポリケタイド合成酵素（PKS）
　　150

ま　行

埋蔵量推定　38
マロニル ACP　221
マンガンクラスター　82

水　33
水の華（water bloom）　181,
　　182
ミトコンドリア　73
緑の革命　25
ミドルステージ　235, 239
ミネラル　24, 33
宮地重遠　90
ミリスチルアルコール　78

無機炭素蓄積能　89
無機炭素分子種　92

メタノール　31, 32
メタボローム解析　96, 212
メタン　5, 30, 31
メタンハイドレート　12

メチルスクアレン　208
メバロン酸経路　209, 221, 225
メーラー反応　83
メーラー反応-アスコルビン酸
　　ペルオキシダーゼ回路　84
綿実　40

や　行

野外大量生産技術　116
ヤブレツボカビ科　147

有機物産生量　25
誘導期　101
ユーグレナ植物（ユーグレナ
　　藻）　66, 68, 70, 76
ユーグレノゾア　67
油脂　192
輸送用燃料　27

要求量子数　81
溶剤乳化　183
溶存無機炭素濃縮機構　88
葉緑体　54, 68, 132, 168
葉緑体 ER　72
よどみ点　168

ら　行

ライフサイクルアセスメント
　　（LCA）　232, 238, 247
ラビリンチュラ　65, 76, 145,
　　146
ラミナリン　72
ラメラ小胞　136
ラン藻（シアノバクテリア）
　　53, 54, 59, 114
陸上植物由来　23
　　――のエネルギー　6
リコパジエン　197, 201
リザリア　66
リスク・リターン　233
リチウム電池　19
リノール酸　152
リノレン酸　152
リノレン酸メチルエステル含有

　　　　128
リブロース-1,5-ビスリン酸
　　（RuBP）　85
リブロース-1,5-ビスリン酸カ
　　ルボキシラーゼ/オキシゲ
　　ナーゼ（ルビスコ）　87,
　　91
リポキシゲナーゼ（不飽和脂肪
　　酸酸化酵素）　99
緑色植物　54, 63
緑色植物門　133

緑藻植物（緑藻）　63, 114, 115,
　　181, 216
　──のオイル代謝　216
緑藻綱　63
リン脂質二重層　196
鱗片　74
ルビスコ（リブロース-1,5-ビ
　　スリン酸カルボキシラーゼ/
　　オキシゲナーゼ）　87, 91
ルビスコ活性化酵素　87

連続培養　103

ろ過法　186
ロジスティック方程式　37, 164

わ　行

ワックスエステル　77
ワックスエステル発酵　79
わら　31

編者略歴

渡邉 信（わたなべ まこと）

1948 年	宮城県に生まれる
1977 年	北海道大学大学院理学研究科博士課程修了
現　在	筑波大学大学院生命環境科学研究科教授
	理学博士

新しいエネルギー 藻類バイオマス　　　定価はカバーに表示

2010 年 9 月 24 日　　初版第 1 刷発行
2011 年 7 月 15 日　　第 2 刷発行
2012 年 4 月 9 日　　第 3 刷発行

　　　　編　者　　渡邉　信

　　　　発　行　　株式会社 みみずく舎
　　　　　　　　　〒169-0073
　　　　　　　　　東京都新宿区百人町 1-22-23　新宿ノモスビル 2F
　　　　　　　　　TEL：03-5330-2585　　FAX：03-5389-6452

　　　　発　売　　株式会社 医学評論社
　　　　　　　　　〒169-0073
　　　　　　　　　東京都新宿区百人町 1-22-23　新宿ノモスビル 2F
　　　　　　　　　TEL：03-5330-2441（代）　FAX：03-5389-6452
　　　　　　　　　http://www.igakuhyoronsha.co.jp/

印刷・製本：大日本法令印刷　／　装丁：安孫子正浩

ISBN　978-4-86399-046-3　C3045

八木達彦 編著
　分子から酵素を探す化合物の事典
　　B5判　544p　定価 12,600 円（本体価格 12,000 円）

細矢治夫 監修　山崎　昶 編著　日本化学会 編集
　元素の事典
　　A5判　328p　定価 3,990 円（本体価格 3,800 円）

バイオメディカルサイエンス研究会 編集
　バイオセーフティの事典―病原微生物とハザード対策の実際―
　　B5判　370p　定価 12,600 円（本体価格 12,000 円）

日本分析化学会・液体クロマトグラフィー研究懇談会 編集　中村　洋 企画・監修
　液クロ実験　*How to* マニュアル
　　B5判　242p　定価 3,360 円（本体価格 3,200 円）

日本分析化学会・液体クロマトグラフィー研究懇談会 編集　中村　洋 企画・監修
　動物も扱える液クロ実験　*How to* マニュアル
　　B5判　232p　定価 3,360 円（本体価格 3,200 円）

日本分析化学会・ガスクロマトグラフィー研究懇談会 編集
　役にたつガスクロ分析
　　B5判　226p　定価 3,360 円（本体価格 3,200 円）

山村重雄・松林哲夫・瀧澤　毅 著
　薬学生のための生物統計学入門
　　B5判　162p　定価 3,570 円（本体価格 3,400 円）

蓑谷千凰彦 著
　数理統計ハンドブック
　　A5判　1042p　定価 21,000 円（本体価格 20,000 円）

野村港二 編
　研究者・学生のためのテクニカルライティング―事実と技術のつたえ方―
　　A5判　244p　定価 1,890 円（本体価格 1,800 円）

斎藤恭一 著　中村鈴子 絵
　卒論・修論を書き上げるための理系作文の六法全書
　　四六判　176p　定価 1,680 円（本体価格 1,600 円）

斎藤恭一 著　中村鈴子 絵
　卒論・修論発表会を乗り切るための理系プレゼンの五輪書
　　四六判　184p　定価 1,680 円（本体価格 1,600 円）

[書籍の情報は，弊社ウェブサイト（http://www.igakuhyoronsha.co.jp/）をご覧ください]

2010 年 8 月現在　　　　　　　　　　発行　みみずく舎・発売　医学評論社